大花蕙兰

程中柱　王建国　主编

"十三五"国家重点图书出版规划项目

中国特色兰属植物资源保护与利用丛书

国家出版基金项目

NATIONAL PUBLICATION FOUNDATION

中国农业出版社

北　京

图书在版编目（CIP）数据

大兴凯湖山丰 / 赵中秋，王建国主编 . —北京：中
国水利水电出版社，2019.12
（中国特色名贵蔬菜传统资源保护与利用丛书）
国家出版基金项目
ISBN 978-7-109-25070-3

Ⅰ.①大… Ⅱ.①赵…②王… Ⅲ.①山丰—烹饪蔬菜
Ⅳ.①S827

中国版本图书馆 CIP 数据核字（2018）第 294503 号

内容提要：本书译介了大兴凯湖山丰湿地传统资源保护、管理及发展，健康养殖及产业化发展等
方面的技术研究、示范推广与实践，以及山丰典型区域的资源保护及现状，特色品种，生产与
繁殖技术，资料选育等，同料养殖，饲料繁理，疫病防控，节约模式与生态繁殖，循环加工
及产业化发展等方面，对我国地方特色的山丰健康发展——大兴凯湖山丰健全了生态系统的生态，
对于广阔的资源保护和产业化利用。

中国水利水电出版社

地址：北京市朝阳区麦子店大街 18 号楼
邮编：100125
责任编辑：张栩晗
版式设计：杨桢　责任校对：周晓芬
印刷：北京通州海家印刷厂
版次：2019 年 12 月第 1 版
印次：2019 年 12 月北京第 1 次印刷
发行：新华书店北京发行所
开本：720mm×960mm　1/16
印张：21.75
字数：323 千字
定价：120.00 元

丛书编委会

本书编写人员

主　　编　赵中权　王建国

副主编　李周权　徐恢仲　王豪举

编　　者（按姓氏笔画排序）

王建国　王豪举　李周权　宋代军　赵中权

赵永聚　徐恢仲　隋鹤鸣　韩　旭　熊　婷

审　　稿　张家骅　杨大拥　王贤海　马月辉　刘宗慧

　　我国是世界上畜禽遗传资源最为丰富的国家之一。多样化的地理生态环境、长期的自然选择和人工选育，造就了众多体型外貌各异、经济性状各具特色的畜禽遗传资源。入选《中国畜禽遗传资源志》的地方畜禽品种达 500 多个、自主培育品种达 100 多个，保护、利用好我国畜禽遗传资源是一项宏伟的事业。

　　国以农为本，农以种为先。习近平总书记高度重视种业的安全与发展问题，曾在多个场合反复强调，"要下决心把民族种业搞上去，抓紧培育具有自主知识产权的优良品种，从源头上保障国家粮食安全"。近年来，我国畜禽遗传资源保护与利用工作加快推进，成效斐然：完成了新中国成立以来第二次全国畜禽遗传资源调查；颁布实施了《中华人民共和国畜牧法》及配套规章；发布了国家级、省级畜禽遗传资源保护名录；资源保护条件能力建设不断提升，支持建设了一大批保种场、保护区和基因库；种质创制推陈出新，培育出一批生产性能优越、市场广泛认可的畜禽新品种和配套系，取得了显著的经济效益和社会效益，为畜牧业发展和农牧民脱贫增收作出了重要贡献。然而，目前我国系统、全面地介绍单一地方畜禽遗传资源的出版物极少，这与我国作为世界畜禽遗传资源大国的地位极不相称，不利于优良地方畜禽遗传资源的合理保护和科学开发利用，也不利于加快推进现代畜禽种业建设。

为普及对畜禽遗传资源保护与开发利用的技术指导，助力做大做强优势特色畜牧产业，抢占种质科技的战略制高点，在农业农村部种业管理司领导下，由全国畜牧总站策划、中国农业出版社出版了这套"中国特色畜禽遗传资源保护与利用丛书"。该丛书立足于全国畜禽遗传资源保护与利用工作的宏观布局，组织以国家畜禽遗传资源委员会专家、各地方畜禽品种保护与利用从业专家为主体的作者队伍，以每个畜禽品种作为独立分册，收集汇编了各品种在管、产、学、研、用等相关行业中积累形成的数据和资料，集中展现了畜禽遗传资源领域最新的科技知识、实践经验、技术进展与成果。该丛书覆盖面广、内容丰富、权威性高、实用性强，既可为加强畜禽遗传资源保护、促进资源开发利用、制定产业发展相关规划等提供科学依据，也可作为广大畜牧从业者、科研教学工作者的作业指导书和参考工具书，学术与实用价值兼备。

丛书编委会

2019 年 12 月

序言

　　我国是世界畜禽遗传资源大国，具有数量众多、各具特色的畜禽遗传资源。这些丰富的畜禽遗传资源是畜禽育种事业和畜牧业持续健康发展的物质基础，是国家食物安全和经济产业安全的重要保障。

　　随着经济社会的发展，人们对畜禽遗传资源认识的深入，特色畜禽遗传资源的保护与开发利用日益受到国家重视和全社会关注。切实做好畜禽遗传资源保护与利用，进一步发挥我国特色畜禽遗传资源在育种事业和畜牧业生产中的作用，还需要科学系统的技术支持。

　　"中国特色畜禽遗传资源保护与利用丛书"是一套系统总结、翔实阐述我国优良畜禽遗传资源的科技著作。丛书选取一批特性突出、研究深入、开发成效明显、对促进地方经济发展意义重大的地方畜禽品种和自主培育品种，以每个品种作为独立分册，系统全面地介绍了品种的历史渊源、特征特性、保种选育、营养需要、饲养管理、疫病防治、利用开发、品牌建设等内容，有些品种还附录了相关标准与技术规范、产业化开发模式等资料。丛书可为大专院校、科研单位和畜牧从业者提供有益学习和参考，对于进一步加强畜禽遗传资源保护，促进资源可持续利用，加快现代畜禽种业建设，助力特色畜牧业发展等都具有重要价值。

中国科学院院士
中国农业大学教授　　吴常信

2019 年 12 月

　　大足黑山羊在重庆市大足区饲养历史悠久，2003 年被发现以后，经过系统保护和选优提纯，2009 年被确定为国家畜禽遗传资源，2014 年被列入《国家畜禽遗传资源保护名录》。大足黑山羊毛色纯黑、肉质好、繁殖性能高，特别是多胎性能明显，初产母羊产羔率达 218%，经产母羊产羔率达 272%，其产羔率在我国肉用山羊品种（遗传资源）中居于前列。由于大足黑山羊发现较晚，其种质特性、生产性能、繁殖性能、饲料营养需求、饲养管理、产品加工和产业化发展等方面尚缺乏系统性研究。编写本书的目的是让广大科研工作者及养殖户（企业）充分认识和了解大足黑山羊，有助于开展相关科学研究、开展品种间的杂交利用和促进山羊养殖产业化经营，让大足黑山羊这一国家优良畜禽遗传资源能够对我国山羊产业发展做出贡献。

　　本书由西南大学动物科技学院和大足区畜牧局组成的大足黑山羊科研团队集体编写。参加编写的人员十余年来对大足黑山羊种群的发现、保护、利用和产业化发展付出了辛勤劳动，积累了丰富的资料。书中集结了科研团队对大足黑山羊的科研和产业发展的阶段工作，以及对后续工作的设想和展望。需要说明的是，在写作本书的过程中，笔者参阅了部分专家、学者的相关资料，限于篇幅未能一一列出，在此深表歉意，同时也表示感谢。

由于笔者水平有限，书中难免存在不足和疏漏之处，恳请广大读者和同行批评指正，同时对我们的工作和大足黑山羊的发展提出宝贵的建议。

编　者

2018 年 12 月

目

录

第一章
大足黑山羊品种起源与形成分布

第一节　我国西南地区（不包括西藏）山羊遗传演变

一、西南各省（直辖市）（不包括西藏）山羊遗传资源情况

（一）概况

西南地区有适宜山羊生长发育的条件，长期的自然选择形成了目前具有浓郁地方特色、形态各异、产品丰富多彩的山羊品种和类群。西南地区以我国著名的云贵高原为主体，地势西北高、东南低，海拔一般在 500～2 000 m。区内河流纵横，峡谷广布，地貌以高原和山地为主，还有广泛分布的喀斯特地貌、河谷地貌和盆地地貌等。气候属亚热带季风气候，年温差小，年均温分布极不均匀；雨量丰富，平均 1 000～1 300 mm。夏季长，气温高，湿度大。气候复杂多样，立体气候特征明显。农业生产的地域性、区域性较强。农业发达，农副产品丰富，草山草坡面积大，并且分布在盆地、坡地和山顶上，形成"立体农业"。本区分布有非常丰富的山羊品种（遗传资源），在 20 世纪 80 年代，列入《中国羊品种志》的就有成都麻羊、古蔺马羊、板角山羊、建昌黑山羊、川东白山羊、贵州白山羊、西藏山羊等。西南各省（直辖市）主要山羊遗传资源有：成都麻羊、建昌黑山羊、板角山羊、贵州白山羊、白玉黑山羊、雅安奶山羊、古蔺马羊、川东白山羊、凤庆无角黑山羊、圭山山羊、临仓长毛山羊、龙陵山羊、马关无角山羊、云岭山羊、昭通山羊、渝东黑山羊、西州乌羊、大足黑山羊、贵州黑山羊、黔北麻羊、北川白山羊、美姑山羊、川南黑山羊、川中

1

黑山羊、弥勒红骨山羊、罗平黄山羊、宁蒗黑头山羊、南江黄羊和简州大耳羊。山羊品种的共同特点是早熟、繁殖性能好，可一年产两胎或两年产三胎；板皮质量较高（表1-1）。

表1-1　西南各省（直辖市）（不包括西藏）主要山羊遗传资源情况

省（直辖市）	品种数（个）	山羊		培育品种	
		数量	品种	数量	品种
云南	9	9	凤庆无角黑山羊、圭山山羊、龙陵黄山羊、罗平黄山羊、马关无角山羊、弥勒红骨山羊、宁蒗黑头山羊、云岭山羊、昭通山羊	0	—
四川	12	10	西藏山羊、白玉黑山羊、板角山羊、北川白山羊、成都麻羊、川南黑山羊、川中黑山羊、古蔺马羊、建昌黑山羊、美姑山羊	2	南江黄羊、简州大耳羊
重庆	5	5	渝东黑山羊、大足黑山羊、酉州乌羊、川东白山羊、板角山羊	0	—
贵州	3	3	贵州白山羊、贵州黑山羊、黔北麻羊	0	—

为了更好地开展山羊生产和新品种培育，西南地区从国内外引进了许多山羊品种，如波尔山羊、萨能奶山羊、努比亚山羊、关中奶山羊等。

（二）西南各省（直辖市）山羊遗传资源

1. 重庆　重庆是板角山羊、川东白山羊的主产区。另有3个国家畜禽遗传资源：渝东黑山羊、酉州乌羊和大足黑山羊。

2. 四川　四川省有丰富的山羊地方品种和遗传资源，1987年出版的《四川家畜家禽品种志》中有6个四川山羊品种，分别是成都麻羊、古蔺马羊、板角山羊、建昌黑山羊、川东白山羊和藏山羊。1988 年出版的《中国羊品种志》，将成都麻羊、古蔺马羊、板角山羊、建昌黑山羊和西藏山羊 5 个四川山羊品种列入。随着时间的推移，四川省的山羊品种资源也发生着变化，国家在 2008 年年底完成全国畜禽遗传资源调查，对山羊的国家品种资源进行了补充。2011 年版《中国畜禽遗传资源志·羊志》记载全国山羊品种资源为 69 个。四川省被列入的山羊品种总数达到 12 个。其中地方品种遗传资源有 10 个，分别是列入 1989 年版《中国羊品种志》的成都麻羊、建昌黑山羊、古蔺马羊、板角山羊、西藏山羊和 2009 年通过国家命名的北川白山羊、川中黑山羊、川南黑山羊、美姑山羊和白玉黑山羊。培育品种资源 2 个，分别是雅安奶山羊和南江黄羊。这两个培育品种和白玉黑山羊在 2003 年被列入国家山羊遗传资源名录。四川省山羊的培育品种较少，简州大耳羊是 2013 年通过国家审定的培育品种，它是除南江黄羊外的又一优质的肉用培育品种。四川省山羊引进品种有萨能奶山羊、波尔山羊、安哥拉山羊和努比亚山羊。这些引进山羊品种对四川地方山羊品种的改良有着非常重要的作用。如：培育成的雅安奶山羊引入了萨能山羊的血缘；培育成的南江黄羊引入了努比亚山羊的血缘；培育成的简州大耳羊引入了努比亚山羊的血缘；还有正在培育的天府肉羊引入了波尔山羊的血缘。四川山羊资源具有数量多、分布广等特点，因此具有很大的发掘和利用价值。

3. 贵州 贵州省有 3 个优良的地方山羊品种（遗传资源 2 个，贵州黑山羊和黔北麻羊）。根据 1980 年 5 月至 1985 年 12 月开展的品种资源调查，地方山羊品种（类群）有贵州白山羊、贵州黑山羊、黔北麻羊。黔东南小香羊是新发现的一个品种。贵州白山羊包括有角和无角类群，无角类群头形似马，也称为"马羊""马头山羊"。

4. 云南 云南复杂的地形地貌和气候类型的多样性，形成了丰富的山羊品种资源，据 20 世纪 80 年代初的全省畜禽品种资源调查，全省有山羊品种 22 个，列入国家级的品种和遗传资源有 9 个（包括 3 个国家畜禽遗传资源：弥勒红骨山羊、宁蒗黑头山羊和罗平黄山羊）。这些品种在分布上具有明显的区域性，山羊主要分布在海拔 1 500～2 500 m 边远山区、半山区，奶山羊主要分布在石林圭山山脉海拔 1 800 m 左右的坝区。云南省自 1986 年开始，逐步选定了 4 个山羊品种和类群作为省级山羊保护品种，即：龙陵黄山羊、路南乳用圭山山羊、马关无角山羊和宁蒗黑头山羊。

（三）西南各省（直辖市）山羊遗传多样性

重庆地理环境复杂，各地山羊之间基因流动较少。苟本富等对重庆酉州乌羊的遗传多样性进行了分析，表明该群体内的遗传差异较小，具有一定的遗传稳定性。左福元等、王玲等、杨国锋等采用的方法不同，但都认为重庆的山羊品种具有一定的遗传稳定性，聚类关系与其来源、育成史及地理分布基本一致。

王杰等对四川9个黑山羊品种（群体）的DNA指纹分析，研究结果表明：营山黑山羊、乐至黑山羊、建昌黑山羊和金堂黑山羊的种内遗传变异小，遗传结构不稳定，但建昌黑山羊和成都麻羊山羊群体间遗传结构稳定，这与汤守富等的血液蛋白水平研究结果一致。李祥龙等、张红平等分别研究了四川山羊品种遗传多样性，结论不一致，后者认为中国家养山羊的遗传多样性较为丰富，而且一些地方山羊品种具有独特的单倍型。分析原因在于两者采用的方法不同。

较早的研究为班兆侯（1995）用染色体核型和C带研究贵州山羊的遗传多样性，发现贵州黑山羊第8对染色体的一条显示深染，表现出遗传多态性。毛凤显等的研究结果表明，贵州地方山羊品种群体变异主要存在于品种内，而品种间的变异较小，这与陈祥等、简承松等的研究结果一致。苟本富等、杨家大等分别用AFLP、RAPD方法研究得出黔东南小香羊在遗传上为一独立的品种。

对云南山羊品种（类群）的研究主要是在生理生化水平方面，叶绍辉等对云南4个保种山羊的遗传多样性进行研究，得到了这些山羊品种的遗传关系。Chen等分析了5个云南山羊品种mtDNA的序列，结果表明云南的山羊品种遗传多样性十分丰富。

通过对大足黑山羊、金堂黑山羊、南江黄羊、川东白山羊、板角山羊、波尔山羊六个地方品种（类群）298个个体进行多态性分析和亲缘进化关系的分析，发现金堂黑山羊遗传多样性最丰富，大足黑山羊各项指标相对较低，说明大足黑山羊具有较好的一致性，遗传性能稳定。对6个品种（类群）聚类分析表明，金堂黑山羊与南江黄羊首先聚类在一起，然后依次与板角山羊、川东白山羊、大足黑山羊和波尔山羊聚类。各山羊品种（类群）的聚类关系与其来源、育成史及地理分布基本一致。

通过该分析可以说明大足黑山羊与这5个品种有较远的亲缘关系，是一个单独的类群（图1-1）。

川、渝、滇三地的5个黑山羊品种或群体，即大足黑山羊、川东白山羊

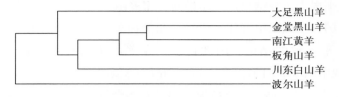

图 1-1 Da-UPGMA 聚类图

（黑色群体）、营山黑山羊、乐至黑山羊、圭山黑山羊，共计 86 个个体进行聚类分析。研究发现，这 5 个山羊品种或群体聚类关系（NJ 法）见图 1-2。

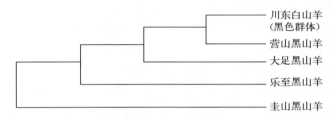

图 1-2 五个山羊品种（群体）NJ 聚类图

从此聚类图来看，川东白山羊（黑色群体）与营山黑山羊间的亲缘关系较近，大足黑山羊单列一支，说明大足黑山羊与其他山羊品种遗传距离较远，是一个独立的类群。

综合分子生物学研究结果，大足黑山羊与其他山羊品种（类群）遗传距离较远，从分子进化的角度阐明了大足黑山羊是一个独立的地方类群。

二、西南地区山羊起源分化

对西南地区家养山羊起源分化研究是目前研究的热点。与对山羊的起源研究面临的主要问题一样，采用的方法不同，结论不同，无法统一。叶绍辉等对云南相对独立的 4 个保种山羊血液同工酶研究，发现这 4 个山羊品种应来自同一个原始母性祖先。陈世林通过对西藏山羊等 10 个山羊品种的 mtDNA 的 D-loop 区和细胞色素 B 进行的序列比对，初步推测我国野山羊最初来源于西藏及其附近地区，胃石山羊是我国所有家养山羊的唯一起源。但目前越来越多的证据表明我国山羊的驯化地点有两个，即青藏高原地区和我国南方地区，北方不是山羊的驯化地。简承松等、张红平等分别分析贵州、四川山羊品种 mtDNA 多态性，表明这些山羊品种有 2 个母系起源，或者有 2 个主要的驯化地点。张红平根据研究结果进一步推断，家养山羊的母系来源至少有 3 个。侯磊等分析中国 3 个黑山羊群体（包括贵州黑山羊）和韩国黑山羊的起源进化，得到与张红平一致的结论。因此推断，家养山羊的母系来源至少有 3 个。Chen 等发现中国家养山羊存在丰富的 mtDNA 多样性，有四个高度分化的支系（A、B、C、D），进一步支持家养山羊有多个母系起源的观点；Liu 等的研究发现，中国家养山羊主要存在 2 个母系起源，其中支系 A 广泛存在于各个山羊品种中，支系 B 在大部分品种中均存在，但频率较低。值得注意的是，在西藏山羊中还观察到另外两个支系：支系 C 和支系 D。刘益平等研究表明，支系 A 和支系 B 在中国山羊品种中广泛存在，而支系 C 和支系 D 则以低频率存在。总之，山羊的起源驯化是复杂的过程，对西南地区山羊起源分化目前还没有得到统一的结论。

赵永聚等分析了西南地区（不包括西藏）18 个山羊品种（遗传资源）312 条 mtDNA D - loop 环高变区序列（表 1 - 2），另有 17 条序列（GenBank 登录号：AY155721，EF618134，EF617779，EF618200，EF617945，EF617965，AB044303，EF617706，AJ317833，DQ121578，AY155708，AJ317838，EF618413，DQ188892，AY155952，EF617701 和 DQ188893）作为 A、B、C 和 D 支系的参考序列，还利用了 3 条野山羊序列（GenBank 登录号：AB044305，AB044306 和 AB004076）。所有序列经过 Clustal X2 软件比对后，用分子进化遗传分析软件 MEGA4.00 确定多态位点、核苷酸总变异位点、简约信息位点以及点突变位点，计算碱基组成、转换/颠换比率（Ts/Tv）、核苷酸差异和序列差异。邻近法（Neighbor-joining method，NJ 法）建立单倍型系统发育树，所有方法构建的系统树均经 1 000 次重抽样检验，其中参数 a 取 0.28。用 DnaSP 5.10.01 软件计算单倍型多样性、种群内的核苷酸多样性和种群间的序列歧异水平。对于估测群体在过去是否发生扩张或经受多重瓶颈效应，主要采用 ARLEQUIN v3.11 软件中的核苷酸不配对分析（mismatch analysis）、Tajima's D 值和 Fu 的 Fs 中性检验两种手段。根据核苷酸不配对分布曲线是呈现单峰（utimodal）分布，还是呈现多峰曲线分布（multimodal），Fs 和 Tajima's D 值中性检验来推断群体在过去是否经受扩张。进行组群间的遗传差异和组群内群体间的遗传差异的比较分析，相关的运算采用 Arlequin 软件包中的 AMOVA（analysis of molecular variance）分析来完成。网络图的构建通过 Network 4.5.1.6 程序完成。共界定了 148 种单倍型，平均单倍型多样度和核苷酸多样度分别为 0.982 9±0.002 7 和 0.036 15±0.032 57，表明该地区家养山羊品种遗传多样性丰富。单倍型存在 2 个支系（支系 A 和支系 B），且各支系之间独立分布，没有交叉，表明我国西南地区山羊品种至少有 2 个母系起源。并且其中一支与角骨羊（*Capra aegagrus*）聚在一起，而捻角山羊 *Capra falconeri*（markhor）单独聚为一支，说明角骨羊对中国西南地区家养山羊贡献较大（图 1-3）。支系 A、支系 B 存在于所有品种中。支系 A 所占的比例高，为主要单倍型；其次是支系 B，所占比例分别为 79.73% 和 20.27%，分别含有 224 条和 88 条序列。对全部序列、支系 A 和支系 B 进行核苷酸不配对分布曲线分析和 Fu 的 F_s 中性检验（图 1-4），支系 A 的分布曲线呈单峰形，F_s 值为 -24.011 05，P 值为 0.003 00，显著偏离中性，表明山羊支系 A 曾经历群体扩张；支系 B 呈近似双峰分布，F_s 值为 -5.396 16，P 值为 0.085 00，中性检验差异不显著，表明山羊支系 B 没有经历群体扩张，群体大小保持相对稳定。山羊支系 B 起源地可能在中国。

表 1-2　山羊样本和遗传多样性分析情况

序号	品种	缩写	省（直辖市）	数量	单倍型数目	单倍型多样度	核苷酸多样性
1	板角山羊	BG	重庆	29	19	0.958±0.022	0.013 14±0.012 61
2	北川白山羊	BW	四川	4	3	0.833±0.222	0.007 70±0.007 20
3	成都麻羊	CG	四川	26	20	0.951±0.034	0.017 06±0.014 27
4	大足黑山羊	DB	重庆	14	10	0.945±0.045	0.017 41±0.013 75
5	圭山山羊	GSB	云南	3	3	1.000±0.027	0.009 90±0.009 90
6	贵州白山羊	GW	贵州	25	25	1.000±0.011	0.016 44±0.012 89
7	贵州黑山羊	GZB	贵州	14	13	0.989±0.031	0.015 45±0.014 53
8	简州大耳羊	JB	四川	5	4	0.900±0.161	0.020 96±0.018 61
9	建昌黑山羊	JCB	四川	5	5	1.000±0.126	0.015 02±0.017 03
10	金堂黑山羊	JTB	四川	5	3	0.800±0.164	0.013 06±0.013 86
11	乐至黑山羊	LB	四川	22	12	0.905±0.044	0.017 86±0.013 35
12	龙陵黄山羊	LLY	云南	24	10	0.913±0.028	0.035 17±0.023 38
13	南江黄羊	NY	四川	20	17	0.984±0.020	0.014 90±0.014 19
14	黔北麻羊	QG	贵州	23	22	0.996±0.014	0.019 62±0.016 10
15	巫山黑山羊	WB	重庆	10	7	0.911 0±0.077	0.017 00±0.012 25
16	营山黑山羊	YB	四川	16	10	0.933±0.040	0.013 76±0.010 19

（续）

序号	品种	缩写	省（直辖市）	数量	单倍型数目	单倍型多样度	核苷酸多样性
17	云岭山羊	YLB	云南	53	25	0.940±0.018	0.032 86±0.025 20
18	川东白山羊	YW	重庆	14	12	0.978±0.035	0.014 91±0.013 75

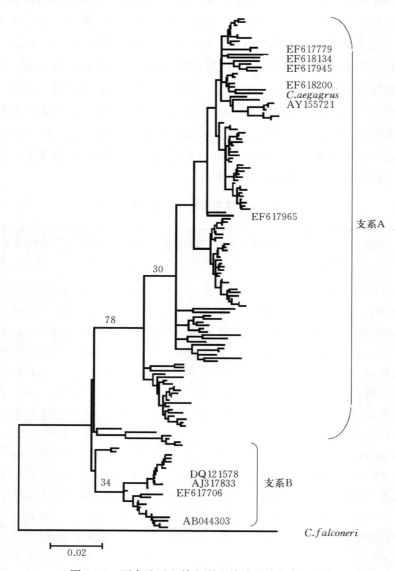

图 1-3　西南地区山羊和野山羊的系统发育 NJ 树

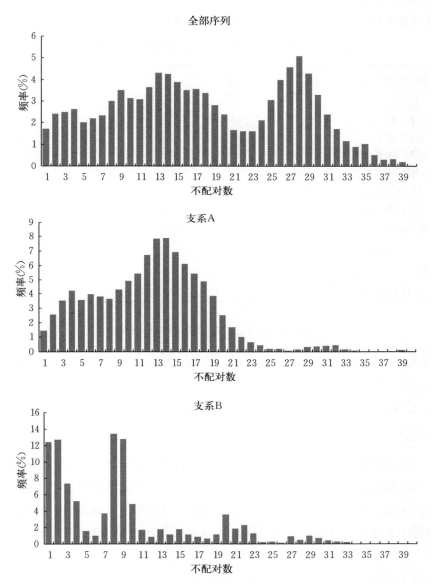

图 1-4　西南地区山羊品种不配对分布曲线

西南地区山羊 mtDNA 遗传变异 AMOVA 分析，各省（直辖市）间的方差组分只占 3.46%，差异不显著（$P = 0.116\ 3$），品种内的方差组分占 86.23%（表 1-3、表 1-4），表明西南地区（不包括西藏）四省（直辖市）间山羊品种表现出弱的遗传结构，没有显著的遗传分化；且遗传分化程度与地

理分布相关性小，各山羊品种之间基因交流频繁。

表 1-3 西南不同地区的山羊遗传多样性分析情况

省（直辖市）		重庆	四川	贵州	云南	总计
品种数目		4	8	3	3	18
样本数		67	103	62	80	312
单倍型数目		43	61	56	37	148
单倍型多样度		0.981±0.007	0.997±0.006	0.995±0.005	0.965±0.009	0.9829±0.0027
核苷酸多样性		0.016 93±0.014 86	0.017 38±0.015 21	0.018 43±0.015 64	0.033 95±0.024 77	0.036 15±0.032 5
	单倍型数目	48	73	44	59	224
支系 A	单倍型多样度	32	49	41	30	118
	核苷酸多样性	0.976±0.010	0.978±0.009	0.997±0.006	0.953±0.015	0.985 6±0.002 6
	单倍型数目	19	30	18	21	88
支系 B	单倍型多样度	11	12	15	9	30
	核苷酸多样性	0.906±0.046	0.867±0.042	0.961±0.039	0.881±0.042	0.878±0.025

表 1-4 品种遗传结构的 AMOVA 分析

变异来源	自由度 d.f.	平方和	方差组分	变异率（%）	P 值
地区间	3	158.595	0.297 85	3.46	0.116 3
群体内品种间	14	287.815	0.886 50	10.31	<0.000 1
品种内	292	2 164.880	7.413 97	86.23	<0.000 1

　　研究山羊遗传资源多样性及起源分化具有重要意义，它可为山羊的系统分类，追溯品种间遗传差异的根源及保护和发展品种提供客观的依据。我国西南地区山羊遗传资源丰富，但遗传多样性及起源分化研究比较落后。山羊品种间和品种内的遗传多样性，特别是细胞和分子水平上的多样性研究是一个薄弱的环节。mtDNA 作为一个可靠的母系遗传标记，正被越来越广泛地应用于西南地区山羊品种的起源、演化和分类的研究中。

第二节　产区自然生态条件

一、位置、地形、地貌

　　重庆市大足区位于四川盆地东南部、重庆市西北部，介于北纬 29°23′—

29°52′，东经 105°28′—106°02′，东临重庆市铜梁区、西连四川省安岳县、北界重庆市潼南区、南接重庆市永川区和荣昌区。东距重庆市主城区 80 km，西距四川省成都市 269 km。东西横跨 52.5 km，南北纵深 51 km。地处川东平行岭谷褶皱区，属巴岳山余脉的浅丘带坝区。境内东南起翘，中部低而宽缓，西北部抬高。西北和东南边缘为低山区，中部东北和西南部属于中丘或浅丘区，沿河两岸属平坝区。海拔最高点 934.7 m（玉龙山云台寺），最低点 267.5 m（雍溪河谷）。山脉分条状背斜低山和坪状侵蚀剥蚀低山。全区自然地理结构呈多元状态。地质结构分属川中台拱与川东褶皱两大结构单元。自然地理特征是"两两多元分合，独峰突兀盆中，六丘三山一分坝，巴岳屏障东南"。

二、人文历史

大足历史悠久、人杰地灵、山川毓秀。公元 701 年，武则天将该年年号定为"大足"，谓"大足天下，天下大足"之意。57 年后（即乾元元年，公元 758 年），其曾孙唐肃宗颁令设置大足县。晚唐至两宋近 400 年间，大足一直是昌州府府治所在地，为川东地区的政治经济文化中心之一。大足于 1975 年分为双桥区和大足县；2011 年经国务院批准撤销双桥区、大足县，设立大足区。全区面积 1 436 km²，辖 6 个街道、21 个镇，有 207 个村委会、102 个社区居委会，含 1 625 个村民组、827 个居民小组，总人口 105.10 万人。地区生产总值 329.84 亿元，财政收入 70.80 亿元，限额以上工业企业总产值 434.87 亿元，农业总产值 53.83 亿元，全社会固定资产投资额 416.78 亿元，社会消费品零售总额 89.71 亿元，金融机构存款余额 269.25 亿元，金融机构贷款余额 192.74 亿元，城乡居民储蓄存款余额 187.39 亿元，旅游总收入 34.86 亿元，城镇单位在岗职工人均年工资 5.29 万元，农村居民人均年纯收入 1.12 万元（2015 年统计）。

宋人沈立《海棠记》："天下海棠无香，惟大足治中海棠独香"，故大足又称"海棠香国"。境内人文自然风光不胜枚举，重庆唯一的世界文化遗产——"大足石刻"，代表着公元 9 世纪至 13 世纪世界石窟艺术的最高水平；龙水湖国家水利风景名胜区、玉龙山国家森林公园等景区风光旖旎，是全国首批 5A 级景区。先后获得全国旅游文化大县、国家级生态示范区、国家卫生县城、国家园林县城、全国绿化模范县、全国绿化小康县等生态名片。国家级生态农业示范区、全国粮食生产先进区、国家生猪调出大区、全国绿化模范区、全国休闲农业与乡村旅游示范区、中国农村信息化领先地区、中国枇杷之乡、中国荷莲之乡等农业名片。

大足石刻，是大足区境内主要表现为摩崖造像的石窟艺术的总称。始建于初唐，历经晚唐、五代，至两宋达到鼎盛，余绪绵延至明清，是一处规模宏大的石窟造像群，其中，以佛教造像为主，儒教、道教造像并存。迄今公布为国家、省（直辖市）、区级文物保护单位的有73处，造像5万余尊、铭文10万余字。大足石刻代表公元9—13世纪世界石窟艺术的最高水平，与敦煌、云冈、龙门石窟一起构成一部完整的中国石窟艺术史。1999年12月1日，大足石刻（北山、宝顶山、南山、石门山、石篆山摩崖造像）以"天才的艺术杰作，具有极高的历史、艺术、科学价值；佛、道、儒造像能真实地反映当时中国社会的哲学思想和风土人情；造型艺术和宗教思想对后世产生重大影响"等符合世界文化遗产的三项标准而被列入《世界遗产名录》。

大足地处成渝经济区腹心，是重庆一小时经济圈的重要组成部分，发展生机无限，已成为国内外投资者青睐的沃土。双桥国家级经济技术开发区原系国内三大重型汽车生产基地之一，被誉为中国重型汽车工业的"摇篮"，汽车、铸造、循环经济、高新技术研发、物流等产业基础雄厚。"五金之乡"美名千年不衰，形成业界公认的"东有永康、南有阳江、西有大足"的五金三足鼎立；锶矿资源得天独厚，有"亚洲锶都"之美誉。

三、气候条件

重庆市大足区属亚热带湿润季风气候，具有"春早冬暖、夏多伏旱、秋多绵雨、冬少霜雪，雨量充沛，雾多日照少"等特点。多年平均日照时数1 279 h，多年太阳总辐射量366.75 kJ/cm^2，夏季占40.1%、春季占28.7%、秋季占18.7%、冬季占12.4%。多年平均气温17.0℃，年均寒潮4～5次，出现于10月至次年4月。3月、5月、9月有低温，3月上旬频率42%。日均气温大于12℃以上的日数为233d，年平均积温5 111℃，年平均无霜期为323 d（2月下旬至12月上旬），为全国日照最少的地区之一。年均降水量1 009 mm，年际、月际及区域分布不甚均匀。伏旱居多，夏旱次之。由于蓬莱镇组紫色页岩吸热力强，春夏之交，暖气流上升猛烈，一些地区易形成冰雹。相对湿度78%～87%，平均为85%。风力在8级以下，无明显的雨季和旱季，洪涝频率12%～30%，出现于6—9月。生态环境良好，森林覆盖率和城市绿化率分别达到 40.5％、43.2％，为市级基本绿化达标区。全区城区空气质量优良天数 337 d，占总天数的 92.33％。区域环境噪声平均值 53.8 dB，夜间 46.2 dB，交通噪声平均值 65.1 dB。

四、水源

大足属河源区，处沱江、嘉陵江分水岭上，共有溪河 240 条，主要河流有濑溪河、怀远河、窟窿河等，总长 1 006.8 km，水能有限。全区有大型水库 1 座，中型水库 3 座，小型水库 111 座。多年平均水资源总量 58 590 万 m^3，地表水资源量 54 291 万 m^3，地下水资源量 4 299 万 m^3。水资源主要靠天然降水、人工拦蓄。水库、塘堰水质为Ⅲ类或Ⅱ类水质，城区集中式饮用水源水质达标率 100％，镇街饮用水源水质达标率 93％，地表水功能区水质达标率 97.9％，区域内 4 条主要河流监测断面和 6 座中小型水库的水质总体达到Ⅲ类水域水质标准。城区污水集中处理率达 90％，城镇污水收集率达 90％。

五、土地资源及土质

全区土地总面积 1 436 km^2，耕地保有量 757.46 km^2，基本农田 685.94 km^2，城乡建设用地 173.67 km^2，城镇工矿用地 53 km^2，划定有条件建设区 38.22 km^2。土地资源的自然结构体现为"六丘三山一分坝"。土壤有水稻土、冲积土、黄壤土、紫色土四大类。

六、动植物资源

（一）动物资源

据不完全统计，野生动物有 35 科 67 种，分兽类，鸟类，鱼类，节肢、两栖、爬行类，腹行类，常见浮游动物等。饲养动物主要有猪、牛、羊、兔、鱼、蜂等，各有特色。

（二）植物资源

大足属亚热带阔叶林带，据不完全统计，野生植物有 125 科 364 种，分乔木、灌木、竹类、藤本、草本、常见藻类植物等。有国家一级保护植物桫椤、水杉、珙桐，二级保护植物银杏、杜仲、绞股蓝、八角莲、金毛狗脊、金荞麦

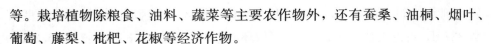

等。栽培植物除粮食、油料、蔬菜等主要农作物外，还有蚕桑、油桐、烟叶、葡萄、藤梨、枇杷、花椒等经济作物。

七、农作物、饲料作物种类及生产情况

重庆市大足区是一个典型的农业区县，同时也是全国产粮大县、产肉大县、商品粮基地建设县、生态农业建设先进县和国家级生态农业示范区。全区农作物以小麦、蚕豆、水稻、甘薯、玉米等为主。2014年，全区粮食作物种植面积 63 985.2 hm²，产量 432 044 t；其中，谷物种植面积 44 483.2 hm²，产量 317 034 t。包括：稻谷种植面积 28 799.4 hm²、产量 238 005 t，小麦种植面积 4 941.1 hm²、产量 18 141 t，玉米种植面积 9 441.1 hm²、产量 54 707 t，高粱种植面积 1 301.6 hm²、产量 6 181 t。豆类种植面积 7 256.7 hm²、产量 24 468 t，其中，大豆种植面积 2 759.5 hm²、产量 9 654 t，绿豆种植面积 2 126.3 hm²、产量 7 842 t。折粮薯类种植面积 12 245.3 hm²、产量 90 542 t，其中，马铃薯种植面积 1 719.9 hm²、产量 7 406 t，甘薯种植面积 10 525.4 hm²、产量 83 136 t。饲料、牧草种植主要为牛皮菜、水白菜、莲花白、黑麦草、三叶草、皇竹草以及甘薯藤等，种植面积 16 857.7 hm²、产量 331 349 t。牧草种植常年保持在 10 133.3 hm²，青饲料鲜料产量 187 625 t。同时还有近 10 793.3 hm² 退耕还林（草）面积。大量蚕豆、豌豆、花生、甘薯等作物秸秆、茎叶等农作物副产物为山羊养殖提供了丰富的饲料。

第三节　大足黑山羊种群形成及分布

据《大足县志》记载，"宣统二年（1910）省劝业道署劝工统计表载，大足有羊 1 189 头"。据《〈民国重修大足县志〉点校》记载，1930 年，每宰羊一只，征银三角解省，羊皮为中国出口货物之一。另据《大足县农牧渔业志》记载，"在大足，历来只有山羊，都是以本地山羊为主"。1937 年，《大足县概况》"畜产统计表"载全县山羊 4 452 头。

2003 年以来，大足畜牧部门与西南大学相关技术人员，在大足黑山羊中心分布区，先后调查访问当地年长者 20 多人，年龄最大者 93 岁，年龄最小者 65 岁，他们都证实在孩童时期就放养黑山羊，而且祖辈也一直养有黑山羊；还证实本地黑山羊一直就是全身纯黑，耳朵窄长，产羔多，奶水好，病很少。

从史料记载和当地长者的回忆都可以看出大足农村素有养殖山羊的习惯，且证实了大足黑山羊出自本地，饲养历史至少超过百年。

大足黑山羊中心产区为重庆市大足区铁山、季家、珠溪等镇，分布于重庆市大足区及与其接壤的周边镇（街道），重庆市荣昌区和四川省安岳县也有少量分布。中心产区位于重庆市大足区西南部，属于浅丘带坝区，长期以来交通相对闭塞，但自然生态条件良好，农业耕作发达，群众自然形成了拴系放牧的习惯，而且公母羊分户饲养，很大程度上避免了近亲交配，强化了优良个体的选择，加之群众喜欢饲养和食用黑山羊，长久以来这种较特殊的社会生态环境条件和养殖方式对大足黑山羊类群的自然形成起到了重要作用，使得目前的群体具有很好的遗传一致性。

大足黑山羊的主产区铁山镇，位于大足区西部，居重庆大足、荣昌、四川安岳三区县交界处，东与大足三驱镇，南与大足季家镇，西与荣昌区吴家镇，北与大足高升镇及四川省安岳县努力乡、合义乡相邻。铁山镇政府距大足城区19.5 km。内（江）大（足）路从镇腹心穿过，渝蓉高速公路设立的"三驱"下道口位于该镇胜丰村，距镇政府 2.8 km，到重庆、成都分别需要 35 min、90 min。全镇面积 61.55 km²，森林覆盖率 49.1%。辖 12 个村、2 个社区，共75 个村民小组、10 个居民小组，总人口 3.3 万人，其中非农业人口 0.4 万人。地貌以浅丘带坝为主，地形呈东低西高走势，平均海拔 492 m。气候属亚热带湿润季风气候，年平均气温 17.4 ℃，年降水量 1 080 mm，无霜期 320 d 以上。属典型的农业镇，除传统的种植业外，特色种植业以葡萄、枇杷、白芷、柠檬等为主。养殖业以黑山羊、土鸡、蛋鸡、鳗鳅和稻虾为主。大足黑山羊存栏量1.23 万只，生态土鸡年出栏量 120 万只以上，年产绿色鸡蛋 5 000 万枚，鳗鳅养殖 17.34 hm²，稻虾共生养殖 13.34 hm²。

因各级部门高度重视和相关政策措施的实施，大足黑山羊种群数量从发现之初的近 6 000 只发展到 2015 年年末的 12 万只（表 1-5），种群数量得到大大提高。这为大足黑山羊遗传资源的保护与开发利用提供了良好的基础。

表 1-5　大足黑山羊数量发展统计表

年度	种群总量（万只）	基础母羊（万只）	成年公羊（万只）
2004	0.59	0.32	0.02
2005	1.02	0.57	0.03

（续）

年度	种群总量（万只）	基础母羊（万只）	成年公羊（万只）
2006	1.57	0.80	0.04
2007	2.13	1.18	0.06
2008	2.44	1.37	0.07
2009	2.96	1.65	0.09
2010	3.17	1.77	0.10
2011	4.23	2.36	0.13
2012	6.15	3.44	0.19
2013	8.74	4.89	0.27
2014	10	5.97	0.33
2015	12.06	6.86	0.42

第二章
大足黑山羊特征和生产性能

第一节　体型外貌特征、评分及等级

一、体型外貌特征

大足黑山羊体型外貌见图 2-1。

成年公羊

成年母羊

周岁公羊

周岁母羊

图 2-1　大足黑山羊体型外貌

1. 被毛颜色、长短及肤色　公、母羊全身被毛全黑，毛较短紧贴皮肤，肤色白。

2. 体型特征　体质结实，结构匀称，体型较大。

3. 头型特征　公羊头型中等大；额平、狭窄，大多数有角有髯，角灰色、粗壮、光滑、微曲、向侧后方伸展呈倒"八"字形；鼻梁平直；耳窄、长，向前外侧方伸出。

母羊头型清秀；额平、狭窄，大多数有角有髯，角灰色、较细、向侧后上方伸展呈倒"八"字形；鼻梁平直；耳窄、长，向前外侧方伸出。

4. 颈部特征　公羊颈长、粗壮，少数有肉垂，无皱褶，毛长而密；母羊颈细长，少数有肉垂，无皱褶。

5. 躯干特征　公羊体躯结构匀称，躯体呈长方形，胸宽深，肋骨开张，背腰平直，尻略斜；母羊躯体呈长方形，前胸发达，胸宽深，肋骨开张良好，后躯宽广，背腰平直，腹大而不下垂，尻部略斜。

6. 四肢　公羊四肢较长、粗壮，母羊四肢长而结实。公、母羊蹄质坚硬呈黑色。

7. 尾部　公、母羊尾短尖。

8. 骨骼及肌肉发育情况　公羊骨骼粗壮，肌肉适中。母羊骨骼结实，肌肉较丰满。

9. 生殖器官　公羊两侧睾丸发育对称，呈椭圆形；母羊乳房大、发育良好，呈梨形；乳头均匀对称，少数母羊有副乳头。

二、评分及等级评定

大足黑山羊评分及等级评定，在体型外貌符合品种特征的前提下，按照体型外貌、体重和体尺（体高、体长、胸围、管围）、繁殖性能和个体品种进行综合评定。对大足黑山羊进行等级评定时期主要分为 6 月龄、周岁、成年三个阶段。在大足黑山羊生长过程中对其体尺和体重的测量，并对其个体品种进行综合评定，为选育提供依据，有利于及时做好淘汰工作，加快育种进程，同时也为销售大足黑山羊种羊提供了依据。

（一）大足黑山羊外貌评分

外貌评分指标（表 2-1），不符合相关条件酌情扣分：

1. 被毛　公母羊颜色全黑、无杂毛且较短，分值为 10 分。

2. 头颈部　公羊头型中等大小；额平、狭窄；大多数有角有髯，角灰色、粗壮、微曲、光滑、向侧后方伸展呈倒"八"字形；鼻梁平直；耳窄、长，向前外侧方伸出。颈长、粗壮，毛长而密。母羊头型清秀；额平、狭窄；大多数有角有髯，角灰色、较细、向侧后上方伸展呈倒"八"字形；鼻梁平直；耳窄、长，向前外侧方伸出。颈细长，无皱褶。分值为 25 分。

3. 躯干　公羊体躯结构匀称，躯体呈长方形，胸宽深，肋骨拱张，背腰平直，尻略斜。母羊体躯呈长方形，前胸发达，胸宽深，肋骨开张良好，后躯宽广，背腰平直，腹大而不下垂，尻部略斜。分值为 25 分。

4. 四肢及蹄　公羊四肢较长、粗壮。母羊四肢长而结实。公母羊蹄质坚硬呈青黑色。分值为 15 分。

5. 睾丸或乳房发育　公羊两侧睾丸发育对称，呈椭圆形。母羊乳房大、发育良好，呈梨形；乳头均匀对称。分值为 25 分。

表 2 - 1　大足黑山羊外貌评分

项目	评分标准	评分	
		♂	♀
被毛	全黑，无杂毛，被毛较短	10	10
头颈部	公羊头型中等大小；额平、狭窄；大多数有角有髯，角灰色、粗壮、微曲、光滑、向侧后方伸展呈倒"八"字形；鼻梁平直；耳窄、长，向前外侧方伸出。颈长、粗壮，毛长而密。母羊头型清秀；额平、狭窄；大多数有角有髯，角灰色、较细、向侧后上方伸展呈倒"八"字形；鼻梁平直；耳窄、长，向前外侧方伸出。颈细长，无皱褶	25	25
躯干	公羊体躯结构匀称，躯体呈长方形，胸宽深，肋骨拱张，背腰平直，尻略斜。母羊体躯呈长方形，前胸发达，胸宽深，肋骨开张良好，后躯宽广，背腰平直，腹大而不下垂，尻部略斜	25	25
四肢及蹄	公羊四肢较长、粗壮。母羊四肢长而结实。公母羊蹄质坚硬呈青黑色	15	15
睾丸或乳房发育	公羊两侧睾丸发育对称，呈椭圆形。母羊乳房大、发育良好，呈梨形；乳头均匀对称	25	25
合计		100	100

（二）大足黑山羊外貌等级评定

根据表 2-1 对大足黑山羊公羊和母羊外貌进行评分，公母羊所获得的分数大于或等于 95 其外貌等级为特级；公母羊所获得的分数大于或等于 85 小于 95 其外貌等级为一级；公羊所获得的分数大于或等于 80 小于 85 其外貌等级为二级，母羊所获得的分数大于或等于 75 小于 85 分其外貌等级为二级；公羊所获得的分数大于或等于 75 小于 80 其外貌等级为三级，母羊所获得的分数大于或等于 65 小于 75 其外貌等级为三级（表 2-2）。

表 2-2 大足黑山羊外貌等级评定

等级	公羊	母羊
特级	≥95	≥95
一级	≥85	≥85
二级	≥80	≥75
三级	≥75	≥65

（三）大足黑山羊体尺和体重

大足黑山羊体尺和体重主要分 6 月龄、周岁和成年三个阶段进行等级评定（表 2-3）。

表 2-3 大足黑山羊体尺和体重等级评定

年龄	等级	体重（kg）		体高（cm）		体长（cm）		胸围（cm）		管围（cm）	
		公	母	公	母	公	母	公	母	公	母
6 月龄	特级	23	20	49	47	57	53	69	68	8.5	8
	一级	21.5	18.5	47	45	55	51	67	66	7.7	7.2
	二级	19	17	45	43	53	49	65	64	6.9	6.4
	三级	17.5	15.5	43	41	51	47	63	62	6	5.6
周岁	特级	34	30	59	53	68	61	81	75	9.6	8.3
	一级	31	27	57	51	66	59	79	73	8.8	7.7
	二级	28	24	55	49	64	57	77	71	8.2	7
	三级	25	21	53	47	62	55	75	69	7.4	6.6
成年	特级	60	43	74	64	83	72	100	88	14.5	11
	一级	56	40	72	62	81	70	98	86	13.5	10.5
	二级	52	36	70	60	79	68	96	84	12.5	10
	三级	45	32	68	58	77	66	94	82	9.5	9.5

（四）大足黑山羊经产母羊繁殖性能等级划分

大足黑山羊经产母羊胎产活羔数大于或等于 3 只，其繁殖性能等级为特级；胎产活羔数大于或等于 2.7 只小于 3 只，其繁殖性能等级为一级；胎产活羔数大于或等于 2.4 只小于 2.7 只，其繁殖性能等级为二级；胎产活羔数大于或等于 2.0 只小于 2.4 只，其繁殖性能等级为三级（表 2-4）。

表 2-4　大足黑山羊经产母羊繁殖性能等级划分

项目	等级			
	特级	一级	二级	三级
胎产活羔数（只）	≥3.0	≥2.7	≥2.4	≥2.0

（五）大足黑山种公羊繁殖性能等级划分

大足黑山羊种公羊射精量大于或等于 0.75 mL，其繁殖性能等级为特级；射精量大于或等于 0.70 mL 小于 0.75 mL，其繁殖性能等级为一级；射精量大于或等于 0.65 mL 小于 0.70 mL，其繁殖性能等级为二级；射精量大于或等于 0.60 mL 小于 0.65 mL，其繁殖性能等级为三级（表 2-5）。

表 2-5　大足黑山羊种公羊繁殖性能等级划分

等级	射精量（mL）
特级	≥0.75
一级	≥0.70
二级	≥0.65
三级	≥0.60

（六）大足黑山羊个体品质综合等级评定

个体品质根据体重、体尺、繁殖性能、体型外貌三项指标进行综合评定等级。周岁以上种羊根据外貌、体重、体尺（体高、体长、胸围、管围）、繁殖性能进行综合评定；6 月龄种羊进行鉴定时，根据外貌、体重体尺进行综合评定。种羊鉴定阶段划分为 6 月龄、周岁和成年三个阶段。未达到三个标准的大足黑山羊不应作为种用。向外销售的种羊，应在 6 月龄以上，达到公羊大于或等于二级、母羊大于或等于三级等要求（表 2-6）。

表 2-6　个体品质综合等级评定

繁殖性能	特级				一级				二级				三级		
体重体尺	一	二	三	特	一	二	三	特	一	二	三	特	一	二	三
体型外貌	特	特	一	一	一	一	二	二	二	二	二	二	三	三	三
	特		一	二	二	二	二	二	三	三	三	三	三	三	三
			一	二	二	二	三	三	三	三	三	三	三	三	三
			二	二	三	三	三	三	三	三	三	三	三	三	三

第二节　生理特性

一、常规生理指标

1. **体温**　直肠温度公羊 38.85～39.29 ℃（平均值 39.07 ℃），母羊 38.87～39.15 ℃（平均值 39.01 ℃），群体平均值 39.04 ℃。

2. **脉搏**　脉搏公羊 83.55～128.09 次/min（平均值 105.82 次/min），母羊 85.22～122.06 次/min（平均值 103.64 次/min），群体平均值 104.75 次/min。

3. **呼吸频率**　呼吸频率公羊 19.51～27.35 次/min（平均值 23.43 次/min），母羊 17.21～26.53 次/min（平均值 21.87 次/min），群体平均值 22.66 次/min。

二、血液生理生化指标

通过采集 60 只大足黑山羊成年公、母羊颈静脉血液，进行常规生理生化指标测定，发现大足黑山羊各项生理指标正常（表 2-7）。

表 2-7　大足黑山羊生理生化指标

生理生化指标		公 ($n=30$)	母 ($n=30$)	群体平均值 ($n=60$)
血液白细胞分类百分比（%）	嗜酸性粒细胞	3.88±2.54	4.34±2.96	4.11±2.78
	嗜碱性粒细胞	1.36±1.10	0.84±0.79	1.10±0.95
	单核细胞	1.81±1.74	1.62±1.32	1.72±1.65
	中性粒细胞	36.71±5.95	39.57±7.14	38.14±7.03
	淋巴细胞	56.50±6.53	53.63±5.64	55.06±5.98

（续）

生理生化指标		公 (n=30)	母 (n=30)	群体平均值 (n=60)
血液常规指标	血清CO_2（mL，以100 mL计）	54.79±6.94	49.67±4.83	52.23±6.13
	血清胆固醇（mg，以100 mL计）	78.34±7.71	86.56±10.52	84.46±8.75
	血清钙（mg，以100 mL计）	8.67±0.73	8.96±0.68	8.82±0.71
	血清磷（mg，以100 mL计）	9.57±1.32	9.28±1.05	9.43±1.30
	血糖（mg，以100 mL计）	45.52±1.67	47.62±1.32	46.56±1.32
血清蛋白含量	非蛋白氮（mg，以100 mL计）	17.49±3.36	20.12±3.42	18.82±3.34
	总蛋白（g，以100 mL计）	7.42±0.48	7.29±0.30	7.36±0.45
	清蛋白（g，以100 mL计）	5.38±1.26	5.27±0.65	5.33±1.18
	球蛋白（g，以100 mL计）	2.34±0.65	1.46±0.47	1.90±0.62
血红蛋白含量	血红蛋白（g/L）	144.55±15.38	131.10±13.08	137.83±14.12
	血红蛋白含量（g/L）	42.98±7.50	40.56±3.04	41.27±5.51
	血红蛋白浓度（g/L）	440.5±20.13	410.2±19.86	431.4±20.84

第三节 生产性能

一、体重和体尺

大足黑山羊公、母羔羊平均初生重分别为（2.20±0.25）kg和（2.10±0.36）kg（表2-8），不同胎次、单胎不同产羔数平均初生重有一定差异，表现出随着胎次增加平均初生重略为增加、随着产羔数的增加平均初生重呈下降的趋势（表2-9、表2-10）。哺乳期为2个月，哺乳期羔羊生长速度较快，日增重达125～140 g/d；断奶至6月龄期间，由于断奶和更换饲料等因素的影响，羊只日增重维持在78～100 g/d，6月龄公、母羊体重达（22.30±2.78）kg和（19.00±2.48）kg；周岁公、母羊体重达（37.60±2.64）kg和（27.70±3.25）kg；成年公、母羊体重可达（59.50±5.83）kg和（40.20±3.62）kg。

在各个年龄阶段公羊体重、日增重均大于母羊（表2-8和图2-2），表明公羊的生长速度快于母羊；大足黑山羊早期生长速度较快，适宜早期利用（如生产羔羊肉、烤羊肉等）；同时要加强羔羊断奶期间饲养管理、营养供给，保证羔羊生长速度不出现大幅度下滑。

表 2 - 8　不同年龄的大足黑山羊体重和体尺

年龄	性别	样本数	体重（kg）	体高（cm）	体长（cm）	胸围（cm）	管围（cm）
初生	♀	423	2.10±0.36	22±2.1	28±1.1	29±1.2	4.25±0.2
	♂	419	2.20±0.25	23±1.4	26±1.0	30±1.4	4.3±0.5
断奶	♀	366	9.60±1.22	37±2.1	42±1.5	50±2.3	6.6±0.3
	♂	288	10.40±1.62	41±2.2	44±1.1	52±2.1	7.05±0.6
6月龄	♀	326	19.00±2.48	44±3.2	51±2.4	63±4.5	6.75±1.2
	♂	117	22.30±2.78	46±3.1	55±2.9	67±2.4	7.18±1.5
周岁	♀	295	27.70±3.25	52±3.4	57±3.3	70±5.3	7.0±1.2
	♂	75	37.60±2.64	56±3.7	65±2.6	77±2.1	8.5±1.1
成年	♀	265	40.20±3.62	60±3.9	70±3.2	84±4.4	10.0±1.2
	♂	62	59.50±5.83	72±5.1	81±4.6	96±3.9	12.0±2.4

表 2 - 9　不同胎次平均初生重的差异

胎次	n	平均初生重（kg）
1	79	1.98±0.39
2	50	1.92±0.38
3	28	2.02±0.35
4	26	2.13±0.37
5	16	2.30±0.42
≥6	17	2.54±0.63

表 2 - 10　不同产羔数的平均初生重差异

产羔数	n	平均初生重（kg）
1	109	2.30±0.52
2	206	2.00±0.42
3	72	1.97±0.70
4	7	1.94±0.40

　　为了便于实际选种的应用，我们深入分析影响大足黑山羊体重的体尺指标。通过测定 6 月龄、周岁和成年的公、母羊的体重以及体高（X_1）、体长（X_2）、尻高（X_3）、胸围（X_4）、胸深（X_5）、胸宽（X_6）、管围（X_7）、腰角

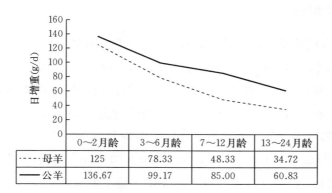

	0~2月龄	3~6月龄	7~12月龄	13~24月龄
------ 母羊	125	78.33	48.33	34.72
—— 公羊	136.67	99.17	85.00	60.83

图 2-2　大足黑山羊不同年龄阶段日增重

宽（X_8）等体尺指标并进行相关性和回归分析。6 月龄公、母羊的体尺指标均与其体重有显著的相关性（$P<0.05$），其中公羊尻高、胸深、体长以直接作用为主，其余则以间接作用为主；母羊胸围、腰角宽、体高、尻高以直接作用为主。公羊最优回归方程：$Y=-20.789+0.227 X_2+0.348 X_3+0.433 X_5$，母羊：$Y=-14.713+0.140 X_1+0.145 X_3+0.321 X_4-0.190 X_8$。发现胸围、胸宽是影响 1 周岁大足黑山羊公羊体重的最主要因素，最优回归方程为 $Y=51.683+0.867X_4+1.148X_6$；尻高、胸围和腰角宽是影响母羊体重的最主要因素，最优回归方程为 $Y=-18.890+0.419X_3+0.250X_4+0.405X_8$。发现胸宽和管围是影响成年公羊体重最主要的体尺指标，最优回归模型为：$Y=19.630-0.940X_6+4.346X_7$；胸围是影响成年母羊体重最主要的体尺指标，最优回归模型为：$Y=-17.942+0.661X_4$。综合分析发现，从 6 月龄到成年，胸围是影响大足黑山羊体重的最主要因素，后躯发育程度（尻高和腰角宽）会影响母羊的增重；公羊要注重前躯的体尺指标，对体重的影响较大。所以，在大足黑山羊的实际选种中，应该根据不同年龄阶段、不同性别重点选择不同指标，以保证选种的准确性。

二、肉用性能

大足黑山羊属于肉用山羊，具有屠宰率较高，早期生长速度较快，肉质细嫩，粗蛋白质含量高，必需氨基酸含量丰富且营养比较均衡，鲜味氨基酸含量较高，磷、镁、钙和硒等矿物质含量丰富等特点。

（一）屠宰性能

通过屠宰试验发现，大足黑山羊公、母羊在6月龄、周岁和成年时屠宰率分别为45.83%±4.96%、45.26%±2.33%，44.93%±2.28%、44.72%±1.24%，48.68%±2.14%、46.52%±3.22%。公、母羊周岁净肉率分别为34.24%±1.84%和33.18%±1.42%，肉骨比分别为（3.25±0.23）：1和（3.12±0.45）：1。公、母羊在6月龄、周岁和成年时眼肌面积为（7.95±1.88）cm²、（6.86±1.54）cm²，（14.8±1.01）cm²、（11.7±1.22）cm²，（18.82±1.24）cm²、（17.67±1.07）cm²。公羊的屠宰率、净肉率、肉骨比和眼肌面积均高于母羊（表2-11至表2-13）。

表2-11　6月龄大足黑山羊的屠宰性能指标

性别	样本数（只）	宰前活重（kg）	胴体重（kg）	屠宰率（%）	眼肌面积（cm²）
公羊	25	19.09±1.95	8.71±0.95	45.83±4.96	7.95±1.88
母羊	20	18.26±2.32	8.28±1.41	45.26±2.33	6.86±1.54

表2-12　周岁大足黑山羊屠宰性能

性别	样本数（只）	宰前活重（kg）	胴体重（kg）	屠宰率（%）	净肉率（%）	肉骨比	眼肌面积（cm²）
公羊	15	35.10±2.87	15.77±1.81	44.93±2.28	34.24±1.84	（3.25±0.23）：1	14.8±1.01
母羊	15	24.04±2.12	10.75±1.29	44.72±1.24	33.18±1.42	（3.12±0.45）：1	11.7±1.22

表2-13　成年大足黑山羊的屠宰性能测定

性别	样本数（只）	宰前活重（kg）	胴体重（kg）	屠宰率（%）	眼肌面积（cm²）
公羊	10	59.52±2.82	28.9±2.42	48.68±2.14	18.82±1.24
母羊	20	40.27±3.65	18.7±3.34	46.52±3.22	17.67±1.07

（二）pH

肌肉pH是反映屠宰后糖原酵解速度的重要指标，鲜肉pH为5.9～6.5。大足黑山羊背最长肌45 min和24 h的pH分别为6.35和5.58，均在鲜肉pH范围内。

（三）肉色

肉色是指肌肉的颜色，取决于肌肉中色素物质（肌红蛋白）的含量和状态，是消费者非常重视的一个感官指标。

大足黑山羊背最长肌呈鲜红色，评分为 89.88±0.11。其总色素和肌红蛋白含量较高，分别为（93.59 ±16.17）mg/kg 和（62.70 ±10.83）mg/kg。大足黑山羊背最长肌有少量大理石花纹（2.75 ±0.23）分。

（四）嫩度

剪切力和肌纤维直径是羊肉嫩度的评定指标，剪切力越低，肌纤维直径越小，羊肉越嫩。大足黑山羊背最长肌剪切力 56.64 N，肌纤维直径和肌纤维密度分别为 32.67 μm，（386±15.9）个/mm^2。

（五）系水力

系水力是指肌肉保持水分的能力，对肉的滋味、香气、营养成分、多汁性、嫩度、色泽等有很大的影响，通常用失水率、滴水损失和熟肉率来表示。失水率和滴水损失越低，熟肉率越高，系水力就越高，肉品质就越好。大足黑山羊背最长肌失水率为 14.89%，滴水损失为 1.19%，熟肉率为 62.14%，其系水力已达到国内优良肉羊品种的水平。

（六）总还原糖和硫胺素

总还原糖和硫胺素对于肌肉香味的产生具有很重要的作用。大足黑山羊背最长肌的总还原糖和硫胺素含量分别为 0.112 3% 和 1.41 mg/kg，与舍饲滩羊和小尾寒羊相应含量相近。宰后成熟工艺有利于羊肉风味的改善，研究发现，大足黑山羊羊肉最佳成熟时间为宰后 72 h。

（七）肌肉中营养成分分析

1. 肌肉中主要成分　通过对 6 月龄和周岁大足黑山羊肌肉营养价值的测定，发现 6 月龄羊的粗蛋白质、粗脂肪和粗灰分含量均高于周岁羊（表 2 - 14）。

肌肉中的水分含量高，肉质呈现多汁性，有利于改善适口性，肌纤维的高脂肪浓度亦可以改善肉质和口感，但有研究报道，肌肉中的高脂肪浓度能降低

表 2 - 14　大足黑山羊肌肉主要成分

年龄	样本数（只）	水分（%）	粗蛋白质（%）	粗脂肪（%）	粗灰分（%）
6 月龄	12	71.83±0.79	20.15±0.20	6.25±0.93	1.23±0.05
周岁	6	72.88±0.21	19.63±0.32	5.78±0.24	1.00±0.01

肌肉的含水能力。大足黑山羊肌肉含水量较高。

　　羊肉的粗蛋白质含量一般在 15%～20%，通常肌肉的蛋白质含量越高，其营养价值也会越高。6 月龄大足黑山羊粗蛋白质较高，具有较高的食用营养价值。

　　2. 肌肉中氨基酸组成　　氨基酸是肉类鲜味的主要来源之一，其组成和含量是评价蛋白质营养价值的重要指标。根据联合国粮食与农业组织（FAO）、世界贸易组织（WTO）对蛋白质理想模式的定义，质量较好的蛋白质的氨基酸组成应该满足必需氨基酸（EAA）占总氨基酸（TAA）的 40% 左右，EAA 占非必需氨基酸（NEAA）达到 60%，且必需氨基酸的得分大于 100。大足黑山羊值接近此值（表 2 - 15），说明羊肉中必需氨基酸含量丰富且营养比较均衡，有很高的营养价值。

　　有研究报道，谷氨酸、精氨酸、丙氨酸、甘氨酸、天冬氨酸为鲜味氨基酸，是形成肉香味的必需前体氨基酸，与肉的风味直接相关。其中，天冬氨酸、丙氨酸的含量决定了肌肉的鲜美程度，谷氨酸具有形成肉鲜味和缓冲酸、碱与咸等不良味道的特殊功效。大足黑山羊肌肉中的鲜味氨基酸含量较高，特别是谷氨酸和甘氨酸（表 2 - 15），进一步说明羊肉具有很高的营养价值。

表 2 - 15　肌肉中氨基酸组成

名称	含量	名称	含量	名称	含量
必需氨基酸（EAA）	(9.39±0.11) (g, 以 100 g 计)	非必需氨基酸（NEAA）	(16.31±0.17) (g, 以 100 g 计)	总氨基酸（TAA）	(25.69±0.27) (g, 以 100 g 计)
赖氨酸（Lys）	(1.97±0.04) (g, 以 100 g 计)	酪氨酸（Tyr）	(0.72±0.02) (g, 以 100 g 计)	鲜味氨基酸（FAA）	(12.04±0.14) (g, 以 100 g 计)
蛋氨酸（Met）	(0.72±0.01) (g, 以 100 g 计)	丙氨酸（Ala）	(4.16±0.05) (g, 以 100 g 计)	EAA/TAA	(36.54±0.14)%
亮氨酸（Leu）	(2.53±0.05) (g, 以 100 g 计)	甘氨酸（Gly）	(1.24±0.05) (g, 以 100 g 计)	EAA/NEAA	(57.58±0.35)%

（续）

名称	含量	名称	含量	名称	含量
异亮氨酸（Ile）	(1.05±0.02)（g，以100g计）	天冬氨酸（Asp）	(1.71±0.08)（g，以100g计）	FAA/TAA　(46.87±0.17)%	
苯丙氨酸（Phe）	(1.29±0.03)（g，以100g计）	谷氨酸（Glu）	(3.45±0.06)（g，以100g计）		
缬氨酸（Val）	(1.24±0.03)（g，以100g计）	精氨酸（Arg）	(1.47±0.03)（g，以100g计）		
苏氨酸（Thr）	(0.60±0.11)（g，以100g计）	丝氨酸（Ser）	(0.71±0.03)（g，以100g计）		
		半胱氨酸（Cys）	(0.18±0.02)（g，以100g计）		
		组氨酸（His）	(0.76±0.02)（g，以100g计）		
		脯氨酸（Pro）	(1.90±0.03)（g，以100g计）		

3. 肌肉脂肪酸成分　肌内脂肪是形成肌肉风味的主要前体物质之一，影响肌肉的嫩度、风味和多汁性，肌内脂肪含量已经成为评价肉质的一个非常重要的指标。

脂肪酸是构成脂肪的重要化学物质，是组织细胞的组成部分，对肉品的风味有一定的影响。大足黑山羊肌肉中油酸比例最大，其次是硬脂酸、棕榈酸，共占脂肪酸总量的88.17%，含有少量的亚油酸和豆蔻酸（表2-16、表2-17）。油酸是最重要的单不饱和性脂肪酸，有降低坏的胆固醇（LDL）和低密度脂蛋白的作用，具有预防动脉硬化的作用；亚油酸是羊体脂中最重要的多不饱和脂肪酸，它可以减少总胆固醇的含量。硬脂酸是饱和性脂肪酸的重要成分，豆蔻酸和棕榈酸有提高血液中胆固醇水平的生理作用，因此降低豆蔻酸、棕榈酸和提高油酸、亚油酸在脂肪中的比例对于人类健康具有积极意义。

综合以上肉用性能分析，大足黑山羊因其优良的肉质，既是备受广大消费者青睐的大众消费品，同时也是血压病人及忌食高胆固醇患者的理想营养佳品。

表 2-16 肌肉中脂肪酸的含量

名称	含量（%）
豆蔻酸（C14：0）	0.14±0.02
棕榈酸（C16：0）	1.31±0.22
硬脂酸（C18：0）	1.49±0.25
油酸（C18：1，$n-9$）	2.78±0.44
亚油酸（C18：2，$n-6$）	0.22±0.02
亚麻酸（C18：2，$n-3$）	<0.05
辛酸（C8：0）	<0.05
癸酸（C10：0）	<0.05
月桂酸（C12：0）	<0.05
花生酸（C20：0）	<0.05
花生四烯酸（C20：4，$n-6$）	<0.05
二十碳五烯酸（C20：5，$n-3$）	<0.05
二十二碳六烯酸（C22：6，$n-3$）	<0.05

表 2-17 各种脂肪酸占肌内脂肪的相对含量

名称	含量（%）
豆蔻酸（C14：0）	1.63±0.33
棕榈酸（C16：0）	20.57±0.87
硬脂酸（C18：0）	23.40±1.27
油酸（C18：1，$n-9$）	44.20±2.04
亚油酸（C18：2，$n-6$）	3.72±0.34

三、板皮品质

大足黑山羊板皮重量占体重的 6%～9%。经重庆市畜牧技术推广总站测定，大足黑山羊板皮品质较好（表 2-18），能够进行板皮深加工。

表 2-18 大足黑山羊板皮品质检测结果

样本数	厚度（mm）	拉伸负荷（N）	拉伸强度（MPa）	断裂负荷（N）	断裂应力（MPa）	断裂伸长率（%）
4	1.02±0.08	192.47±26.80	47.51±1.48	188.86±24.79	46.63±1.07	29.28±2.37

四、繁殖性能

（一）基本繁殖特性

大足黑山羊性成熟较早，公羊在 3～4 月龄即表现出性行为，公羔和母羔初情期分别为（102.0±4.2）d 和（117.0±8.7）d。6～8 月龄性成熟，公、母羊性成熟分别为（162.0±28.5）d 和（195.0±22.4）d。10～18 月龄进入最佳利用时间，公、母羊分别为（490.0±38.5）d 和（355.0±27.5）d。大足黑山羊发情周期为（20.1±0.5）d，在不同季节大足黑山羊发情周期有一定变化，但差异不显著。发情持续期为（41.4±8.6）h。妊娠期为（147.9±1.7）d，不同羔羊数妊娠期有一定差异，羔羊数增加，妊娠期会缩短（表 2－19）。产羔间隔为（237.8±4.6）d。利用年限为 6～8 年。

表 2－19　不同妊娠羔羊数妊娠时间的差异

项目	妊娠的羔羊数				
	1	2	3	4	平均
样本数	41	978	828	213	
妊娠期（d）	149.3±1.6	148.1±1.5	147.6±1.4	146.7±1.4	147.9±1.7

大足黑山羊公羊精液品质检测发现，一次射精量为 0.9～1.1 mL，精子密度为（1.9～2.4)×10^9 个/mL，鲜精活率为 75%～88%。公羊的精液品质随着季节、营养水平等条件的变化呈现明显的变化（表 2－20）。

表 2－20　不同季节大足黑山羊公羊精液品质

项目	春季	夏季	秋季	冬季
样本数	122	120	124	124
射精量（mL）	0.98±0.22	0.92±0.29	1.02±0.17	0.94±0.22
鲜精活率（%）	84.32±10.47	75.83±15.05	88.28±9.58	76.23±14.87
精子畸形率（%）	12.33±4.21	15.81±5.59	11.24±3.42	14.25±4.82
顶体完整率（%）	92.35±2.87	89.23±3.38	93.45±2.65	90.15±2.24
精子密度（×10^9 个/mL）	2.26±0.57	1.92±0.36	2.33±0.48	1.98±0.45

（二）多胎性能

大足黑山羊具有典型的多胎性状，据 2006 年统计，80 窝初产母羊平均产羔率为 197.31％，羔羊成活率为 90％；50 窝经产母羊的产羔单胎平均产羔数为 272.32％。2009 年，对 284 窝初产母羊和 367 窝经产母羊的产羔率进行统计分析，发现大足黑山羊初产母羊平均产羔率为 218.0％；2～6 胎的经产母羊的产羔率分别为 256.10％、273.00％、276.50％、272.40％、270.00％（图 2-3）。经产母羊单胎平均产羔率为 272.2％，最多一胎产 6 羔。产单羔、双羔、三羔和多羔的比例：初产母羊为 11.60％、59.20％、28.50％ 和 0.70％，经产母羊为 3.45％、31.45％、55.05％ 和 10.05％（图 2-4）。第 2 胎是经产母羊的低产羔胎次，第 4 胎是经产母羊的高产羔胎次。大足黑山羊在整个繁殖期内的产羔率趋势是 1～4 胎随着胎次的增加而上升，从第 5 胎开始下降，但下降幅度不大，6～8 岁龄的母羊产羔率仍可维持在 200％ 以上。

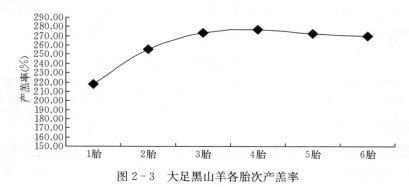

图 2-3　大足黑山羊各胎次产羔率

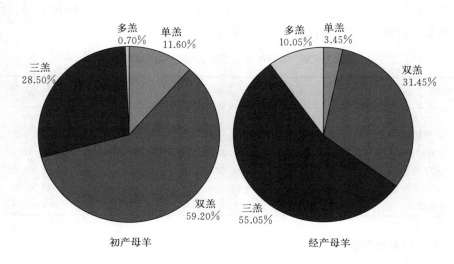

图 2-4　大足黑山羊产羔性能

通过与《中国畜禽遗传资源志·羊志》中记载的全国山羊产羔率进行比较分析，发现大足黑山羊产羔率仅低于济宁青山羊（283%），位居全国肉用山羊品种（遗传资源）前列（图2-5）。

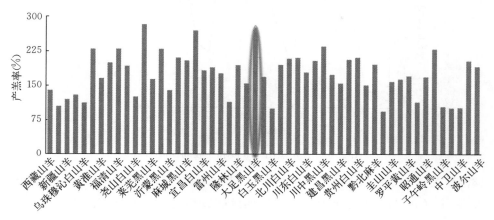

图2-5　中国山羊产羔率比较

（三）大足黑山羊高繁殖特性研究

1. 大足黑山羊高繁殖的生理特性　为了弄清大足黑山羊高繁殖的生理特性，大足黑山羊课题组采用B超监测并结合激素测定来探究卵泡发育状况。

（1）B超监测卵泡发育　通过对20只3～5岁的成年大足黑山羊连续两个发情周期的B超监测，发现大足黑山羊有3个或4个卵泡发育波，以3个卵泡发育波为主。这一结果在一个发情周期内促卵泡生成激素（FSH）分泌变化规律的研究中也得到了证实，表现出一个发情周期内出现3～4个FSH分泌峰。在3波周期中，第一个卵泡发育波出现的时间为0～8.2 d，第二波出现时间为8.2～15.7 d，第三波出现时间为15.7～20.7 d；在4波周期中，第一波出现时间为0～7.3 d，第二波出现时间为7.3～12.7 d，第三波出现时间为12.7～18.0 d，第四波出现时间为18.0～22.0 d。3个卵泡发育波的羊发情周期为（20.7±0.5）d，4个卵泡发育波的羊发情周期为（22.0±1.0）d，3个卵泡发育波羊的发情周期比4个卵泡发育波羊的发情周期短（$P<0.05$）（图2-6）。

3波周期募集卵泡数为（15.7±1.3）个（$n=16$），4波周期募集卵泡数为（16.7±1.5）个（$n=4$），大足黑山羊4波周期募集卵泡数比3波周期多6%（图2-7），但差异不显著（$P>0.05$，$n=20$）。3波周期排卵卵泡波募集

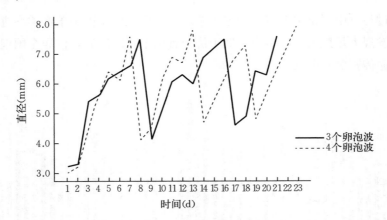

图 2-6 大足黑山羊 3 波和 4 波周期波形图

卵泡数为（5.7±0.3）个（n＝16），4 波周期排卵波募集卵泡数为（4.3±0.3）个（n＝4），大足黑山羊 3 波周期排卵波募集卵泡数显著比 4 波周期多 33%（P＜0.01，n＝20）（图 2-8）。

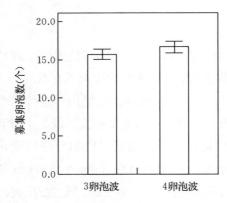

图 2-7　山羊不同卵泡波的募集卵泡数　图 2-8　山羊排卵泡波的募集卵泡数

**表示差异显著。

　　具有 3 个卵泡发育波的羊只排卵数平均为（2.8±0.4）个，具有 4 个卵泡发育波的羊只排卵数平均为（2.4±0.3）个，3 波周期羊只排卵数比 4 波周期羊只排卵数多 17%（P＜0.01，n＝20）。

　　（2）生殖激素测定　通过对大足黑山羊一个发情周期内血液中 FSH、激活素 A（ACTA）和抑制素 B（INHB）持续测定，发现大足黑山羊血浆中 FSH 的分泌呈现周期性波动（图 2-9）。第一4 天为（5.742±0.107）IU/L，之后逐渐增加，在第 0 天（发情当日）时达到一个高峰值（8.246±0.144）IU/L。但第 0 天后，FSH 水平急剧下降，直至下降到第 6 天的（3.175±0.038）IU/L，之后又出现了两个 FSH 分泌水平较高点，即第 7 天（5.123±0.106）IU/L 和第 13 天（4.485±0.301）IU/L，在第 20 天又出现一个高峰值（8.207±0.222）IU/L，与第 0 天时水平相近。

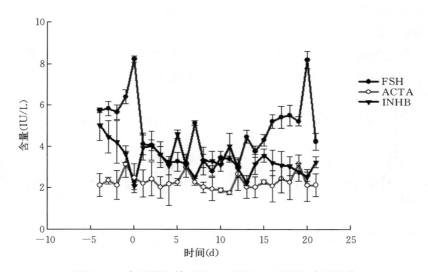

图 2-9　大足黑山羊 FSH、ACTA 和 INHB 分泌变化

血浆中 ACTA 的分泌也呈现周期性波动。从第−4 天（2.125±0.544）IU/L 开始逐渐上升，到第−1 天时达到一个高峰值，此时血浆中的 ACTA 含量为（3.136±0.641）IU/L。随后在第 6 天和第 13 天出现了两个 ACTA 分泌水平高点，即第 6 天的（2.995±0.027）IU/L 和第 13 天的（2.665±0.541）IU/L，在第 19 天时又出现一个高峰值，为（3.145±0.444）IU/L，与第−1 天数值相近。

大足黑山羊血浆中 INHB 的分泌规律同样呈现出周期性波动。从测定开始时（第−4 天）的（5.037±0.73）IU/L 开始逐渐下降，到第 0 天时下降到一个较低点，此时血浆中的 INHB 含量为（2.098±0.166）IU/L。随后在第 7 天和第 13 天出现了两个 INHB 分泌水平较低点，即第 7 天的（2.515±0.058）IU/L 和第 13 天的（2.240±0.103）IU/L。在第 20 天又出现了一个 INHB 分泌较低点，为（2.125±0.773）IU/L，此时的数值与第 0 天时较接近。而 INHB 分泌较高的点除了前 3 d（均在 4.22IU/L 以上）外，还有第 2 天、第 5 天和第 12 天。

分别达到（4.035±0.698）IU/L、（4.601±0.203）IU/L、（4.031±0.626）IU/L。

在一个发情周期中，大足黑山羊 FSH 分泌曲线的变化趋势与 INHB 呈现出相反的趋势，大足黑山羊 FSH 分泌水平较高时正好是 INHB 分泌水平较低时，特别是第 0 天、第 7 天和第 13 天，同时出现了 FSH 分泌高峰点和 INHB 分泌较低点。ACTA 分泌曲线的变化趋势与 FSH 比较一致，但 ACTA 出现的前两个分泌高峰点（第−1 天和第 6 天）比 FSH 的分泌高峰点要提前 1 d 左右。

通过比较发现，大足黑山羊在整个发情周期内血浆中 INHB 平均浓度显著低于萨能奶山羊（$P<0.05$），从发情征兆明显至排卵前这段时间内，大足黑山羊血浆中 FSH 平均浓度显著高于萨能奶山羊（$P<0.05$）（图 2-10）。

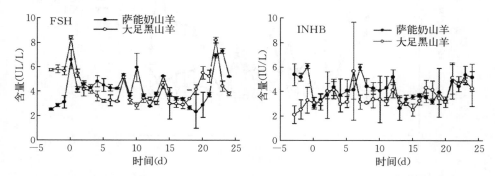

图 2-10 大足黑山羊和萨能奶山羊内血浆中 INHB 和 FSH 分泌变化曲线

2. 繁殖相关的基因研究 主要开展了与繁殖相关的候选基因的筛选、克隆、定量表达及多态性分析。

（1）山羊卵巢组织转录组和表达谱分析 以 1 月龄和经产空怀的大足黑山羊和内蒙古绒山羊卵巢组织为研究对象，测序共产生了 38 771 668 条读长，拼接过滤后，得到了 64 824 条非重复序列基因（Unigene），其中，29 444 条 Unigene 注释到 Gene Ontology 数据库，36 910 条 Unigene 注释到 SWISS-Prot 数据库，27 766 条 Unigene 注释到 KEGG pathway 数据库，11 271 条 Unigene 注释到 COG 数据库。GO 显著性功能富集分析发现有 1 759 条与繁殖相关的 Unigene。

表达谱分析发现，成年大足黑山羊与 1 月龄大足黑山羊有 709 条 Unigene 存在差异表达，其中，成年大足黑山羊与 1 月龄大足黑山羊相比较，有 349 条 Unigene 表达上调，360 条 Unigene 表达下调。成年大足黑山羊与成年内蒙古绒山羊之间存在 1 133 条差异表达基因，其中，大足黑山羊比内蒙古绒山羊表达上调的有 632 条 Unigene，表达下调的有 501 条 Unigene。分析发现，既在品种内差异表达，也在品种间差异表达的 Unigene 有 397 条，这表明筛选出 397 条差异表达的 Unigene 与山羊的繁殖存在密切关系。

（2）与大足黑山羊繁殖相关的基因克隆和定量表达分析　克隆出了大足黑山羊卵泡抑素（follistatin，FS）、激活素受体（activin receptor）、抑制素 α（inhibin alpha，INHα）、抑制素 βA（inhibin beta A，INHβA）、抑制素 βB（inhibin beta B，INHβB）、白细胞介素 15（interleukin - 15，IL - 15）、性激素结合球蛋白（sex hormone binding globulin，SHBG）等基因的 cDNA 序列。定量 PCR 分析发现，在卵巢组织中，INHα 表达水平最高，INHβA 居中，而 INHβB 表达水平最低。南江黄羊 INHα、INHβA 和 INHβB 亚基基因表达水平最高，萨能奶山羊居中，大足黑山羊表达最低。而卵巢中 FS 表达水平在萨能奶山羊最高，南江黄羊居中，大足黑山羊最低。大足黑山羊 ACTRIA 表达水平极显著高于萨能奶山羊（$P<0.01$）。

大足黑山羊 INHβA 和 INHβB 亚基基因的外显子中没有发现与产羔数相关的多态性位点；而 INHα 外显子 2 的第 57 位存在 G→A 的突变产生的 B 等位基因可能是山羊高繁殖力的一个优势基因（表 2 - 21）。与绵羊繁殖相关的 *FecX*[B]、*FecG*[H]、*FSHR* 基因第 10 外显子和 *FSHβ* 基因 5′端调控区在大足黑山羊、南江黄羊、金堂黑山羊和川东白山羊中均不具有多态性。*SHBG* 基因内含子 4～9 和 5′端调控区、Doppel 的编码基因（*PRND*）、丝裂原活化蛋白激酶（mitogen-activated protein kinases，MAPKs）、神经肽 Y（neuropeptide Y，NPY）和 NPY - Y1 受体（NPY - Y1R）等基因均无明显的多态性位点出现。

表 2 - 21　INHα 外显子 2 不同基因型的产羔数的最小二乘均值及标准误

品种	基因型	样本数	最小二乘均值及标准误			
			第 2 胎产羔数	第 3 胎产羔数	第 4 胎产羔数	平均产羔数
大足黑山羊	AA	2	1	2	2	1.67
	AB	12	1.833±0.167[a]	1.917±0.668[a]	2.083±0.668[a]	1.945±0.128[a]
	BB	14	2.428±0.646[b]	2.927±0.730[b]	2.786±0.579[b]	2.714±0.367[b]
南江黄羊	AA	12	1.652±0.744[a]	1.766±0.707[a]	1.241±0.463[a]	1.541±0.354[a]
	AB	10	1.714±0.517[a]	1.877±0.640[a]	2.224±0.463[b]	1.918±0.233[a]
	BB	5	2.501±0.577[b]	3.252±0.500[b]	2.251±0.500[b]	2.672±0.450[b]

注：上标中不同字母表示差异显著（$P<0.05$）。

3. 胎盘效应研究　　胎盘是后兽类和真兽类哺乳动物妊娠期间由胚胎的胚膜和母体子宫内膜联合生成的母仔间交换物质的过渡性器官。在胎儿生长发育过程中，胎盘承担着气体交换、营养物质供应和代谢物排泄等功能，其效率与胎儿的发育直接相关。由于山羊属子叶型胎盘，胎盘上由绒毛密集簇拥形成的子叶是山羊母仔物质交换的主要场所。子叶绒毛贯穿母体子宫内膜中，通过绒毛中心存在的微血管与母体毛细血管连接，从而形成胎盘中进行母胎物质交换的重要组织结构。

为了研究胎盘子叶性状，如胎盘绒毛的形态大小、分级程度、密度、子叶总面积、子叶密度和子叶承载效率对山羊产羔数、初生重等繁殖性能是否有影响，大足黑山羊课题组收集 79 窝（单羔，$n=21$，G1；双羔，$n=47$，G2；三羔，$n=11$，G3）大足黑山羊正常分娩后胎盘及繁殖性能数据，比较不同产羔类型胎盘子叶承载效率（窝初生重与子叶总面积之比）、子叶密度（子叶个数与胎盘质量之比）、子叶面积和子叶组织学结构、绒毛超显微结构，并且分析子叶性状和结构及其与繁殖性能的相关性。研究发现，大足黑山羊随产羔数增加，胎盘子叶承载效率和子叶总面积极显著增加（$P<0.01$），G1、G2 和 G3 组子叶承载效率分别是（5.70 ± 2.50）g/cm^2、（9.23 ± 3.90）g/cm^2、（8.15 ± 3.33）g/cm^2，子叶总面积分别为（501.57 ± 124.25）cm^2、（546.34 ± 197.78）cm^2、（735.85 ± 194.28）cm^2；子叶密度极显著性降低（$P<0.01$），G1、G2 和 G3 组分别是（0.38 ± 0.18）n/g、（0.26 ± 0.10）n/g、（0.21 ± 0.08）n/g，子叶总数无显著性差异（$P>0.05$）；由组织学结构观察发现，随着产羔数增加，胎盘子叶内血管数量增多，密度增大，绒毛形状变宽变大，密集程度增加，表面褶皱更丰富。相关性分析表明，产羔数和窝初生重与胎盘质量、子叶总面积、子叶承载效率呈极显著正相关（$P<0.01$）。研究发现山羊胎盘子叶面积与子叶承载效率相互联系；胎盘子叶组织结构及绒毛结构与山羊产羔数有显著性相关。

胎盘效率（placental efficiency，PE）即初生窝重与胎盘重之比。从 1978 年 Molteni 等在其研究中首先发现胎儿重量和胎盘重量之间存在一定的相关性，到 1999 年 Wilson 等正式将其作为一种育种工具运用到提高母猪产仔数的研究中，证明了应用胎盘效率对母猪的选育是十分有效的。之后，大量的育种工作者相继在其研究中证实利用胎盘性状对母畜进行选择以提高繁殖性能是可行的。

为了研究大足黑山羊繁殖胎盘性状与繁殖性状的关系。我们收集了 60 窝大足黑山羊胎盘数据和繁殖生产数据进行了分析。发现大足黑山羊平均初生羔羊窝重为（4 625.87±1 687.21）g、平均胎盘效率为（9.44±1.92)%、窝产羔数为（1.97±0.85）只(*n*=60)；大足黑山羊窝产羔数和平均初生羔羊窝重差异极显著（*P*<0.01）。根据胎盘效率的高低将试验样本分为 3 组，胎盘效率最高的1/3 为第Ⅰ组，胎盘效率中等的1/3 为第Ⅱ组，胎盘效率最低的1/3 为第Ⅲ组。第Ⅰ、Ⅱ和Ⅲ组的大足黑山羊窝产羔数分别为（2.50±0.97）只、（1.90±0.74）只和（1.50±0.53）只（*n*=20），结果表明第Ⅰ组显著高于第Ⅱ、Ⅲ组（*P*<0.05）；第Ⅱ、Ⅲ组之间差异不显著（*P*>0.05）。说明胎盘效率与山羊窝产羔数呈正相关。

大足黑山羊和河西绒山羊 *OPN* 基因启动子和 Exon7 均只检测到 AA、AB两种基因型，基因测序和比对分析，发现此突变均没有引起氨基酸的改变。与山羊的胎盘效率和窝产羔数用最小二乘法相关性分析发现，大足黑山羊、河西绒山羊 *OPN* 基因启动子 2 种基因型与产羔数、胎盘效率的关系都表现为 AA大于 AB，基因型为 AA 型的大足黑山羊平均窝产羔数比 AB 型高 0.33 只，AA 型的河西绒山羊比 AB 型多 0.08 只，但差异均不显著（*P*>0.05）。基因型相同的大足黑山羊、河西绒山羊品种之间进行比较，平均窝产羔数差异极显著（*P*<0.01）。不同基因型的大足黑山羊、河西绒山羊品种间和品种内比较，胎盘效率差异均不显著（*P*>0.05）。

OPN 基因 Exon7 相关分析表明，基因型为 AA 型的大足黑山羊平均窝产羔数比 AB 型多 0.88 只，差异极显著（*P*<0.01）；AA 型河西绒山羊平均产羔数比 AB 型多 0.08 只，差异不显著（*P*>0.05）。基因型相同的大足黑山羊、河西绒山羊品种之间进行比较，平均窝产羔数差异极显著（*P*<0.01）。AB 型的大足黑山羊和河西绒山羊胎盘效率差异极显著（*P*<0.01）；AA 型品种之间胎盘效率差异不显著（*P*>0.05），表明山羊 *OPN* 基因 Exon7 等位基因 A 是优势基因，对胎盘效率和窝产羔数影响显著，是个潜在的分子遗传标记。

五、产奶性能

大足黑山羊乳房大、发育良好，呈梨形，乳头均匀对称，少数有副乳头。大足黑山羊产奶量还没有准确测量，但在实际生产中，生双羔和三羔的母羊能够正常哺育成活，生三羔以上的母羊需要人工补乳，可估测大足黑山羊产奶量应该维持在一个较高的水平。

大足黑山羊乳成分分析，通过对第二胎产双羔的 6 只哺乳母羊 1～35 d 内乳成分分析，乳脂、乳蛋白、乳糖、灰分和非脂物质在初乳（1～7 d）中的含量分别为 9.07%、4.90%、6.99%、0.96% 和 12.89%，而在常乳中的含量分别为 6.98%、3.72%、5.34%、0.75% 和 9.81%，初乳中各成分含量都比常乳高；常乳中乳脂含量变化较大，其他各成分含量只有 9～11 d 内有所回升，然后趋于平稳（图 2-11 至图 2-13）。

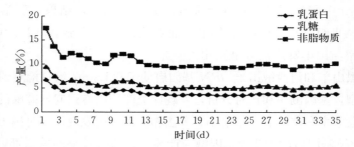

图 2-11 乳蛋白、乳糖、非脂物质含量与泌乳期的关系

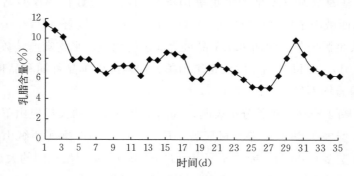

图 2-12 乳脂含量变化与泌乳期的关系

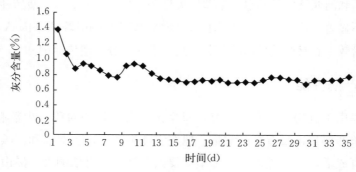

图 2-13 灰分含量与泌乳期的关系

第三章
大足黑山羊保护、选育与品种利用

第一节 大足黑山羊保护

畜禽遗传资源保护方法可以分为活体保种和易位保种。活体保种包括活体原位保种和活体异地保种；易位保种包括超低温冷冻方法保种和 DNA 基因组文库保种，其中超低温冷冻方法保种包括保存配子、胚胎和体细胞。大足黑山羊遗传资源保护根据保种理论建立了完善的保种体系。

一、活体保种

（一）活体原位保种

自 2003 年在大足县西南部发现大足黑山羊类群以后，大足县政府就成立了专门的大足黑山羊保护与研究开发领导小组，西南大学为此专门成立了黑山羊研究所，作为大足黑山羊保护与研究的技术支撑单位，迅速开展了大足黑山羊种质资源的普查工作，在普查的基础上建立了大足黑山羊保种区，制订了大足黑山羊保种选育方案，并建成了大足黑山羊核心保种选育场和养殖大户的二级扩繁场。

1. 大足黑山羊种质资源的普查 2003 年 10 月至 2004 年 5 月，大足县畜牧技术人员与西南大学动物科技学院的师生组成普查组，分批多次到大足黑山羊主要分布区铁山镇、季家镇、高升镇、三驱镇、龙石镇和珠溪镇开展普查。采用普查与重点村户测查相结合，以重点村户测查为主；时间与空间相结合，即同一时期不同点测定与不同时期定点测定相结合，以定点测查为主的技术路线。采用询问、观察、实际测定相结合的方法。询问养羊户每只羊的年（月、日）龄、母羊胎次、饲喂情况、发情配种、产羔数、发病率、饲养期等；观察羊的体型外貌及齿龄；实际测定羊的体重、体尺、屠宰指标等。测查面覆盖37个行政村、420多个农户，覆盖率在30%以上，完成了2万多个数据的统计分析及文字图片资料的整理。共采集了1 071只黑山羊样本。其中，成年公羊55只，繁殖母羊377只，共获得了6个胎次、796窝的数据。经反复核实，有效记录数据651窝，其中，初产母羊284窝，经产母羊367窝。

在普查的同时对合格种羊进行了登记编号。

2. 大足黑山羊保种区和核心保种选育场建设　大足县于2004年年底建立了以铁山镇为核心的大足黑山羊保种区，保种区包括铁山镇、季家镇、珠溪镇（图3-1），目前已将保护区扩大到16个乡镇。在保种区内不准引入和养殖大足黑山羊以外的山羊品种，或利用其他品种对现有黑山羊进行杂交繁殖。到2015年年底保种区存栏种羊已达3万只以上。

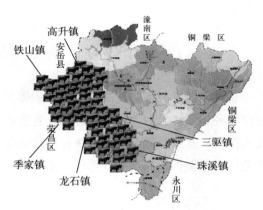

图3-1　大足黑山羊保护区

由养殖协会、企业和高校在保种区内建设大足黑山羊保种场和大足黑山羊核心保种选育场，目前建立了国家级大足黑山羊资源保护场1个、大足黑山羊种羊繁育基地1个和存栏种羊500只的原种场24个（其中一个为国家级标准化示范场）。保种区建立种群登记制度和系统的育种档案，采用大足黑山羊羊选育信息管理系统进行统一育种分析与管理，并形成了种群保护、选育与种羊产业相结合的研究开发体系。

3. 保种繁育体系　保种繁育体系包括遗传资源场、保种选育场、一级扩繁场和二级扩繁场。

遗传资源场主要任务是保存大足黑山羊活体资源，要求群体数量在300只以上，实行各家系等比例留种，即在每一世代留种时，实行每一头公羊后代中选留一头公羊，每一头公羊后代中选留相同数量的母羊，并且尽量保持每个世代的群体规模一致，减少保种群体出现"瓶颈效应"的概率。在群体内要制订合理的交配体系，尽量避免近交，特别是极端近交（全同胞、半同胞、亲子交配）。

保种选育场的主要任务是加强常规选育，运用传统育种手段对其选优提纯，同时，开展特殊性状遗传效应的基础研究，争取把传统育种手段与现代生物技术相结合，提高大足黑山羊遗传资源保护和选育效率。核心群内种羊不断向下级保种扩繁场（户）输送种羊，传递优秀基因。同时，保种选育场不定期地吸收下级场内特别优秀个体，以补充核心群规模与基因。逐年逐代在选优提纯的同时不断扩大种群，实现遗传资源的动态保护，促进种羊产业发展。

一级扩繁场主要任务是对保种选育场种羊的扩繁，选种的目标是种羊达到一级以上，扩繁场建在保种区内，已建成存栏种羊 200 只的一级扩繁场 49 个；二级扩繁场选种的目标是种羊达到二级以上，主要任务是向全区大足黑山羊养殖合作社提供三级以上的种羊，目前存栏种羊 50 只的二级扩繁场 151 个，扩繁户 600 余户。

4. 大足黑山羊选种标准的确定 西南大学大足黑山羊课题组对大足黑山羊繁殖性能、生长发育等各项指标进行了系统的测定研究，共得到 53 000 多个数据，为大足黑山羊的科学选育提供了理论支持，为大足黑山品种标准的制定提供了最基础的数据。2008 年 3 月，根据多年来对大足黑山羊体型外貌特征、生长发育、繁殖性能等各项质量性状和数量性状的研究结果，提出了大足黑山羊选种标准，并相继制定了指导生产的《大足黑山羊》《大足黑山羊种公羊饲养管理技术规范》《大足黑山羊种母羊饲养管理技术规范》《大足黑山羊繁殖技术规范》《大足黑山羊圈舍建设技术规范》《大足黑山羊疫病防制技术规范》等系列标准。大足黑山羊系列标准的制定对大足黑山羊的有效保护提供了重要的参考标准。

（二）活体异地保种

为了避免原产地和保种区出现如突发传染病、自然灾害等影响大的突发事件，对畜禽遗传资源实施异地保种是非常必要的。2009 年在西南大学实验农场内建立了大足黑山羊异地保种场，其主要任务是异地保存大足黑山羊活体遗传资源，并研究其他保种方式，也为原产地提供优质的种羊。异地保种群体数量维持在 200 只以上，同样采用各家系等比例留种。

二、易位保种

随着分子生物学技术的进步，冻存生殖细胞、胚胎、体细胞以及 DNA 文库等易位保种方法，在畜禽遗传资源保存中也越来越广泛地得到应用。

1. 生殖细胞、胚胎和体细胞冻存　超低温冷冻技术的发展为遗传物质、生物个体提供种质资源的保存，特别是珍稀、濒危畜禽的异地保护提供了希望，被称为濒危种类保护的"诺亚方舟"。目前超低温冷冻技术已经能够对大多数畜禽的精液进行长期保存，特别是奶牛、山羊的精液冷冻和人工授精已经广泛使用。

哺乳动物的冷冻胚胎自 20 世纪 70 年代初首获成功以来，已经在 20 多种哺乳动物中获得成功，奶牛、黄牛、山羊、绵羊、兔和小鼠等的冷冻胚胎已得到较广泛的使用。胚胎冷冻和移植技术的发展，为畜禽的异地保存提供了技术保障。

生殖细胞、胚胎和体细胞冻存可以较长时期地保存大量的基因型，免除畜群对外界环境条件变化的适应性改变。生殖细胞和胚胎的长期冷冻保存技术、费用和可靠性在不同的家畜有所不同。一般情况下，超低温冷冻保存的样本收集和处理费用并不是很高，特别是精液的采集和处理是相对容易和低廉的，而且冷冻保存的样本也便于长途运输。对生产性能低的地方品种而言，这种方式的总费用要低于活体保存。但利用这种方式保存遗传资源，必须对供体样本的健康状况进行严格检查，同时做好有关的系谱和生产性能记录。出于抽样误差，基因频率和基因型频率也有所变化，但只要样本足够大，群体中的任何遗传信息就不致丢失；将抽样误差降低到最低限度，并防止了保种群与其他种群的混杂。从保种成本看，保存配子优于保存受精卵和胚胎；从保种效果看，则截然相反。

体细胞的冷冻保存也是一种成本低廉的保种方式，但是需要克隆技术作为保障。1997 年英国报道的成功克隆羊"多莉"，以及随后相继报道的鼠、兔、猴等动物的体细胞克隆成功事例，至少为畜禽遗传资源保存提供了一条新的途径，即利用体细胞可以长期保存现有动物的全套染色体，并且将来可以利用克隆技术完整地复制出与现有遗传物质完全一致的个体。即使现有的特定类型完全灭绝，将来也可以利用同类，甚至非同类动物个体作为受体，借腹怀胎，来重新恢复该物种。然而，到目前为止，这种方式还不能真正用于畜禽遗传资源的保存。

重庆市畜禽遗传资源冷冻保存库和全国畜牧总站畜禽遗传资源保存利用中心均对大足黑山羊采集精液和血样进行了生殖细胞和体细胞的冷冻保存。西南大学重庆市草食动物资源保护与利用工程技术研究中心还保存了组织样和全基因组 DNA，还将在下一步研究大足黑山羊卵母细胞和胚胎保存方式。

2. 利用 DNA 文库和基因定位保种　随着分子生物学和基因工程技术的完善，以及分子遗传技术的进步，一些高效率的 DNA 分子遗传标记将各种畜禽的遗传图谱研究推向实用化。通过基因定位将一些独特性能的基因定位于某一染色体特定区段，并测定基因在染色体上线性排列的顺序和相互间的距离，这样可以直接在 DNA 分子水平上有目的地保存一些特定的性状，即基因组合。通过对独特性能的基因或基因组定位，进行 DNA 序列分析，利用基因克隆，长期保存 DNA 文库，这是一种最安全、最可靠、维持费用最低的遗传资源保存方法，可以在将来需要时，通过转基因工程，将保存的独特基因组合整合到同种，甚至异种动物的基因组中，从而使理想的性能重新回到活体畜群。但 DNA 基因组文库作为一种新型的遗传资源保存方法，目前基本上仍处于研究阶段。

三、大足黑山羊保种及产业发展的政策及措施

（一）制定扶持政策，保障产业发展

当地政府先后出台了《关于大足黑山羊种质资源保护及产业化发展的实施意见》（足府发〔2007〕53 号）、《关于进一步加强大足黑山羊保种选育及产业化发展的实施意见》（足府发〔2010〕20 号）等文件，对大足黑山羊资源保护及产业化发展制定了一系列扶持政策。通过本级财政或争取上级资金，2007年以来已连续 9 年将大足黑山羊种源保护与基地化建设项目纳入了区（县）级重点项目、民心工程项目和攻坚工程项目，由区级领导牵头督办，加快了项目推进和产业发展。2008 年以来每年财政用于大足黑山羊产业的补助资金均在100 万元以上，2013 年达到 1 656 万元，对黑山羊保护和产业发展起到了极大的引导作用。

（二）成立领导机构，加强组织领导

大足区成立了以区委副书记和县长（区长）任组长，分管副县长（副区

长）任副组长，畜牧、科委、财政、发改等部门和相关镇街（办事处）政府主要负责人为成员的大足黑山羊产业发展领导小组，并设办公室和黑山羊研究所于畜牧部门，加强对大足黑山羊保护及产业化发展工作的领导。同时，将大足黑山羊发展目标任务分解落实到镇街，与镇街（办事处）政府签订目标责任书，明确任务和职责。

（三）注重人才培养，组建专业队伍

依托西南大学，全面开展相关科学研究，不断推进技术创新、推广应用，同时培养专业技术人才，健全和壮大了大足区专业人才队伍。

（四）举办多样活动，增强保护和发展意识

通过召开产业发展研讨会、培训会和赛羊会提高了养殖户对保护和选育大足黑山羊的意识，增强了各级政府、科技界和产业界对大足黑山羊的关注，特别增强了投资业主和养羊户保护和选育大足黑山羊的主动性和积极性，同时建立健全种群保护选育与产业发展有机结合的管理制度，形成政府引导、专家指导、企业和农户参与的大足黑山羊社会化繁育体系。

第二节　大足黑山羊选育

一、大足黑山羊选育标准

大足黑山羊具有生长发育快、羔羊成活率高、遗传稳定、毛色纯黑、体型粗大、抗病力强的特点，特别是其高繁殖性能在国内外山羊品种中都表现得十分突出，是国家级畜禽遗传资源之一。但同时大足黑山羊具有生长速度慢、屠宰率低等缺点，这不利于肉羊商品生产。要在保种的同时重点选育提高这些性状，在保种核心场内可采取个体选择、家系选择和综合指数选择等方法进行选育。在保种区内，为了防止公母羊混合饲养造成的野交乱配，可以实行公母羊分开饲养，培养种公羊饲养专业户，对外开展配种服务，通过母羊饲养专业户选择优秀种公羊配种来达到选配目的，从而不断提高群体生产水平。

为了提高大足黑山羊制种、选种水平，提高饲养水平，编制了重庆市地方标准《大足黑山羊》（GB 50/T 385—2011）。

（一）外貌特征

全身被毛全黑、被毛较短，皮肤白色；体型较大，体质结实，结构匀称。公羊头型中等大；额平、狭窄，大多数有角有髯，角灰色、粗壮、光滑、微曲、向侧后方伸展呈倒"八"字形；鼻梁平直；耳窄、长，向前外侧方伸出。母羊头型清秀；额平、狭窄，大多数有角有髯，角灰色、较细、向侧后上方伸展呈倒"八"字形；鼻梁平直；耳窄、长，向前外侧方伸出。公羊颈长、粗壮，少数有肉垂，无皱褶，毛长而密。母羊颈细长，少数有肉垂，无皱褶。公母羊体躯结构匀称，躯体呈长方形，前胸发达，胸宽深，肋骨开张良好，后躯宽广，背腰平直，尻略斜；母羊腹大而不下垂。公母羊四肢较长、粗壮。母羊四肢长而结实。公母羊蹄质坚硬、呈青黑色。公羊骨骼粗壮，肌肉适中。母羊骨骼结实，肌肉较丰满。公羊两侧睾丸发育对称，呈椭圆形；母羊乳房大、发育良好，呈梨形；乳头均匀对称，少数母羊有副乳头。

（二）生产性能

1. 体重、体尺　周岁公、母羊体重分别不低于 25 kg、21 kg，体高分别不低于 53 cm、47 cm，体长分别不低于 62 cm、55 cm，胸围分别不低于 75 cm、69 cm，管围分别不低于 7.4 cm、6.6 cm。成年公、母羊平均体重分别不低于 45 kg、32 kg，体高分别不低于 68 cm、58 cm，体长分别不低于 77 cm、66 cm，胸围分别不低于 94 cm、82 cm，管围分别不低于 9.5 cm、9.5 cm。

2. 产肉性能　12 月龄公羊胴体重不低于 15 kg，屠宰率不低于 44.9%，净肉率不低于 34.24%。12 月龄母羊胴体重不低于 10 kg，屠宰率不低于 44.7%，净肉率不低于 33.18%。

3. 皮张面积　周岁羊皮张面积不低于 5 100 cm²，成年羊不低于 6 400 cm²。

4. 繁殖性能　公羊初情期 4～5 月龄，7～8 月龄可用于配种，利用年限 5～7 年。母羊的初情期 3～4 月龄，6 月龄可用于配种，利用年限 6～8 年。母羊常年发情，发情周期 19～23 d，发情持续期 48～72 h，妊娠期 147～150 d。初产产羔率 160%～230%，经产产羔率 240%～280%；羔羊成活率不低于 90%。

（三）等级评定

大足黑山羊等级评定按本书第二章第一节中"大足黑山羊评分及等级评

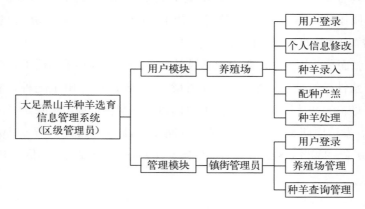

定"进行，留作种用的公羊要达到特级，母羊要达到一级以上。

二、种羊选育信息管理系统开发与应用

为了实现大足黑山羊种羊选育的规范化管理，大足区畜牧技术推广站开发了一套种羊选育信息的数据库管理系统。该系统结合大足黑山羊种羊选育工作实际，利用 Visual Studio. NET 2008 集成开发环境为开发工具，Visual Basic 为开发语言，Microsoft. NET Framework 3.5 为开发环境支持平台，SQL Server 2008R2 为开发数据库，MDAC 2.7 为数据库访问组件，IIS 7.0 为 Web 服务工具。系统开发主要包括数据库设计和 Web 页设计。该系统采用区级、镇街和养殖场三级管理模式，建立了养殖场管理、种羊管理、种羊繁育、疫病防治、种羊处理等功能模块，实现了对大足黑山羊选育信息管理的网络数据化，指导远程化，并以此为基础将逐步开发其他种畜禽管理系统，实现全区种畜禽管理信息网络化、数据化。

（一）系统模块设计

根据系统需求，本系统需要实现三类用户管理，即区级管理员、镇街管理员和养殖户（图 3-2）。用户使用系统必须通过身份验证登录。养殖场用户登录后只能查看和管理种羊信息，对自身基本信息进行修改。镇街管理员登录后，可以添加辖区养殖场，对辖区养殖场的种羊进行查看和管理，对自身基本信息进行修改。区级管理员对镇街管理员、全区养殖场和种羊进行查询并管理。

图 3-2　功能模块设计

（二）系统数据库设计

系统数据库设计包括建立信息表和建立查询视图。信息表包括管理员信息表、养殖场信息表、种羊信息表、配种产羔记录、疫病记录表等；查询视图包括种羊明细查询视图、配种查询、预产查询、超期未配种查询。

（三）Web 页设计

1. 登录页设计　主要包括用户名、密码和登录类型（图3-3）。设计时添加用户名和密码验证不能为空，登陆类型设置了管理员和养殖户，通过ADO. NET 连接数据库，当单击登录时触发后台验证程序，用户名和密码正确则按登录类型分别转向相应页面，其中管理员类型又通过授权类型的不同，分为区级和镇街管理员，该选项通过数据库后台验证自动识别。

图3-3　系统登录

2. 养殖户登录

（1）查询页面　养殖户输入用户名和密码，并选择养殖户后，即可进入养殖场查询页面（图3-4）。该页面设置了个人信息修改、种羊管理和配种产羔记录的超链接，种羊查询文本框和查找按钮，养殖户登录后可以对个人信息、种羊信息、配种产羔、生产性能、疫病防治等情况进行管理。输入种羊编号可以对种羊信息进行查询。并显示了养殖场录入种羊情况，其中种公羊、临产母羊、超期未发情母羊的统计情况，并显示待产母羊、超期未配种母羊和待售种羊明细。

（2）种羊添加页面　业主姓名默认为登录的养殖户，设置为不能修改，其用意在于限制养殖户只能对自身养殖种羊进行添加。在出生日期文本框添加了

图 3-4　养殖户查询页面

当前时间，方便直接输入，同时设置为可以手工输入，方便原有种羊场数据输入。设置了种羊编号、商标编号、父亲编号和母亲编号最长位数为 8 位，同胞数设置为 1 位，公母羊性别直接选择，家系位数为 2 位，且以上项目不能为空，以确保种羊系谱完整，为制订种羊配种计划提供依据。家系以原大足县普查种公羊确定的家系编入种公羊编号的第 3 和第 4 位，执行种羊编号为连续编号后，其家系以种公羊家系确定其后代家系的原则不变，因此只设置为 2 位。将相关信息输入后，单击添加，如果成功，弹出文本"种羊添加成功！"，添加返回超链接，可以返回种羊列表页面，查看种羊添加是否成功。

（3）修改和删除　如果对输入的种羊信息在查看时，发现输入有误，可以在查询页面点击编辑，对相关单元格内容修改后，单击更新即可完成数据修改。

（4）个人信息修改　单击个人信息修改，进入养殖场相关信息查询页面，单击编辑可对相关选项进行修改，修改完成后，单击更新完成修改，并显示最终修改结果。

（5）配种产羔情况查询　总体情况查询：点击配种产羔，进入配种产羔情况查询页面，该页面增加了配种记录超链接，和种羊编号输入文本框，便于查看单只种羊配种情况。

配种记录页面：点击配种产羔记录，可以增加配种记录，进入配种记录输入页面，将相关信息录入，单击添加即可完成数据录入。点击返回可以进入查询页面，查看刚才添加的记录。

配种信息修改，产羔记录页面：单击编辑可以增加复配、再配和产羔情况的记录，单击更新完成对该记录录入。输入种羊编号可以对单只种羊的配种产羔情况进行查看。

留种登记：点击"留种登记"按钮，进入留种页面，输入种羊编号，将由系统自动查询最近生产的种羊，并自动产生与配公羊，同胞数（产羔数）和家系等信息，共可输入6只种羊，该数值为迄今为止大足黑山羊的最高产羔数。

（6）种羊处理　单击首页"种羊处理"按钮，进入处理页面，该页面当输入种羊编号后，会自动检测该种羊是否本场种羊，并根据处理类型自动产生变化，当选择出售时，购买者将全区已经录入系统的养殖户列入购买者下拉菜单，并自动产生镇街，单击确定将该种羊变更到购买者名下，并将现所有人变为出售者；当选择淘汰、死亡和待售时将隐藏购买者和镇街选项，点击确定将能够对种羊进行相关标记。

（7）性能查询　性能查询首页：单击首页"生产性能"超链接，打开性能查询页面，该页面能够显示种羊各阶段的性能指标，该页面同时设置了初生、断奶、6月龄、周岁和成年5个查询按钮，点击可以只显示该阶段的性能指标，并设置了种羊查询输入框，可以方便对单个种羊性能进行查询。

性能录入和修改：单击性能查询页面的"性能录入"超链接，进入性能录入页面，在类型里可以选择"初生、断奶、6月龄、周岁和成年"5个生长时期，对其生产性能进行录入，并可对单个的生产性能数据进行修改。

（8）疫病防治记录　疫病防治查询页面：单击首页"疫病防治"超链接，进入疫病防治查询页面，该页面显示了场内发生的疫病状况，并设置了种羊查询输入框，方便对单只种羊发病状况进行查询。

疫病防治记录：单击"防治记录"，进入记录页面，输入相关信息即可完成疫病防治记录。

（9）种羊系谱查询　在查询首页点击"系谱查询"超链接，进入系谱查询页面，当输入种羊编号时，将自动产生后面相关的信息。

3. 镇街管理员登录

（1）登录页面　镇街管理员在输入用户名和密码，并在登录类型中选择登录类型为管理员时，可以进入管理员查询页面，如用户名和密码无误，则进入查询页面，否则提示用户名或密码错误。因此设置了管理员权限，系统后台处理时，其打开的页面仅为镇街管理员查询页面。

（2）查询页面　镇街管理员进入管理员查询页面，可以查看本镇的种羊，并对其进行管理（图3-5）。本页面直接显示了本镇已经录入系统的种羊场个数，录入种羊数、其中种公羊只数，待产母羊数和超期未发情母羊数。并建立了修改个人信息、养殖场查询的超链接，建立了养殖场查询的下拉列表和种羊查询的文本框，以方便进入相关页面进行查询。

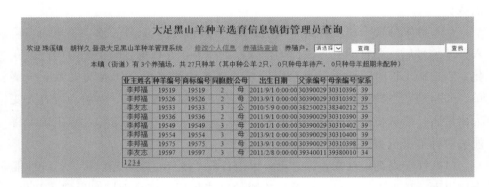

图3-5　镇街管理员查询页面

（3）镇街管理员个人信息修改页面　可以对个人基本信息进行修改，如果密码为空，则只修改密码之外的信息，如果同时修改密码，则点击修改完成所有信息修改。

（4）养殖场查询和添加页面　查询首页页面：点击养殖场查询超链接，进入管理员养殖场查询页面，可以对本镇街的养殖场进行信息查询、修改和删除操作。

养殖场信息修改页面：点击编辑，对相关信息进行修改，单击更新，完成修改。

养殖场添加页面：点击添加养殖场可以进入养殖场添加页面，将相关信息输入文本框后，点击添加，弹出养殖场添加成功文本框，即表示养殖场添加成功。

4. 区级管理员登录

（1）登录和查询页面　区级管理员登录页面与镇街管理员登录页面基本相同，在这里只是进行了权限区别，镇街管理员成功登录后进入查询页面（图3-6）。首页显示的只是该镇（街道）的种羊列表，而区级管理员登录后显示的是全区的种羊列表。该查询页面增加了用户管理、养殖场管理、种羊管理和系谱查询等超链接，以方便添加镇街管理员和养殖场，并对其进行管理。同时设置了镇街和养殖户下拉列表，以方便查询，并设置了种羊查询的文本框，以方便直接对单只种羊进行查询。并在种羊汇总显示数据窗口建立了镇街超链接，在后续镇街窗口也增加了到养殖户的超链接。

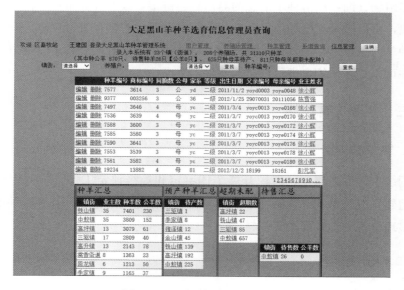

图 3-6　区级管理员查询页面

（2）用户管理界面　单击用户管理超链接，进入用户管理页面，本页面可以对全区用户信息修改和删除。

（3）用户添加页面　单击用户添加超链接，进入用户添加页面，输入相关信息后，点击添加，如已经录入或选择用户名与数据库中相同，则提示该用户已存在，否则提示添加成功，点击返回，可以查看用户列表，查看是否添加成功。

（4）养殖场管理　页面代码与镇街管理员基本相同，只是对相关查询未设置限制条件。

养殖场查询：点击养殖场管理超链接，进入养殖场查询页面，显示全区养殖场列表，并可对养殖场相关信息进行修改，甚至删除。

养殖场添加：单击养殖场添加超链接，进入养殖场添加页面，输入相关信息，如已存在，提示该养殖场已存在，否则提示添加成功。点击返回可以进入列表页面进行查看。

（5）查询管理

镇街查询：选择镇街下拉菜单，选择一个镇街，点击查找，或者在种羊汇总情况窗口点击镇街超链接，可以显示该镇全部种羊信息。在本页面可以进一步通过点击养殖户超链接，进入养殖场信息查询页面。

养殖场查询：点击种羊汇总的养殖户超链接，或选择养殖户下拉列表，点击查找，可以进入养殖场信息查询页面，并可对种羊信息进行修改。

种羊信息查询：输入种羊编号，点击查找，可以直接查看单只种羊具体信息，并可以对种羊信息进行修改与删除。

三、主要选育措施

（一）整群鉴定

围绕生产性能测定，组织开展个体鉴定和等级评定工作，整顿育种核心群，组建育成公母羊群，做好个体鉴定和生产性能测定记录，补齐育种羊群耳标，整理分析完善各种档案资料。

（二）选种选配

1. 种公羊的选择　种公羊应具有本品种的优良生产性能，体质健康结实，精力充沛，活泼敏捷，食欲旺盛；头型中等大小；额平、狭窄；大多数有角有髯，角灰色、粗壮、微曲、光滑、向侧后方伸展呈倒"八"字形；鼻梁平直；耳窄、长，向前外侧方伸出。颈长、粗壮，毛长而密。体躯结构匀称，躯体呈长方形，胸宽深，肋骨拱张，背腰平直，尻略斜。四肢较长、粗壮。具有雄性的悍威；睾丸大小适中，单睾、隐睾以及生殖器官畸形的都不能做种用；膻味重（性欲旺盛的表现）。

2. 种母羊的选择　种母羊应活泼灵敏，行走轻快，食欲旺盛，生长发育正常，头型清秀；额平、狭窄；大多数有角有髯，角灰色、较细、向侧后上方伸展呈倒"八"字形；鼻梁平直；耳窄、长，向前外侧方伸出。颈细长，无皱褶。体躯呈长方形，前胸发达，胸宽深，肋骨开张良好，后躯宽广，背腰平直，腹大而不下垂，尻部略斜。四肢长而结实。乳房发达而有弹性，乳头大而整齐。

3. 羔羊的选择　优先选留亲代生产性能好的后代，初生重大，生长发育良好，外貌好，体躯长，被毛全黑，无杂毛，后躯方正，四肢与头部端正，鬐甲高与尻高基本相等。

（三）羔羊优选优育

为推行 2 年 3 产繁殖培育优秀的种羊，选育工作中，广泛地推广了羔羊优选优育技术，重点提高羔羊初生重和断奶重、强化初生管理、实行羔羊早期断奶、推行羔羊配方颗粒饲料等。

（四）开展赛羊活动

赛羊活动，是调动广大农民群众参加开展大足黑山羊选育工作、进一步挖掘大足黑山羊资源优势、提升品牌知名度、坚持正确选育方向的重要手段。2013 年 11 月 26 日，举行了大足黑山羊赛羊会暨产业发展研讨会，分别举办了赛羊会、种羊现场拍卖会以及产业发展研讨会。从初选出的 60 余只种羊中评选出公、母羊特等奖各一只、一等奖各三只、二等奖各三只；18 只优秀的大足黑山羊参加了"山羊王、山羊后"的角逐，竞选出的"山羊王"在种羊拍卖会上，以近 3 万元的价格被业内人士竞买。国内知名业内专家、重庆市级有关部门负责人以及西南大学大足黑山羊科研团队专家参加了研讨会，共同探讨了大足黑山羊产业发展前景。

（五）良繁体系建设

良繁体系是由一级、二级、三级三个不同级别功能组合而成的工作体系，它是在家畜新品种（系）培育中的一项行之有效的措施，也是在推广某一优良品种或传导某一优良品质时既好又快的手段。

大足黑山羊进行了繁育体系建设，并得到快速推进。至 2013 年 4 月，已建成大足黑山羊原种核心选育场 4 个，一级扩繁场 67 个，二级扩繁场 701 个。

第三节　大足黑山羊品种利用

一、品种内选择

品种内选择是大足黑山羊重要的开发利用途径之一，目的是固定提高种质特性。品种内选择是在同一品种内，通过选种选配、品系繁育、改善培育条件等方式提高品种性能的一种培育方法。

大足黑山羊在许多方面都具有卓越特性，在当代技术条件下，品种内的选择是对这些品种特定性状进行大幅度迅速改进的有效措施。针对少数2～3个性状进行高度选择，使之迅速改进种质特性，提高与国外品种竞争能力。

（一）品种内选择的优点

采用品种内选择的优点有：一是能够保持既有品种在生产性能（如肉质、风味、繁殖力等）方面的固有优点；二是不破坏固有的遗传共适应体系，保持现有品种的品质特性（如耐热、耐粗饲、抗病性等）；三是避免了周围区域乃至国外家畜中常见的各种遗传缺陷（如山羊乳房与乳头异常），疾病（如疯牛病、羊瘙痒症）以及易感基因在畜群中扩散；四是保持了大足黑山羊原有的种质特性，有助于增强我国未来在遗传资源领域内的国际竞争实力；五是有益于在世界范围内遗传多样性的保持。

（二）品种内高强度选择的可能性

首先，由于大足黑山羊固有的资源特性以及遗传多样性保护新技术的普及应用（如种群遗传变异分析，冷冻精液和胚胎保存，基因定位和DNA文库），为提高选择差提供了基础，克服了畜群规模锐减的情况，使高强度选择成为可能。

其次，由国外育种实例得知，从品种内选择大幅度改进特定性状是可行的。联合国粮食与农业组织（1990）在约旦、叙利亚和土耳其开展的土种绵羊、山羊的改进工作，基本措施就是在群体内针对特定生产力性状进行高强度选择，以期望在改进生产性状的同时，保持羊群对季节、环境、饲养等条件的抗逆性，证明了品种内高强度选择的正确性。

最后，品种内高强度选择是具有理论依据的。数量性状的群体分布符合或近似地符合正态分布。在选择单个性状时，在性状的遗传力和表型标准差的既定条件下，应用现代繁殖技术，在既有品种规模锐减的同时，大幅度提高种畜（特别是种公畜）留种的表型指标，使留种率降低到最低限，可能获得很高的选择进展。如果同时选择多个性状，而且性状不存在遗传相关，即使存在很高的选择进度，在目前繁殖体制下也可能较为顺利地进行品种内选择。

（三）品种内选择的原则

品种内选择的基本任务是保持和发展大足黑山羊的优良特性，增加品种内优良个体的比重，克服该品种的某些缺点，保持品种纯度，提高整个品种的质量。基本原则有：

1. 明确选育目标，始终不渝　　选育目标制约着选育效果，目标一旦确定就应始终不渝。

2. 正确处理一致性和异质性问题　　品系内应具有高度的一致性，品系间应具备异质性。

3. 辨证地对待数量与质量问题　　不纯粹追求数量，在保证一定数量的基础上，以提高质量为主。

（四）品种内选择的基本措施

1. 加强领导，建立选育机构　　这是保证选育成功的组织措施。建立协作组，需要政府相关部门、企业的经济支持。对品种进行调查研究（主要性能、优缺点、数量、分布、形成的历史条件、当地群众的喜好等），确定选育方向，明确选育目标，制订选育计划。

2. 建立良种繁育体系　　见图3-7。

3. 健全性能测定制度和严格选种选配　　不进行性能测定就不知道选育效果，性能测定不完善就不能充分说明选育成功与否。因此，建立健全性能测定制度是进行品种选育的重要环节。

4. 科学饲养与合理培育　　对羊舍建造标准、品种选择与羊群结构、山羊饲养管理技术、疫病防治等方面的研究，推广四季均衡饲草料供应技术，主要针对羔羊、育成公母羊、空怀母羊、怀孕母羊、哺乳母羊、配种公羊等，配制生产使用不同类别的饲料，满足羊只生长发育和生产的需要，适应养殖环境条件。

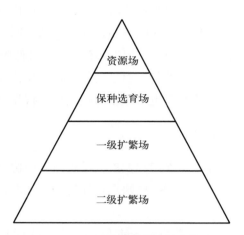

图 3-7　大足黑山羊良种繁育体系

二、品系选育

品系是由品种内具有共同特点、彼此有亲缘关系的个体组成的遗传性稳定的群体，是品种内部的结构单位，通常一个品种至少应当有 4 个以上的品系，才能保证品种整体质量的不断提高。例如，大足黑山羊的许多重要经济性状需要不断提高，如生长发育、早熟性、多羔性、肉用性能等。在品种的繁育过程中同时考虑的性状越多，各性状的遗传进展就越慢，但若分别建立几个不同性状的品系，然后通过品系间杂交，把这几个性状结合起来，这对提高品种质量的效果就会好得多。因此，在现代山羊育种中常要采用品系繁育这一高级的育种技术手段。羊新品系选育的方法主要有系组建系法和群体继代选育法。

（一）系组建系法

系组建系的过程实质上就是选择和培育系祖及系祖继承者的过程，通过适当选配，使优秀个体的优良性状迅速扩大，并固定在群体内。

（二）群体继代选育法

根据群体遗传学和数量遗传学原理所采用的一种建系方法，主要有以下几个步骤：

1. 组建基础群　根据羊群的现状特点和育种工作的需要，确定要建立哪些品系，如在大足黑山羊育种中可考虑建立肥羔系、肉质特优系、高繁殖力系等等。然后根据要组建的品系来组建基础群。

2. 闭锁繁育选育阶段　品系基础群组建起来以后，不能再从群外引入公羊，只能进行群内公、母羊的"自群繁育"，即将基础群"封闭"起来进行繁育。目的是通过这一阶段的繁育，使品系基础群所具备的品系特点得到进一步的巩固和发展，从而达到品系的逐步完善和成熟。

三、杂交利用

品种间杂交，改良品种，利用优势杂种也是大足黑山羊重要的开发利用途径之一。

山羊杂交改良常用的杂交方式主要有三种：二元杂交、三元杂交和级进杂交。

（一）二元杂交

二元杂交就是两品种杂交，也叫经济杂交，是山羊杂交改良最简单和最常用的方式（杂交模式见图3-8）。生产上的组合是将波尔山羊或南江黄羊公羊与大足黑山羊母羊进行交配，二元杂交的后代全部

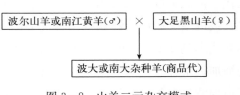

图3-8　山羊二元杂交模式

用作商品羊进行肥育，决不能将杂种公羊与杂种母羊交配（横交）或将杂种公羊与本地母羊交配（回交），也不能用本地公羊与南江黄羊或波尔山羊的母羊交配。理论上讲，二元杂交后代100％的个体能够获得杂种优势。

保证二元杂交取得理想效果的关键是要选择体型较大、产羔数多、奶水足的大足黑山羊母羊，要获得稳定杂交效果的关键是用于杂交的大足黑山羊个体间的整齐度要高。因此，大足黑山羊的提纯复壮刻不容缓。二元杂交在人工授精技术支持下容易大范围推广应用。

（二）三元杂交

将波尔山羊公羊与南大杂种母羊交配进行三元杂交（杂交模式见图3-9），

其杂交后代全部进行肥育，决不能将杂种公羊作种用与杂种母羊或大足黑山羊母羊交配，更不能用大足黑山羊公羊与杂种母羊交配。三元杂交的效果将优于波大和南大二元杂交，与波南二元杂交相似，三元杂交后代理论上100％的个体能够获得杂种优势，而且决定杂二代性能的关键是第

图3-9　山羊三元杂交模式

二父本的生长发育性能和胴体品质。由于波尔山羊的生长性能和胴体品质优于南江黄羊，波尔山羊作为终端父本理所应当。这种杂交模式很好地利用了南大杂种母羊这个庞大的群体，充分发挥了三个品种的杂种优势。

（三）级进杂交

级进杂交就是用波尔山羊公羊与波大或波南杂种一代母羊交配产生杂二代，其杂二代母羊再与波尔山羊公羊交配产生杂三代，依次类推（杂交模式见图3-10）。尽管级进杂交后代能够获得杂种优势的个体数达不到100％，但随着级进杂交代次的增加，杂种后代的生产性能表现逐渐接近纯种波尔山羊。这种杂交模式的最大优

图3-10　山羊级进杂交模式

点是杂交效果优于一般的二元杂交和三元杂交，最大缺点是不容易大面积推广。级进杂交过程中，杂种公羊只能用作商品羊，绝对禁止将低代次的杂种公羊与杂种母羊或大足黑山羊母羊交配。

级进杂交到第四代时，杂种羊含波尔山羊的血缘已达90％以上。因此，级进杂交四代以后的杂种公羊可以用来与南江黄羊或大足黑山羊杂交生产商品肉羊。

四、挖掘遗传资源

（一）直接开发大足黑山羊产品，面向消费市场

大足黑山羊产品主要包括了本身的乳、肉等直接利用的材料以及皮、毛、

副产物等经过加工处理后产生的山羊产品,主要用于食品消费、药品保健、能源利用以及制造工业原料等。大足黑山羊肉质鲜美、风味独特,通过开发利用,需求量越来越大,逐渐形成了地方特色品牌,深受消费者的喜爱。

但目前,产品简单的直接开发利用模式已经不能满足当代经济运行模式和社会发展的需要。大足区正逐渐开展与校企合作,招商引资,大力发展大足黑山羊产品的深加工,延长产业链条,并且依托当地土地人力优势发展"基地生产＋公司回收＋加工销售","基地生产＋科研基地＋企业回收"等产业化模式。此外大足黑山羊商标获评"重庆市著名商标"(渝工商〔2010〕179 号)、获准大足黑山羊 29 类地理标志商标注册(国家工商总局商标局 1305 号公告,31 类同时转为证明商标),实现了大足黑山羊及产品的商标保护全覆盖,以保证大足黑山羊遗传资源的品牌效应和经济效益。

(二)间接开发大足黑山羊,凸显综合效益

广大劳动者对大足黑山羊的精心选育是一个长期的历史过程,如今还将资源特色融入了地方娱乐、文化生活,成为人类文化考察的重要动态资料,实现了人类文化的传承。如今随着人们生活水平的提高,精神文明需求也在不断寻求满足,能够培养爱心、耐心的宠物如雨后春笋般涌入人们的生活,也为大足黑山羊新兴市场的开发提供了机会。

第四章
大足黑山羊繁殖

第一节　发情与发情周期

一、性机能的发育阶段

大足黑山羊性机能发育分为初情期、性成熟、初配年龄、繁殖能力停止四个阶段。

（一）初情期

母羊生长发育到一定年龄时，第一次发情和排卵，公羊第一次能够释放出有生命力的精子，这个时期即为山羊的初情期，它是山羊性成熟的初级阶段。

初情期以前，山羊的卵巢和生殖道增长较慢，没有周期性性活动现象。随着公羊第一次释放出有生命力的精子，母羊第一次发情和排卵，山羊生殖器官的体积和重量迅速增长，性机能也随之逐步发育成熟。此时，山羊的繁殖机能没有完全成熟，母羊虽有发情表现，但不明显，发情周期变化较大。

初情期受到遗传因素（种类、品种）、营养和生长、出生季节、生态环境、育成期群体接触等因素的影响。如南方母羊的初情期早于北方；营养条件良好时，母羊初情期表现较早；反之，初情期则推迟。

大足黑山羊为地方遗传资源，其初情期较早，公、母羊初情期一般均为3～4月龄，母羊要略晚于公羊。

（二）性成熟

山羊生长发育到一定的年龄，生殖器官已发育完全，具备正常繁殖能力的时期。公羊具有正常的性行为，能产生受精能力的精子；母羊开始出现正常的发情和排卵。

山羊的性成熟期受品种、气候、个体、饲养管理等因素的影响。一般早熟品种比晚熟品种性成熟早，气候温暖地区的羊比寒冷地区的羊性成熟早，饲养管理条件好、发育良好的个体性成熟也早。一般山羊在 6~10 月龄性成熟，此时体重约为成年体重的 40%~60%。

大足黑山羊性成熟一般在 6~8 月龄，公羊早于母羊。

（三）初配年龄

初配年龄指开始适合配种的年龄。确定初配年龄要遵循以下两个原则：一是不影响种羊本身的身体发育，性成熟后，过早的配种，增加了种羊的负担，会影响种羊本身的身体发育，降低种羊的种用性能；二是最大限度利用种羊的繁殖年限，必须充分达到性成熟才能配种，衡量标准是当体重达到该品种成年的 65%~70% 时可配种。

大足黑山羊初配年龄，公羊为 8~10 月龄、母羊为 15~18 月龄。

（四）繁殖能力停止期

山羊达到一定的年龄便丧失繁殖能力。这一时期称为繁殖能力停止期。其原因主要是卵母细胞衰老，卵泡对激素反应能力下降。子宫环境、生殖道环境变差。

大足黑山羊繁殖能力停止期比较晚，一般在 8~9 岁时。

二、发情

山羊达到性成熟年龄后，卵巢出现周期性的排卵现象，生殖器官也发生周期性的系列变化。将山羊这一周期性性行为称为发情。

（一）发情症状

1. 发情行为表现　山羊发情时，母羊出现强烈的性兴奋，精神亢奋，情绪不安，不断地哞叫、爬墙、顶门，或站立圈口不停地摆动尾巴，食欲减退，放牧时离群，喜接近公羊，接受爬跨，也爬跨别的羊只。

2. 生殖道的变化　子宫蠕动加强，阴道充血潮红，腺体分泌加强，子宫

颈口张开，阴道排出黏液，阴唇肿胀。

3. 生殖激素水平的变化　山羊发情周期中血液生殖激素浓度是影响卵泡发育和排卵的重要因素。其中促卵泡激素（FSH）、促黄体素（LH）、抑制素（INH）对山羊的性腺发育和生殖调控起到极其重要的作用。

杨孟伯等研究发现，大足黑山羊排卵后募集期血浆中 FSH 水平和 INH 水平显著高于发情期水平。卵泡募集数从 15 个增加到 18 个时，FSH 水平逐渐升高，而 INH 水平逐渐下降。排卵数从 1 个增加到 4 个时，FSH 水平逐渐升高，INH 水平逐渐下降。3 波周期第一波募集阶段 FSH 水平比 4 波周期 FSH水平低，3 波周期第一波募集阶段 INH 水平比 4 波周期抑制素水平高，但差异不显著。赵中权比较了 INHB 对大足黑山羊、南江黄羊和萨能奶山羊三个山羊品种繁殖力的影响，发现 INHB 对 FSH 和 ACTA 有抑制作用，ACTA对 FSH 有促进作用，指出大足黑山羊 FSH 在发情周期中出现的第 1 个分泌高峰点的水平显著高于南江黄羊和萨能奶山羊；而大足黑山羊在发情周期中出现的第 1 个分泌较低点的水平显著低于萨能奶山羊和南江黄羊。在一个发情周期中，3 个山羊品种（遗传资源）FSH 水平与 INHB 水平呈负相关，FSH 水平与 ACT 水平呈正相关，激素变化趋势与山羊卵泡发育波的出现基本吻合。在一个发情周期中，伴随着最后一个卵泡发育波出现的较大量 FSH 分泌和较低水平的 INHB 分泌以及抑制素基因较低的表达水平可能与山羊的高繁殖力相关。

4. 卵巢的变化　卵巢上卵泡发育增快，直至成熟、排卵。刘一江发现大足黑山羊发情周期具有 3 个卵泡波，卵泡排卵时直径最小为 4.0 mm，比报道的其他品种羊的优势化卵泡直径小；杨孟伯观察到大足黑山羊发情周期内具有3 个或 4 个卵泡发育波，以 3 波周期为主（80%）。3 波周期羊只发情周期比 4波羊短 1.3 d，排卵数比 4 波羊多 0.4 个。证实了大足黑山羊以 3 个卵泡波为主。

杨孟伯等研究发现，大足黑山羊左卵巢募集的卵泡数平均为 9.0 枚，右卵巢平均募集卵泡数为 7.9 枚。左卵巢募集卵泡直径平均为 3.6 mm，右卵巢募集卵泡平均直径为 3.6 mm。左卵巢募集的卵泡数显著多于右卵巢募集的卵泡数，但左卵巢募集卵泡直径与右卵巢募集卵泡直径无显著差异。其中，大足黑山羊左卵巢优势卵泡数平均为 4.5 枚，右卵巢为 3.7 枚。左卵巢优势卵泡直径平均为 7.3 mm，右卵巢卵泡平均直径为 6.7 mm。左卵巢优势卵泡数极显著多于右卵巢、但左、右卵巢优势卵泡直径无显著差异。大足黑山羊左卵巢排卵数平均为 1.5 枚，右卵巢为 1.2 枚。左卵巢排卵直径平均为 6.4 mm，右卵巢为 6.6 mm。左、右卵巢排卵数差异显著，但左、右卵巢排卵卵泡直径无显著差异。研究表明大足黑山羊 3 波周期发情周期长度、排卵卵泡发育波募集卵泡数和平均排卵数大于 4 波周期。在生产上可以通过控制山羊卵泡发育波数量，利用 3 波周期排卵优势增加山羊排卵率，提高山羊繁殖效率。

（二）发情季节性

山羊属于短日照动物，一般在秋、冬季节发情配种，这是长期自然发展的结果。野生条件下，山羊选择有利于羔羊存活的时候分娩。秋季和冬季，母羊体况较好，配种妊娠较有利，母羊产羔后正赶上春末和夏初，外界环境条件有利于羔羊的生长发育。因此，长期的自然选择使山羊具有了季节性繁殖的属性。但是，人工选择的干预使得这种属性发生了不同程度的变化。

大足黑山羊季节性发情不明显，一年四季均有发情，但以春、秋两季最多，在炎热的夏季，如果连续几天雨天，都有个体出现发情现象。

（三）产后发情

山羊分娩后首次发情。在产后 2～3 个月，有时 20 d（若不哺乳）。

（四）乏情

指山羊无发情表现，无性欲状态。包括生理性乏情和病理性乏情。

1. 生理性乏情 生理性乏情包括季节性乏情、泌乳性乏情和衰老性乏情。季节性乏情是指不处于发情季节而不表现发情现象；泌乳性乏情：是指处于哺乳期的动物不出现发情的现象；衰老性乏情是指由于年龄的增加，卵巢中卵泡储备不足，卵巢机能衰退而不出现发情的现象。

2. 病理性乏情 病理性乏情包括营养不良引起的乏情、各种应激引起的乏情和生殖疾病引起的乏情等。营养不良引起的乏情，主要是缺乏维生素 A、维生素 D、维生素 E 和蛋白质，如山羊无补饲会造成在冬季和早春无正常发情周期；各种应激造成的乏情，如夏季高湿、高温，运输拥挤和疲劳等。生殖疾病引起的乏情，卵巢和子宫异常如持久黄体、卵巢退化、幼稚型卵巢、子宫重度炎症等。

（五）异常发情

异常发情是指羊因病理等原因出现非正常发情的现象。

1. 安静发情　也称隐性发情和沉默排卵，山羊发情时缺乏外表症状，但有卵泡发育成熟并排卵。产生的原因与孕酮水平密切相关，初情期初次发情、进入繁殖期和产后因为无孕激素的预先致敏作用或同期孕酮水平较低，造成无外部发情行为表现。安静发情也与营养因素、气候因素有关，常见于体质弱、营养差、刚到配种季节和刚到初情期的山羊。

2. 短促发情　指山羊的发情期非常短促。产生的原因可能是卵泡的发育中断或卵泡快速发育成熟所致。如山羊发情持续时间为 12～18 h，如果在 10 h 以内又发生发情现象，就不易观察到。

3. 断续发情　指山羊发情持续时间很长，且时断时续。产生的原因可能是卵巢机能不全以致卵泡交替发育所致。常见于早春及营养不良的山羊。

4. 慕雄狂　表现为持续而强烈的发情，发情周期不正常。特征为雌性背拱，兴奋而憔悴、食欲不振等。该症多与卵泡囊肿、炎症和内分泌紊乱有关。

5. 孕期发情（假发情）　指怀孕期时仍有发情表现。产生的原因可能是胎盘雌激素分泌较多造成的。

三、发情周期

母羊在生殖激素调节作用下生殖系统发生一系列周期性性活动，从一次发情开始到下一次发情再开始为一个发情周期。大足黑山羊的发情周期为（20.1±0.5）d。母羊在每个发情周期内，无论是其内部生殖激素、卵巢、生殖道，还是外在的表现和行为变化均有阶段性，一个发情周期中可分为发情持续期和休情期两个阶段，在生产中常常将发情周期分为四个阶段。

1. 发情前期　山羊卵巢从黄体退化，卵泡开始发育至发情症状来临之前所经历的时间。此时，雌激素分泌量逐渐增加，孕激素逐渐减少，生殖道上皮逐渐增生，腺体活动增强，黏膜下层组织开始增生、充血，子宫颈和阴道分泌物增加。卵巢内黄体萎缩，新卵泡开始发育，但此时母羊没有性欲表现。以开始发情为第 1 天，发情前期为发情周期的第 16～18 天。

2. 发情期　即发情持续期，指山羊在一个发情周期内，具有明显的发情症状所经历的时间。一般为排卵前 1～2 d。相当于发情周期的第 1～2 天，此时，卵泡发育很快，能达到成熟并排卵，母羊表现强烈性兴奋，有明显的发情表现，有黏液从阴门流出，性欲旺盛，主动接近公羊，接受交配。

3. 发情后期　发情症状逐渐消失的时期，相当于发情周期第3～4天（发情结束后1～2 d）。山羊精神由兴奋状态逐渐转入抑制状态，卵巢上的卵泡破裂，排卵，并开始形成新的黄体，孕激素分泌增加，子宫肌层和腺体活动减弱，黏液分泌量减少，黏液浓度增加，子宫黏膜充血逐渐消失，子宫颈口逐渐收缩、关闭；阴道表层上皮脱落，释放白细胞至黏液，外阴肿胀逐渐减轻并消失，从阴道中流出黏液减少并干枯。生殖器官逐渐恢复原状，性欲减退，不接受公羊交配。

4. 发情间期　又称休情期，为下次发情到来之前的一段时间，相当于发情周期第4～15天。山羊性欲完全停止，精神恢复正常，发情症状完全消失。开始，黄体从小变大达到最大，孕激素分泌从少至多达最高，子宫角内膜增生增厚，表层上皮呈高柱状，子宫腺体高度发育，大而弯曲，且分支多，分泌活动旺盛。后期，黄体发育停止，萎缩，孕激素分泌量减少，增厚的子宫内膜回缩，呈矮柱状，腺体变小，分泌活动停止。

第二节　配种与妊娠

一、配种

（一）配种季节的确定

大足黑山羊没有严格的发情季节限制，繁殖季节多为常年性的，配种季节一般确定在春、秋季。因为要选择有利于羔羊存活的时候分娩，秋季和冬初母羊体况较好，配种、妊娠有利，产羔后经哺乳到断奶时，外界环境条件有利于羔羊生长发育并安全度过翌年冬天。因此，母羊一般是在秋冬季发情配种。

（二）发情鉴定方法

1. 外部观察法　山羊发情表现明显，兴奋不安，经常鸣叫，食欲减退，反刍停止，外阴部及外阴道充血、肿胀、松弛，并有黏液排出。发情母羊喜欢接近公羊，并强烈摇动尾部，当公羊爬跨时站立不动。

2. 阴道检查法　利用阴道开膣器来观察阴道黏膜、分泌物和子宫颈口的变化来判断发情与否。发情母羊阴道黏膜充血,表面光滑湿润,有透明黏液流出,子宫颈口充血、松弛、开张并有黏液流出。

在进行阴道检查时,先将母羊保定好,外阴部清洗干净。开膛器经清洗、消毒、烘干,涂上灭菌过的润滑剂或用生理盐水浸湿。工作人员左手将阴门打开,右手持开膛器,闭合前端,稍向上方插入母羊阴门,然后水平方向进入阴道,转动打开开膛器,用反光镜或手电筒光线检查阴道变化。检查完毕后,把开膛器稍稍合拢,但不要完全闭合。缓缓从阴道抽出来。

3. 试情法　由于母羊发情症状不明显,加之发情持续期短,因而不易发现,但可利用试情公羊来寻找发情母羊,进行发情鉴定。

试情公羊应选择体格健壮,无疾病、性欲旺盛、2~5周岁的公羊。为了防止试情公羊偷配母羊,要给试情公羊绑系试情布,用长40 cm、宽35 cm的白布,四角系上带子,试情时拴在试情公羊的腹下,使其无法直接交配。也可做输精管结扎或阴茎移位手术等处理。

试情公羊要单独组群,加强运动和饲养。配种季节要严加管理,除试情外,不得和母羊在一起。每隔5~7 d应排精或本交一次。

试情羊与母羊的比例要适合,以(1∶40)~(1∶50)为宜。试情公羊进入母羊群后,试情公羊用鼻去嗅母羊,或用蹄去挑动母羊,甚至爬跨到母羊背上,母羊不动、不跑、不拒绝,或伸开后腿排尿,这样的母羊就是发情羊,及时做上标记或挑出准备配种。试情时不要哄打和喊叫羊群,配种季节每次试情时间为1 h左右,试情次数早晚各一次。

4. 大足黑山羊发情鉴定要点　大足黑山羊发情持续期24~72 h。生产中多采用外部观察法,主要观察母羊的行为特征和外生殖器官的变化。发情母羊表现呆立,强烈摆尾,鸣叫不安,吃草料量减少,阴唇红肿,阴户流出黏液。

采用试情法时,以放牧为主的母羊,每日出牧前或收牧后进行;舍饲母羊每日上午或下午运动时利用试情公羊各试情一次。当母羊接受公羊爬跨,可确定为发情。

阴道检查法可作为发情鉴定的辅助方法,采用开膛器打开阴道,检查其变化,若阴道黏膜潮红充血、黏液增多、子宫颈口松弛等,可判定为发情。

(三)配种方法

大足黑山羊的配种方法有自然交配和人工授精两大类,其中自然交配又分为自由交配和人工辅助交配，在生产中多采用人工辅助交配和人工授精。

1. 人工辅助交配　平时将公、母羊分群隔离饲养。选定的种公羊要提前加喂优质的蛋白质饲料，改善管理，增加运动量，使其具备旺盛的精力。从母羊群中通过发情鉴定挑选出发情的母羊，再让其与指定的公羊交配。一般早晨发情的母羊，傍晚进行交配。下午或傍晚开始发情的母羊，在第二天早晨进行交配。为了保证受胎率，最好在第一次交配后，间隔 8～12 h 再重复交配一次。

人工辅助配种的方法较适用于羊群规模不大、种公羊充足的羊场。公羊与母羊的搭配比例，在配种期内每只公羊可承担 25～30 只母羊的配种任务。

人工辅助配种能有目的地进行选种、选配，避免山羊近亲繁殖；能合理安排种公羊的配种次数，延长种公羊的使用年限；能预测产羔日期，便于管理，有利于接羔，并记录繁育情况。有利于提高羔羊的质量。

2. 人工授精　人工授精是用器械采集公羊的精液，经过精液品质检查和一系列处理后再将精液输入发情母羊的生殖道内，从而达到使母羊受胎的目的。它与自然交配相比有以下优点：扩大优良种公羊的利用率和使用年限；大量节省购买和饲养种公羊的费用；提高母羊的受胎率；减少疾病的传播，人工授精时公、母羊不直接接触，而且所用的器械经过了严格消毒，大大降低了发病率。

（1）采精前的准备　采精前，应做好各项准备工作，如采精器械和人工授精器械的消毒，种公羊的准备和调教，台羊的准备，假阴道的准备等。

① 器械消毒处理：输精器械用 2％碳酸氢钠或 1.5％碳酸钠溶液反复冲洗后再用清水冲洗 2～3 次，最后用蒸馏水冲洗后置于室内，自然干燥；毛巾、台布、纱布、盖布等用肥皂水洗涤后，再用清水冲洗几次；最后再用高压蒸汽灭菌。假阴道用棉球擦干，再用 70％酒精消毒，连续使用时可用 96％酒精棉球消毒。集精瓶、输精器先用 70％酒精消毒，再用 0.9％氯化钠溶液冲洗 3～5 次，连续使用时先用 2％碳酸氢钠溶液洗净，再用开水冲洗，最后用 0.9％氯化钠溶液冲洗 3～5 次。玻璃器械用蒸馏水洗净后，于 120 ℃左右的烘箱中烘干消毒。开膣器、镊子、瓷盘等可用酒精火焰消毒。

② 种公羊的准备与调教：配种前 30～45 d，一方面要排除公羊生殖器中长期积存的衰老、死亡和解体的精子，促进种公羊的性机能活动，产生新精子；另一方面要对公羊精液品质进行检查，及时掌握精液品质状况，如发现多

次采集精液品质均较差的情况，及时采取其他补救措施。最初每天可采精 1 次，以后每两天采精 1 次，每次均应取样进行品质鉴定。初次采精的种公羊，在配种前 30 d 左右开始有计划地进行调教，方法是把发情母羊的阴道分泌物涂抹在公羊鼻上或把公羊牵到发情母羊的围栏外刺激其性欲，加强饲养管理，坚持每天按摩其睾丸，并保持适当运动量。

③ 台羊的准备：对公羊来说，台羊是重要的性刺激，是用假阴道采精的必要条件。台羊应选择健康无病、体格较大的发情母羊。如果是经过多次采精训练的公羊，没有发情的母羊也能引起其性欲。采精前，先将台羊固定在采精架上。

④ 假阴道的准备：安装假阴道之前，首先检查所用的内胎有无损坏和砂眼，确认完整无损后先放入开水中浸泡 3～5 min。新内胎或长期未用的内胎，必须洗净消毒后方可使用；工作人员要剪短并磨平指甲，以免划破内胎，再用酒精棉球消毒双手。安装假阴道时，先将内胎装入外壳，内胎光滑面朝上，露出外壳的两头要求等长，然后将内胎的一端翻套在外壳上，同样的方法套好另一端，注意不要使内胎发生扭转，也不要拉得太直太紧，两端再分别套上橡皮圈固定。用酒精棉球由内向外彻底消毒内胎，待酒精挥发后再用生理盐水擦拭。在假阴道一端安装消毒过的集精瓶。安装好假阴道后，左手握住假阴道的中部，右手用烧杯将温水（水温 50～55 ℃）从外壳的灌水孔注入，水量约为外壳与内胎间容积的 1/2～1/3（竖立假阴道，水位达灌水孔即可），再装上带活塞的气嘴，并将活塞关好。随后，用消毒过的玻璃棒取少许凡士林，由内向外在内胎表面均匀涂抹一薄层，涂抹深度以假阴道长度的 1/2 为宜。最后，用消毒过的温度计插入假阴道内检查温度，以采精时 40～42 ℃ 为宜。温度适宜后吹气加压，从气嘴吹气，使假阴道口呈三角形，松紧适度。

（2）采精　牵引公羊到采精现场后，人为控制其几分钟后再让其爬跨台羊，这样不仅可以增强公羊的性反射，也可提高射精量和精液品质。采精步骤如下：

① 采精人员右手紧握假阴道，用食指、中指夹好集精瓶，使假阴道气嘴活塞朝下，蹲在台羊的右后侧。

② 待公羊爬跨台羊且阴茎伸出时，采精人员用左手轻拨公羊包皮（勿触龟头），将阴茎导入假阴道（假阴道应与地面呈 35°）。

③ 若假阴道内的温度、压力和润滑感适宜，公羊很快就会射精。当公羊

后躯急速向前一冲，表明已经射精。此时，顺公羊动作向后及时取下假阴道，并迅速将假阴道竖立，安装有集精瓶的一端向下。打开活塞上的气嘴，放出空气，取下集精瓶，用盖盖好并保温（37 ℃水浴），待检查。

对种公羊采精应在喂完料并运动 1 h 后进行。每天采精次数以 4 次为宜，上、下午各两次，一般不超过 5 次。连续采精时，第一次与第二次间隔 5～10 min，第二次与第三次间隔 30 min 以上，让公羊有一定的运动时间。连续采精 5～6 d 应休息 1 d。初配公羊每天采精次数不超过 2 次。

（3）精液品质的检查　是保证人工授精效果的一项重要措施，主要检查项目和方法如下：

① 射精量：用一次性注射器或带有刻度的输精器测量。羊的射精量一般为 0.5～2 mL，平均为 1 mL 左右。每毫升精液中精子数量为 20 亿～50 亿个。

② 精子活力：活力是指精液中直线运动的精子所占比例。一般采用五级（评分）的办法：全部精子做直线运动，则评为五级（1）；80% 左右的精子做直线运动，评为四级（0.8～0.9）；60% 左右的精子做直线运动，评为三级（0.6～0.7）；40% 左右的精子做直线运动，评为二级（0.4～0.5）；20% 左右的精子做直线运动，评为一级（0.3 以下）。在人工授精中，鲜精的活力低于四级，一般不能用于输精。

③ 密度：通常与精子活力同时检查。精子密度一般分为密、中、稀三级。在 200～600 倍的显微镜下观察，如精子密布整个视野，精子之间无空隙，即为"密"；精子之间有明显的空隙，距离为 1～2 个精子的长度，即为"中"；如果视野中只有少数精子，精子之间的空隙超过 2 个以上精子的长度，即为"稀"。在视野中没有看到精子的，用"无"标记。一般用于输精的精液，其精子密度至少是"中"级。

（4）精液的稀释　稀释倍数根据精子的活力、密度和待配种母羊的数量而定。稀释后的精液，有效精子数不得少于 7 亿个/mL。精液与稀释液的温度必须保持一致，以防精子因温度的剧烈变化而死亡，可将精液与稀释液同用 30 ℃左右的温水预热 5 min 左右。稀释时，用消过毒的带有刻度的注射器将稀释液沿着精液瓶缓慢注入，然后用玻璃棒缓慢搅动以混合均匀，切忌把精液倒入稀释液中。稀释后要进行精子活力检查，若活力较差要分析原因。

稀释液应能抑制精子活动，减少能量消耗，延长精子寿命，常用的有：①生理盐水稀释液。用经过灭菌消毒的 0.9% 氯化钠溶液作为稀释液，优点是简单易行，缺点是稀释倍数不宜过高，保存时间不能太长。②葡萄糖、卵黄稀释液。于 100 mL 蒸馏水中添加葡萄糖 3 g、柠檬酸钠 1.4 g，溶解后过滤，蒸汽灭菌，冷却至室温，再加新鲜鸡蛋黄 20 mL、青霉素 10 万 IU、链霉素 10 万 U，充分混匀。稀释液要求现配现用。

稀释好的精液根据各输精点的需要分装于安瓿瓶中或分装成细管精液，用数层纱布包好置于 4 ℃左右的冰箱中保存，但精液稀释后要及早输精，以保证受胎率。

（5）输精

① 输精前准备：在人工授精前，应做好适当的准备工作，保证输精过程快速、准确、连贯，尽量缩短精液在羊体外存留的时间。输精可能用到的所有器材如玻璃输精器、开腔器、输精管等，均要消毒灭菌。输精人员穿工作服，剪短指甲，双手洗净擦干后用 75％酒精消毒，再用生理盐水冲洗。把发情母羊牵到输精架上保定，并将其外阴部擦洗干净、消毒。生产中，可采取一人背对羊头骑于母羊背上，抬起母羊的两后肢，其余人帮助固定好母羊以便输精。常温或低温保存的精液，要在温水中升温到 35 ℃左右，并在显微镜下检查其活力，符合要求才能输精。

② 输精：输精人员按母羊阴门的形状和生殖道的方向缓慢插入开腔器，然后转动 90°打开开腔器。借助手电光线寻找母羊的子宫颈口，将输精器前端缓慢插入子宫颈口内 0.5～1.0 cm，用拇指轻轻推动输精器的活塞，注入精液。一次输精的有效精子数应保持在 7 500 万个以上，因此需要原精液 0.05～0.1 mL 或稀释精液 0.1～0.2 mL。输精后的母羊应休息 10 min 左右，不要立即驱赶或放牧，并注意观察是否有精液倒流。

二、妊娠

（一）妊娠期

山羊妊娠期一般为 146～157 d，平均 150 d。山羊的妊娠期有时因品种、营养及羔羊数量等因素而有所变化。大足黑山羊妊娠期为（147.9±1.7）d。

（二）妊娠期母羊的变化

母羊妊娠后，随着胚胎的出现和生长发育，母体的形态和生理发生许多变化。

1. 母羊身体的变化　母羊怀孕后，新陈代谢旺盛，食欲增进，消化能力提高。怀孕母羊由于营养状况的改善，表现为体重增加，毛色光亮。青年母羊除因交配过早或营养水平很低外，妊娠并不影响其继续生长，在适当的营养条件下尚能促进生长，若以同龄及同样发育的母羊试验，怀孕母羊的体重显著增加；营养不足，则体重反而减少，甚至造成胚胎早期死亡，尤其是在妊娠前期，营养水平的高低直接影响胎儿的发育。妊娠末期，母羊因不能消化足够的营养物质以供给迅速发育的胎儿需要，致使消耗妊娠前半期贮存的营养物质，在分娩前常常消瘦。母羊在妊娠期要加强营养，以保证母羊本身生长和胎儿发育的营养需要。

2. 卵巢的变化　母羊受孕后，胚胎开始形成，卵巢上的黄体成为妊娠黄体继续存在，从而中断发情周期。

3. 子宫的变化　随着怀孕期的进展，在雌激素和孕酮的协同作用下，子宫逐渐增大，使胎儿得以伸展。子宫的变化有增生、生长和扩展三个时期。子宫内膜由于孕酮的作用而增生，主要变化为血管分布增加、子宫腺增长、腺体卷曲及白细胞浸润；子宫的生长是胚胎附植后开始，主要包括子宫肌肥大、结缔组织基质的广阔增长、纤维成分及胶原含量增加；子宫的生长和扩展，首先是由子宫角和子宫体开始的。母羊在整个怀孕期，右侧子宫角要比左侧大得多。怀孕时子宫颈内膜的脉管增加，并分泌一种封闭子宫颈管的黏液，称为子宫颈栓，使子宫颈口完全封闭。

4. 阴户及阴道的变化　怀孕初期，阴唇收缩，阴户裂禁闭。随着妊娠期进展，阴唇的水肿程度增加，阴道黏膜的颜色变为苍白，黏膜上覆盖由子宫颈分泌出来的浓稠黏液；妊娠末期，阴唇、阴道变为水肿而柔软。

5. 子宫动脉的变化　由于子宫的生长和扩展，子宫壁内血管也逐渐变得较直，由于供应胎儿的营养需要，血量增加，血管变粗，同时由于动脉血管内膜的皱褶增高变厚，且因和肌肉层的联系疏松，血液流过时造成的脉搏从原来清楚的跳动变成间隔不明显的颤动，这种间隔不明显的颤动，称为怀孕脉搏。

（三）妊娠诊断

妊娠诊断的主要目的是检查母羊是否怀孕，以便做出相应的决定，如果检查结果为已怀孕，就要按妊娠母羊的要求，加强饲养管理，维持母羊健康，保证胎儿的正常发育，防止胚胎早期死亡或流产；如果没有怀孕，则应密切注意下次发情，做好再次配种准备，并及时找出未孕的原因，母羊妊娠诊断常用的方法有以下三种。

1. 外部检查法　母羊妊娠以后，一般表现为周期发情停止，食欲增进，营养状况改善，毛色润泽光亮，性情变得温驯、安静。妊娠 3 个月以后腹部明显增大，右侧比左侧更为突出，乳房胀大，右侧腹壁可以触诊到胎儿，在胎儿胸壁紧贴母体腹壁时，可以听到胎儿的心音，根据这些外部表现诊断是否妊娠。

2. 阴道检查法　母羊怀孕 3 周后，当开膣器刚打开阴道时，阴道黏膜为白色，几秒钟后即变为粉红色。

3. 孕酮含量测定法　配种后，如果未妊娠，母羊血浆孕酮含量因黄体退化而下降，而妊娠母羊则保持不变或上升，这种孕酮水平差异是母羊早期妊娠诊断的基础。配种后 20～25 d，血浆中孕酮水平下降，基本上可以判定未孕；孕酮保持较高水平或有所升高，并不一定完全是妊娠状态，持久黄体、发情延迟等任何可能推迟黄体溶解的因素都可能使孕酮水平在此阶段仍保持较高水平。相比之下这种方法用于判定未孕准确率较高，但由于孕酮测定方法较为复杂，耗时长，结果需要专业人士解读，因此，生产上还缺乏实用性。

4. B 超检查法　将待检母羊站立保定于采精架内，用单绳固定颈部，分直肠和体外两个途径检查，先从直肠进行，当直肠检测不到时用体外检查。直肠检查时，将探头涂耦合剂后缓慢伸入直肠，送至盆腔入口前后，向下呈 45°～90°进行扫描。体外检查时，主要在两股根部内侧或乳房两侧的少毛区，不必剪毛，探头涂耦合剂后，贴皮肤对准盆腔入口子宫方向进行扫描，选择典型图像进行照相和录像。如果母羊怀孕，子宫角断面呈暗区，因胎水对超声不产生反射，配种后 16～17 d 最初探到时为单个小暗区，直径超过 1 cm，称为胎囊，一般位于膀胱前下方。由于扫描角度不同，子宫断面呈多种不规则的圆形等。胎体的断面呈弱反射，位于子宫颈区的下部，贴近子宫壁，初次探到时还不成形，为一团块，仔细观察可见其中有一规律闪烁的光点，即胎心搏动。若母羊未怀孕，子宫角的断面呈弱反射，位于膀胱的前方或前下方，形状为不规则圆形，边界清晰，直径超过 1 cm，同时可查到多个这样的断面，并随膀胱积尿程度而移位。有时在断面中央可见到一很小的无反射区（暗区），直径 0.2～0.3 cm，可能是子宫的分泌物。

第三节　分娩与接产

一、分娩

（一）分娩预兆

山羊分娩前，在生理和形态上发生一系列变化，根据这些变化，可以预测分娩时间，以便做好接产的准备。

1. 乳房、乳头变化　临产母羊的乳房在分娩前迅速发育，腺体充实，乳头硬挺，有的母羊在乳房底部出现浮肿。临近分娩时，可以从乳头挤出黄色的初乳，有的出现漏乳现象。但营养不良的母羊的乳房、乳头变化不明显。

2. 外阴的变化　临产母羊阴门明显肿胀，变大，松弛，阴唇皮肤上的皱襞展开，皮肤稍变红。阴道黏膜潮红，黏液由浓厚黏稠变为稀薄滑润。

3. 骨盆韧带的变化　临产母羊的骨盆韧带变得柔软松弛，肷窝明显下陷，臀部肌肉也有塌陷，由于韧带松弛，荐骨活动性增大，用手握住尾根向上抬，可以感觉荐骨后端能上下移动。在尾根及后部两旁可见到明显的凹陷，手摸如同面团状，行走时可见明显的颤动，这是临产前的一个典型征兆。

4. 行动变化　临产母羊表现孤独，常站立墙角处，喜欢离群，放牧时易掉队，用蹄刨地，起卧不安，排尿次数明显增多，不断回顾腹部，食欲减退，停止反刍，不时鸣叫等。

（二）分娩过程

山羊的分娩过程分为开口期、胎儿排出期和胎衣排出期。

1. 开口期　从子宫阵缩开始至子宫颈完全开张的过程。此时由于子宫阵缩产生的力量压迫，使子宫颈开张，并最后将胎膜突破，胎水流出而进入产出期。此期仅有阵缩而无努责。

2. 胎儿产出期　从子宫颈口完全开张到胎儿全部被产出的过程。此时期，母畜阵缩、努责共同发生。努责为排出胎儿的主要力量。

3. 胎衣排出期　从胎儿被产出到胎衣全部被排出的过程。当胎儿产出后，母羊即安静下来。几分钟后，子宫恢复阵缩，但收缩的频率和强度都比较弱，有时伴有轻微的努责，胎衣排出。山羊胎盘属于子叶型，胎衣排出过程比弥散

75

型胎盘的动物（如猪、马）要慢，易发生胎衣不下疾病。

二、接产

（一）产前准备

1. 产房的准备　产房要求明亮、干燥、清洁、卫生、宽敞、地面平整结实，必要时铺上垫料，冬季尤其注意采取保暖措施。

2. 器械、药品和用品准备　毛巾、肥皂、水桶、盆、消毒药、清洁剂、抗生素、手术产科器械、工作人员服装、润滑剂、催产素、前列腺素等器械、药品和用品。

3. 接产人员　训练有素，有一定经验的饲养员即可作为接产人员，有经验的兽医人员更好。接产人员将指甲剪短、磨平，并仔细消毒。

（二）接产

原则上，对正常分娩的母羊无须助产。做好如下接产的工作：

1. 清洗与消毒　当发现怀孕母羊卧地、四肢伸直、努责时，应立即用温水洗净外阴部、肛门、尾根及腹内侧和乳房，再用双季铵碘消毒，等候接产。

2. 扯开胎膜拿出羔羊　监视分娩情况，若羔羊被胎膜包裹，这时扯开胎膜拿出羔羊。

3. 清除黏液　羔羊出生后，立即将羔羊口、鼻、耳内的黏液擦净，以免羔羊误吞羊水引起异物性肺炎或窒息死亡。及早让母羊舔干羔羊身上的黏液，可促进新生羔羊血液循环，且有助于母羊认羔。如果母羊不舔，可在羔羊身上撒些玉米面、豆饼、麸皮等，或把羔羊身上的黏液涂在母羊嘴、鼻处，引诱母羊；如母羊仍不舔，在天气寒冷的情况下，要用柔软干草将羔羊全身擦干，以免受凉。

4. 断脐　羔羊出生后，母羊或羔羊站立时，脐带一般会自然断裂。若未能断裂，需人工断脐。可用双手提起羔羊前躯，轻轻向母羊头部方向拉，促使脐带自断。在脐带断端和脐带根部周围涂5%碘酒消毒。若脐带仍未断裂，可用手指将脐带扭转几圈，离脐带根部4～5 cm的地方，人工扭断，然后消毒。脐带不可用剪刀剪断或结扎，否则容易引起感染或推迟脐带干枯脱落。

5. 判断产羔数　正常分娩时，20～30 min 可顺利产出羔羊。产双羔或多羔时，一般间隔 15～30 min。当第一只羔羊产出后，如母羊卧地不起，或起立后又重新卧地，可能还有羊羔产出。此时要认真检查，方法是用手掌顺着母羊下腹部适当用力上推，可摸到下一个胎羊坚硬光滑的羔体。

6. 胎衣处理　羔羊生后 0.5～1 h，胎衣会自然脱出。接羔人员要及时将胎衣拿走，防止母羊误食胎衣而形成食羔恶癖。产羔后 2～3 h 胎衣不能排出，按胎衣不下立即采取治疗措施。

（三）难产处理

1. 难产的分类

（1）产力性难产　包括阵缩及努责微弱，阵缩及破水过早及子宫疝气。母羊可能因年老、体弱、生病、长期营养不良而造成。

（2）产道性难产　包括产道狭窄、子宫扭转、骨盆畸形。

（3）胎儿性难产　包括羔羊胎势不正、羔羊过大、羔羊畸形等。

2. 难产的助救原则

（1）保定母畜。

（2）检查并判明难产原因。

（3）根据实际情况而施治　如胎势不正纠正胎势，产道狭窄时扩大产道，产道干燥时润滑产道，必要时实施手术。

（4）抢救原则　尽可能保住母仔，不能保两者时，以保母羊为主，如果羔羊比母羊更重要时，可考虑保羔羊。

3. 难产的预防

（1）避免母羊过早配种。

（2）注意妊娠母羊的合理饲养。

（3）妊娠母羊的适当运动。

（4）临产前及时对母羊进行检查、矫正胎位。

4. 难产处理　母羊羊膜破水后 20～30 min，有下列情况发生，就要施行人工助产。接羔人员进行助产时，将手涂上肥皂水、凡士林等润滑剂，戴上助产用的橡胶手套。

（1）倒产　羔羊后肢露出母羊阴户后，立即用手指捏住双肢，随着母羊努责，将胎儿朝着母羊腹部方向慢慢拖出。

（2）胎位不正　垫高母羊后躯，把胎儿露出部分推回，将手伸入产道摸清胎位，慢慢纠正成顺位，然后慢慢将胎儿拉出。

（3）过早破水或羊水少的母羊可向产道内注入温肥皂水、液体石蜡，促使产道滑润。

第四节　提高大足黑山羊繁殖力的途径

影响山羊繁殖力的主要因素有品种、营养、气候、年龄、配种技术等。大足黑山羊产羔率已经较高，所以，提高大足黑山羊繁殖力主要从饲养管理、配种技术和提高羔羊的成活率等方面进行考虑。

一、调整羊群结构

羊群结构的性别，包括公羊、母羊、羯羊 3 种类型；母羊是羊群增殖的基础，适繁母羊的比例越大，羊群增殖速度就越快，所以，应适当增加适龄繁殖母羊比例。一般情况下，适繁母羊应占羊群的 50%～70%。

羊群年龄结构有羔羊、育成羊、周岁羊、2～6 岁羊等，周岁羊占 25%；老龄羊群中年龄由小到大的个体比例逐渐减少，形成有一定梯度的"金字塔"结构，从而使羊群始终处于一种动态的后备生命力旺盛的状态；应及时淘汰老龄羊、屡配不孕羊和病、残羊等。

合理的羊群结构，要求羊群中母羊占 70%，能繁母羊达到 50% 以上，育成母羊约占 20%。保持山羊适宜的繁殖年龄，公羊在 5 岁以下，母羊不超过 6 岁，提高壮年母羊比例和质量。

二、加强公、母羊的管理

1. 饲养管理　营养条件对山羊的繁殖力影响很大，良好的营养状态是保证山羊健康和提高繁殖力的基础。营养缺乏会使山羊瘦弱，内分泌活动受到影响，性腺机能减退，生殖机能紊乱，母羊常出现不发情，安静发情，发情排卵少，产羔数减少等，种公羊表现精液品质差，性欲下降等。对公羊来说，营养状况直接影响公羊精子的生成和精液的品质；对母羊而言，营养条件好，不仅能提前发情，而且发情整齐，排卵数增加，减少空怀率。在配种前对母羊实行短期优饲，增加饲料中的蛋白质含量，补充维生素和矿物质，可增加双羔率；

在妊娠期间加强母羊饲养管理，可以减少流产率和胎儿的死亡率。用全价饲料饲喂公、母羊受胎率、产羔率都高，羔羊的初生重也大。

在配种前母羊保持中等膘情，配孕后3个月，胎儿小生长发育缓慢，母羊需营养少，但营养要全面，蛋白质饲料可适当少点，孕3个月后至产羔，胎儿生长发育快，需营养多，必须满足蛋白质、矿物质、维生素的需要。农作物秸秆是山羊基础饲料，应由禾本科、豆科农作物秸秆组成。青饲料是母羊必不可少的饲料，要经常补喂，如有条件终年喂青贮饲料更好，这对保障母羊较高繁殖力是十分有益的。适当补充精料也是必要的。

处于配种期的种公羊，饲养管理非常重要，为保证其旺盛的性欲、优良的精液品质，常常在配种季节给公羊补充适量精料（散养农户，一般饲喂玉米面和豆饼即可），饲喂精细的农户会给公羊补喂豆浆、生鸡蛋等，以满足公羊对蛋白质的需要。

养殖大足黑山羊传统习惯是将公母羊分开饲养，不进行混群放牧，这样既防止了羊群的乱交滥配，又避免了公母羊过早利用，而影响终身繁殖能力。在养殖户之间，经常有计划地进行种公羊交换，一般2~3年交换一次，交配方式也常采用牵引交配，能有效地防止因近交而导致繁殖力和生产性能的下降。

2. 繁殖管理

（1）科学计划配种时间，合理安排周年产羔次数　山羊繁殖季节应选择气候较好，牧草充足或有较好的农副产品的季节。在天气较温暖地区，1年可产2胎，安排在春秋两季：春配在4—5月配种，9—10月产羔；秋配在10—11月配种，次年3—4月产羔。在天气寒冷地区，以秋配为好，可把秋配时间提早到8—9月，次年1—2月产冬羔。一个配种季节应该集中在2个月以内完成，时间不应拖得过长，这样产羔较集中，有利于羔羊集中管理。

实际生产中，要根据羊场所处地域的生态条件，饲养品种的繁殖特点，饲草、饲料资源情况，以及饲养管理的技术水准等，合理安排母羊的周年繁殖。大足黑山羊一般为2年3胎。

（2）做好发情鉴定和适时配种　掌握母羊发情期的内外部变化和表现，将正处于发情期的母羊鉴别出来，再进一步预测其排卵期，以便确定适宜的配种时间进行配种，防止误配和漏配，提高母羊的受配率。改进配种技术，改自由交配为辅助交配和人工授精，可避免自由交配造成的近亲繁殖，克服后代生活力弱、羔羊成活率低的缺点。

（3）缩短母羊产羔间隔期　传统的母羊产羔间隔期较长，采用科学的养羊方法，能缩短母羊产羔间隔期。其主要措施：首先保持母羊产后中等以上膘情，很快恢复体况，使生殖机能处于正常状态。其次羔羊早期断奶，羔羊35～40 d断奶，使母羊产后50 d左右发情配种，这样可有效缩短母羊产羔间隔期，提高母羊繁殖力。

（4）合理利用繁殖新技术

① 诱发发情：用三合激素在成年母羊的颈部肌内注射1～1.5 mL，注射24 h后开始试情，以后每隔12 h再试情，及时挑出发情母羊，进行配种，注射后48 h发情母羊占50%以上，72 h内发情母羊占90%以上。

② 提高公羊的精液品质：配种前1个月，在公羊的精料中按每千克体重100 mg加入二氢吡啶，一次喂给，每日1次，直至配种结束。还可在配种期，每天喂给公羊一个生鸡蛋。

③ 开展人工授精：山羊的人工授精技术是很成熟的技术，在开展人工授精时，必须严格按人工授精技术规程进行操作，防止由于操作不当造成的配怀率下降。

④ 进行早期妊娠诊断，防止失配空怀：通过早期妊娠诊断，能够及早确定母羊是否妊娠，并区别对待：对已确定妊娠的母羊，可以防止孕后假发情造成误配，同时应加强保胎，保障胎儿正常发育；对未孕的母羊，应及时找出原因，采取相应措施，不失时机地补配，减少空怀时间。

⑤ 人工控制分娩法：在产羔季节，控制分娩时间，有利于统一安排接羔工作，节约劳力和时间，并提高羔羊成活率。诱发分娩提前到来，常用的药物有地塞米松15～20 mg、氟米松7 mg，在预产期前1周内注射，一般36～72 h即可完成分娩。夜间注射比早晨注射引产时间快些。注射雌激素也可诱发分娩，注射15～20 mg苯甲酸雌二醇（ODB），48 h内几乎全部分娩。用雌激素引产对乳腺分泌有促进作用，可提高泌乳量，有利于羔羊增重和发育。注射前列腺素15 mg也可诱发母羊分娩，注射后至分娩平均间隔时间83 h左右。

3. 环境控制

（1）创造一个适宜的环境　山羊属短日照动物，当日照由长变短时，山羊开始发情，进入繁殖季节，因此，可用人工控制光照来决定配种时间。夏季每日将羊舍遮罩一段时间来缩短光照，能使羊的配种季节提前到来。秋季在羊舍给羊补光，可使配种季节提前结束。温度对山羊的繁殖力也会造成一定的危害，要做好防暑降温工作，以缓解热应激的不良影响，冬季做好保暖工作，减轻寒冷造成的不良影响。

（2）注意卫生防疫　疫病对山羊繁殖力影响大，因此要切实做好预防工作。山羊抗病力强，在适度规模饲养及饲养方式改变后，抵抗力降低，要特别注意卫生防疫。每日清扫羊圈一次。羊粪远离羊舍堆放发酵，饲料、用具保持干净，槽内剩料清扫干净，饮水清洁，饲料无霉变，每隔1～2周消毒1次。坚持自繁自养，必须引进种羊时，要从正规羊场引进，隔离观察两周，确认无病方能入群饲养。

4. 提高羔羊成活率方法

（1）及早吃上初乳　母羊产后1周内分泌的乳汁称为初乳，初乳浓度大，养分含量高，尤其是含有大量的抗体球蛋白和丰富的矿物质元素，可增强羔羊的抗病力，促进胎粪排泄。如出现缺奶羔羊和孤羔，要为其找保姆羊代乳或进行人工哺乳。

（2）及早诱食，加强补饲　将青干草和优质青草放入草架或做成吊把，让羔羊自由采食，达到诱食目的。在母羊活动集中的地方设置羔羊补饲栏（母羊无法采食补饲栏内饲料），将精饲料放入其中，让羔羊自由采食。

（3）做好环境控制　羔羊对环境变化缺乏抵抗能力，应要做好羔羊的保温工作，确保合理的通风换气。

（4）做好羔羊的卫生保健工作，预防羔羊疾病　如羔羊痢疾、羔羊肠痉挛等。

第五章
大足黑山羊的营养与饲料

第一节　大足黑山羊的消化特性

一、消化生理基础

（一）消化器官的构造

大足黑山羊作为肉羊业的后起之秀，是生长在丘陵地貌、温热带地区，适合在农区和半农半牧区养殖的地方山羊遗传资源。山羊属于反刍家畜，同其他畜种相比较，山羊的消化器官有所不同，上颌没有切齿，具有一个结构复杂且功能齐全的复胃和相当于体长 25～30 倍的肠道。

1. 嘴　山羊的嘴较尖，上唇中央有一纵沟，增加了上唇的灵活性，上唇灵活，上腭具有坚硬而光滑的硬腭，下腭六齿锐利，臼齿咀嚼饲料的能力强。山羊在口腔结构上的这一特点不仅区别于其他家畜，而且也有利于山羊采食，因为山羊的采食主要在口腔，是以唇、齿、舌作为摄取食物的主要器官。由于山羊在口腔结构上具有嘴尖、齿利、上唇薄的特点，所以可以采食其他家畜难以采食的短草和灌木。据统计，山羊采食率比牛高 1.5 倍。

2. 胃　山羊的胃是由形状和功能不同的四个胃组成的复胃，总容积为 30 L 左右。前三个胃无腺体组织，统称为前胃。

第一胃又称为瘤胃，椭圆形，是四个胃中体积和容量最大的一个，其容量约为 23.4 L。胃的内壁为棕黑色，有无数密集的小乳头。它的主要作用是作为山羊临时饲草贮存库和发酵罐，容纳山羊采食进来的饲草、饲料等，以便休息时慢慢反刍咀嚼磨碎，并在其中进行饲草料的发酵和营养物的消化和合成。瘤胃位于腹腔左侧，一部分伸延到腹腔右侧，与食管和蜂巢胃相接。在山羊左肷部可用手触摸和听诊的方法，对瘤胃进行诊断。正常瘤胃蠕动 $2\sim5$ 次/min，每次蠕动的持续时间为 $15\sim20$ s。当感觉不到和听不到瘤胃蠕动时，表明机体不正常，应注意观察。山羊的瘤胃中还存在着与山羊体共生的微生物，主要有兼气性纤毛虫和细菌，每克胃内容物中有 60 万~120 万个纤毛虫，含 150 亿~250 亿细菌，细菌和纤毛虫体积相等，其总体积约占瘤胃液的 3.6%。山羊胃的结构特点形成了山羊对饲料消化利用的特殊性。第二胃叫网胃，球形，内壁有许多网状格似蜂巢状，故又称蜂巢胃。平均容积为 2 L，其消化生理作用与第一胃相似，除了机械作用外，也可以利用微生物对食物进行分解消化。第三胃叫重瓣胃，又叫百叶胃。体积比较小，平均容积为 0.9 L。内壁为许多纵向排列的皱，18 瓣膜，依靠皱褶的收缩力将食物进一步磨碎和压榨。第四胃又称为皱胃、真胃。圆锥形，平均容积为 3.3 L。胃壁光滑，腺体组织丰富，在腺体分泌的胃液作用下，对食物进行化学消化，最后将消化液和糜状食物一起排送到肠道，进行消化吸收。

3. 小肠　小肠是山羊消化吸收营养物质的主要器官。山羊小肠细长弯曲，长度为 $17\sim34$ m，与体长的比为（25∶1）~（30∶1），比值超过猪、牛、骡、马等动物，使食物在消化道的时间比较长，更有利于食物的消化和吸收。食物在肠道中，在多种消化酶的作用下被进一步消化，并得到比较充分的吸收，肠道越长，吸收越充分。未被吸收的食物乳糜在肠道的蠕动作用下进入大肠。

4. 大肠　大肠是山羊消化道的最后一部分，长度为 $4\sim13$ m，主要功能是吸收水分，同时也有消化吸收的功能，将未被吸收的食物残渣形成粪便排出体外。

（二）消化方式

山羊对饲料的消化首先依靠咀嚼和消化道肌肉收缩两种消化形式，有助于饲料的粉碎；消化分泌的消化液中，酶类的化合消化作用，有助于饲料中养分的分解；寄生在消化道中的微生物所分泌出的酶类的生物消化作用，实际上是一种细菌的分解过程，可使饲料中的某些难被山羊体所吸收利用的营养物质的碳链进行分解和组合。这种消化虽为畜禽所共有，然而真正有价值的在山羊营养上起决定作用的还是微生物的消化，一般日粮中 $70\%\sim85\%$ 的可消化干物质是由瘤胃微生物所消化。所以，山羊的消化特点，就体现在瘤胃微生物的发

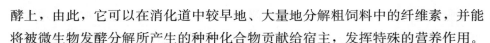

酵上，由此，它可以在消化道中较早地、大量地分解粗饲料中的纤维素，并能将被微生物发酵分解所产生的种种化合物贡献给宿主，发挥特殊的营养作用。

山羊在营养水平较低的情况下，瘤胃中的纤毛虫能提高饲料的消化率和利用率，使山羊体内氮的沉积和挥发性脂肪酸都有显著增加。在成年山羊的日粮中加入尿素，可使粗纤维的消化率显著提高。

山羊采食饲料中79.8%的纤维素在瘤胃被消化，仅11.6%在盲肠和结肠中被消化，由此可见，瘤胃是山羊消化纤维的主要器官。

二、消化生理发育特点

（一）消化器官的发育

1. 消化器官重量变化规律　大足黑山羊肝脏、脾脏、复胃、小肠的重量均随着日龄增大逐渐增加，6月龄基本达到成年重量（表5-1），其肝脏、脾脏、复胃、小肠周岁重量分别为初生的9.8倍、9.0倍、37.9倍、6.6倍，研究报道表明，大足黑山羊消化器官的增重幅度由大到小依次是复胃、肝脏、脾脏、小肠；肝脏、脾脏于初生到1周龄、2～6月龄间增重显著，而复胃在1月龄之后增重显著，1月龄之前差异不明显，消化器官均于6月龄之后增重逐渐趋于平缓；按发育情况来讲，肝脏和脾脏于初生到1周龄发育最快，复胃于2～6月龄发育最快，小肠则是1月龄到2月龄发育最快。

表5-1　大足黑山羊消化器官的重量

年龄	肝脏（g）	脾脏（g）	复胃（g）	小肠（g）
初生	51.62 ± 9.46^{Bd}	3.20 ± 1.04^{Cc}	17.62 ± 2.09^{Cc}	79.20 ± 6.04^{Cc}
1周龄	81.97 ± 16.97^{Bc}	8.32 ± 2.51^{Cb}	25.25 ± 5.00^{Cc}	100.88 ± 17.176^{Cc}
2周龄	82.77 ± 16.25^{Bc}	8.43 ± 3.16^{Cb}	34.63 ± 5.99^{Cc}	101.78 ± 18.53^{Cc}
1月龄	94.92 ± 33.23^{Bbc}	9.27 ± 1.47^{BCb}	37.97 ± 8.97^{Cc}	116.03 ± 16.25^{Cc}
2月龄	116.23 ± 22.22^{Bb}	11.62 ± 2.30^{Bb}	125.33 ± 46.73^{Bb}	243.74 ± 60.06^{Bb}
6月龄	477.48 ± 37.67^{Aa}	27.58 ± 3.35^{ABa}	635.92 ± 59.62^{Aa}	512.02 ± 50.59^{Aa}
1周岁	500.00 ± 17.32^{Aa}	28.97 ± 8.67^{Aa}	668.59 ± 118.22^{Aa}	522.53 ± 68.48^{Aa}

注：①同列上标不含相同大写字母表示差异极显著（$P<0.01$），同列上标不含相同小写字母表示差异显著（$0.01<P<0.05$），否则差异不显著（$P>0.05$）。②数据引自宋代军等（2015，中国畜牧杂志，第11期）。

2. 大足黑山羊小肠长度及容积变化规律　　大足黑山羊小肠长度、容积随日龄的增加，其消化道容积以及长度逐渐增加（表5-2）。小肠的长度、容积在2周龄前略有增加，2周龄之后变化速度显著加快，其增速最快的阶段为2周龄到1月龄阶段、2月龄到6月龄；小肠长度于6月龄到1周岁阶段略有增加，但是其容积显著增大。针对各阶段发育情况分析，发现小肠长度于初生到1周龄阶段发育最快，增长了120 cm，其次是2周龄到1月龄阶段、1～2月龄阶段，其余阶段变化缓慢，小肠容积也于2～6月龄阶段发育最快，每周基本增长165 mL，其次是1月龄到2月龄阶段，其余阶段变化缓慢。总的来讲，周岁时小肠长度、容积分别是初生的2.24倍、13.6倍，说明小肠在不断增长的同时，其容积也在增大。

表5-2　大足黑山羊小肠长度和容积

年龄	长度（cm）	容积（mL）
初生	779.33±76.59[Cd]	287.77±21.33[Bd]
1周龄	899.29±84.96[Cd]	310.15±98.19[Bd]
2周龄	901.07±83.47[Cd]	320.40±52.93[Bd]
1月龄	1 014.93±147.81[Bc]	590.76±132.33[Bc]
2月龄	1 242.58±150.50[Bb]	796.08±81.76[Bc]
6月龄	1 716.20±82.41[Aa]	3 439.10±230.95[Ab]
1周岁	1 745.33±217.98[Aa]	3 910.49±433.72[Aa]

注：同表5-1。

3. 大足黑山羊胃室容积变化规律　　大足黑山羊胃室容积从出生到成熟变化不一（表5-3），网胃于初生到2月龄期间容积逐渐增大，但是变化不显著，在2月龄到6月龄期间容积显著增大，6月龄到1周岁变化不显著；瓣胃与网胃变化趋势基本一致，但是其在6月龄到1周岁期间容积显著增大；瘤胃于初生到1月龄期间容积逐渐增大，但是变化不显著，在1～2月龄、2～6月龄、6月龄到1周岁期间容积显著增大；皱胃变化趋势与瘤胃类似，而6月龄到1周岁阶段容积变化不显著。

另外，大足黑山羊各个胃室容积随着年龄增长不断增大，其增长趋势较为相似。网胃、皱胃、瓣胃于6月龄时比6月龄前容积显著增大，皱胃于2月龄时比 2 月龄前也显著增大，而瘤胃于 2 月龄时比 2 月龄前显著增大，且在 6 月龄、1 周岁阶段容积也极显著高于 2 月龄。总的来讲，网胃、瓣胃、瘤胃、皱胃周岁容积分别是初生的 188 倍、148 倍、151 倍、23 倍。

表 5-3　大足黑山羊胃室容积

年龄	网胃（mL）	瓣胃（mL）	瘤胃（mL）	皱胃（mL）
初生	1.38±0.42Bb	0.88±0.20Cc	40.66±9.70Dd	17.00±4.76Cc
1 周龄	4.30±2.73Bb	1.60±1.08Cc	78.08±9.43Dd	34.33±6.50Cc
2 周龄	10.00±2.44Bb	2.06±0.49Cc	224.5±51.0Dd	38.00±9.77Cc
1 月龄	19.83±4.26Bb	3.11±0.98Cc	385.0±103.3Dd	39.20±10.49Cc
2 月龄	33.83±8.84Bb	9.91±2.61Cc	1 105.0±208.4Cc	96.40±29.78Bb
6 月龄	249.2±50.5Aa	81.5±22.16Bb	5 053.3±981.7Bb	393.3±38.8Aa
1 周岁	260.3±82.4Aa	131.0±41.4Aa	6 160.0±1 184.3Aa	398.0±16.8Aa

注：同表 5-1。

（二）消化酶形成

大足黑山羊小肠淀粉酶、胰蛋白酶、脂肪酶活性总体趋势是随着年龄的增长而逐渐增大（表 5-4）。其中，淀粉酶活性于 2 周龄到 1 月龄、1～2 月龄期间变化显著，胰蛋白酶活性于初生到 1 周龄、1～2 周龄、2～6 月龄期间均变

表 5-4　周岁内不同周龄大足黑山羊肠道酶活性

年龄	淀粉酶活性（U/mL）	胰蛋白酶活性（U/mL）	脂肪酶活性（U/mL）
初生	107.3±2.9d	415.60±46.63e	102.03±23.97c
1 周龄	127.2±13.8cd	549.06±48.57d	161.00±20.92b
2 周龄	132.7±16.4c	627.13±55.02bc	184.107±10.32b
1 月龄	170.9±26.8b	645.811±11.85b	187.65±27.07b
2 月龄	205.4±17.0a	662.91±46.77b	251.96±41.08a
6 月龄	213.3±4.8a	723.51±47.25a	281.65±29.45a
1 周岁	229.4±12.2a	735.64±41.50a	290.46±18.60a

注：同表 5-1。

化显著，脂肪酶活性于初生到 1 周龄、1 月龄到 2 月龄期间变化显著，淀粉酶、脂肪酶活性于 2 月龄之后趋于稳定，而胰蛋白酶活性于 6 月龄逐步趋于稳定，达到成年羊只水平。此外，淀粉酶活性增长最快阶段为 2 周龄到 1 月龄，胰蛋白酶为初生到 1 周龄，脂肪酶为 1～2 月龄。

（三）瘤胃主要纤维微生物的形成

1. 瘤胃溶纤维丁酸弧菌　大足黑山羊不同生长阶段的瘤胃中溶纤维丁酸弧菌数量不同，初生的大足黑山羊瘤胃中溶纤维丁酸弧菌数量很少，随着日龄的增加，该菌在瘤胃中的数量呈逐渐上升的趋势，1 周岁的黑山羊瘤胃内该菌的数量大大提高（图 5-1）。

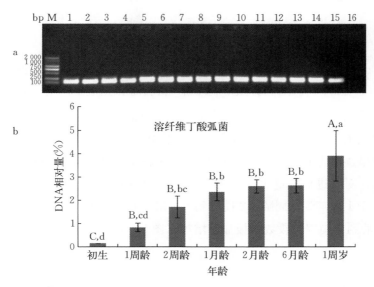

图 5-1　不同生长阶段大足黑山羊瘤胃溶纤维丁酸弧菌的扩增结果

注：a 为溶纤维丁酸弧菌的 PCR 电泳检测结果。M：DNA Marker；1～2：初生羊；3～4：1 周龄羊；5～6：2 周龄羊；7～8：1 月龄羊；9～10：2 月龄羊；11～12：6 月龄羊；13～15：1 周岁羊；16：H$_2$O 对照。

b 为溶纤维丁酸弧菌的 qRT-PCR 扩增结果。以瘤胃总 DNA 为模板，溶纤维丁酸弧菌特异引物为引物，总菌为参照内标，扩增结果为 4～6 个个体样品的平均数。

图中不同大写字母代表差异极显著，不同小写字母代表差异显著。

2. 黄色瘤胃球菌　大足黑山羊周岁内各阶段瘤胃黄色瘤胃球菌数量上，初生大足黑山羊瘤胃中并未检测到黄色瘤胃球菌的存在，初生到 1 月龄各阶段数量略有增加但是含量也极少，之后该菌在瘤胃中的数量呈逐渐上升的趋势，2月龄、6月龄、1周岁的大足黑山羊瘤胃内该菌的数量大大提高。进一步分析表明，黄色瘤胃球菌在1周龄到1月龄、6月龄到1周岁阶段相对数量增加幅度不显著，在1月龄到2月龄、2月龄到6月龄阶段数量极显著增加（图5-2）。

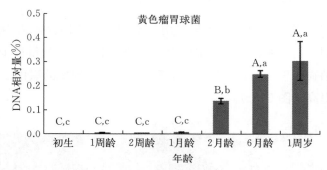

图5-2　不同生长阶段大足黑山羊瘤胃黄色瘤胃球菌的扩增结果

图中不同大写字母代表差异极显著，不同小写字母代表差异显著。

3. 白色瘤胃球菌　大足黑山羊不同生长阶段瘤胃白色瘤胃球菌数量上，初生大足黑山羊瘤胃中白色瘤胃球菌数量很少，随着日龄的增加，该菌在瘤胃中的数量呈逐渐上升的趋势，6月龄、1周岁的大足黑山羊瘤胃内该菌的数量大大提高。对其进行多重比较发现，白色瘤胃球菌在初生到1周龄阶段数量显著增加，于1周龄到2周龄、2周龄到1月龄、1月龄到2月龄、2月龄到6月龄、6月龄到1周岁阶段数量极显著增加（图5-3）。

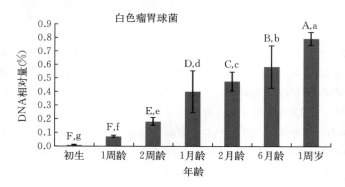

图5-3　不同生长阶段大足黑山羊瘤胃白色瘤胃球菌的扩增结果

图中不同大写字母代表差异极显著，不同小写字母代表差异显著。

4. 真菌　大足黑山羊不同生长阶段真菌数量上，其变化规律是初生大足黑山羊瘤胃中并未检测到真菌，随着日龄的增加，该菌在瘤胃中的数量呈逐渐上升的趋势，2 月龄、6 月龄、1 周岁的大足黑山羊瘤胃内该菌的数量大大提高。对其进行多重比较发现，真菌在初生至 1 周龄、2 周龄至 1 月龄阶段增加幅度不显著，在 1 月龄至 2 月龄、6 月龄至 1 周岁阶段增加极显著（图 5-4）。

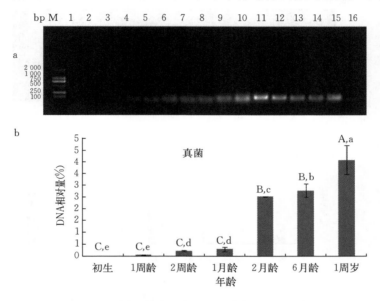

图 5-4　不同生长阶段大足黑山羊真菌的扩增结果

注：同图 5-1。

5. 甲烷菌　大足黑山羊不同生长阶段甲烷菌数量上，初生、1 周龄、2 月龄大足黑山羊瘤胃中真菌数量很少，1 月龄、1 周岁瘤胃内该菌的数量大大提高。对其进行多重比较发现，甲烷菌的变化趋势不一，从图 5-5 可发现其主要分为两段，初生到 1 月龄阶段以及 2 月龄到 1 周岁阶段，研究发现 1～2 周龄、2 周龄到 1 月龄、2～6 月龄、6 月龄到 1 周岁甲烷菌数量极显著增加，初生到 1 周龄其数量变化不显著。

总的看来，初生大足黑山羊中并未检测到黄色瘤胃球菌和真菌的存在，检测到少量的白色瘤胃球菌、溶纤维丁酸弧菌以及甲烷菌。之后，瘤胃微生物菌群相对数量随着年龄的增长而逐渐增加，其中白色瘤胃球菌、黄色瘤胃球菌、溶纤维丁酸弧菌、真菌这几种微生物变化趋势较为显著，甲烷菌 2 月龄后随年龄变化趋势逐渐明显，2 月龄之前菌群相对数量不稳定。此外，白色瘤胃球菌、真菌菌群相对数量于 1～2 月龄、2～6 月龄期间变化显著，并在 6 月龄时基本达到稳定水平；溶纤维丁酸弧菌于 6 月龄到 1 周岁期间变化显著；白色瘤胃球菌相对数量在整个生长发育阶段变化均显著；甲烷菌菌群相对数量在 2～6 月龄、6 月龄到 1 周岁期间变化显著。

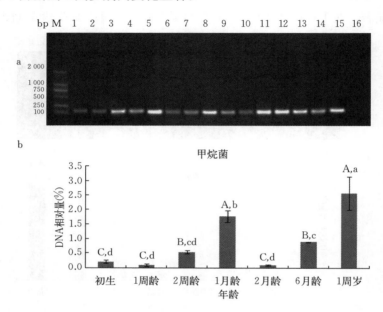

图 5-5　不同生长阶段大足黑山羊甲烷菌的扩增结果

图中不同大写字母代表差异极显著，不同小写字母代表差异显著。

三、消化特点

大足黑山羊与其他山羊一样，存在反刍、嗳气、对粗饲料有很强的消化能力等特点。

(一) 反刍

反刍是山羊消化的一个重要过程。山羊采食时，一般不充分咀嚼，就匆匆将草料吞咽下去。草料先在瘤胃内被水分和唾液浸润软化，经过一段时间后，再把吞咽入胃的草料送回到口腔内，仔细咀嚼，然后又咽入胃内，这个过程称为反刍。有的地方叫"倒沫"或"倒嚼"。山羊没有反刍运动是一种病态，要及时诊疗。

（二）嗳气

山羊的唾液中不含淀粉酶，瘤胃和蜂巢胃也不分泌胃液。瘤胃内食物的消化，主要靠瘤胃中大量细菌、真菌和纤毛虫等微生物的活动。它们在分解和发酵纤维时，形成大量的低级脂肪酸，供山羊吸收利用，同时产生大量气体。这些气体需经口腔排出，因此山羊常常要嗳气，每小时嗳气 17～20 次。如果采食过多易于发酵的豆科牧草、豆饼等，使瘤胃内容物出现异常发酵，产生的大量气体来不及排除，就会造成瘤胃急性膨胀。

（三）山羊对粗饲料的消化能力

山羊是食草的复胃家畜，具有容积很大的胃。为了让山羊吃饱，饲喂的草料必须有一定的容积，可以多喂青绿多汁饲料。由于瘤胃中微生物的作用，山羊不但能很好地采食粗饲料，而且能充分消化利用粗饲料。同其他畜种相比较，对粗饲料中的木质素山羊可消化 3%～16%，牛可消化 12.9%，猪不能利用；对粗纤维，山羊可消化 50%～90%，单胃动物只能消化 3%～25%。消化最差的是谷壳类饲料。在饲草质量较好的条件下，普通山羊可以不补喂精料。如果精料喂量过多，反而会引起消化不良。

（四）羔羊消化特点

哺乳期的羔羊，由于瘤胃中的微生物区系尚未完全形成，不具备成年羊瘤胃的消化机能和消化特点，不能消化和利用过多的粗饲料，而主要依靠第四胃（真胃）来消化饲草料和乳汁。所以，在羔羊的哺乳前期，羔羊以奶和精饲料为主，并逐渐添加易消化、高营养的饲草，提早锻炼和培养羔羊采食粗饲料的能力，以刺激瘤胃的发育和促进瘤胃微生物区系的形成。在生产实践中，一般羔羊出生后 15～20 d 就应开始补食优质的青干草（如苜蓿干草、柳树叶、槐树叶等）和营养价值高的精饲料。

第二节　大足黑山羊的营养需要与饲养标准

饲草饲料是发展大足黑山羊产业的物质基础。基于大足黑山羊长期以放牧结合补饲的方式进行饲养，养分来源比较复杂，既以草山草坡的饲草作为食物来源，又以当地所产粮食和农副产品作为饲料原料，因此，科学地利用饲料，才能充分发挥饲料的作用，获得较大的经济效果。要发展大足黑山羊生产，必须先弄清饲料中的营养物质种类与代谢特点，明确大足黑山羊营养需要，在此基础上做好饲料的配制。

一、饲料中的营养物质

用来维持大足黑山羊生命、生长、繁殖、泌乳等所需要的物质，称为营养物质。各种饲料所含的营养物质有六大类，即蛋白质、碳水化合物、矿物质、脂肪、维生素和水。这六大类营养物质，都是大足黑山羊所需要的。其中除水以外，都要从饲料里取得。这些营养物质在饲料中含量各不相同，功能也不一样。

（一）蛋白质

大足黑山羊体表的被毛、角、蹄都是角蛋白与胶质蛋白构成的。它们的皮肤、肌肉、神经、结缔组织、腺体、精子、卵子及心脏、肺脏、肝脏、脾脏、肾脏、胃肠等内脏器官，均以蛋白质为基本成分。肌肉、肝脏、脾脏等组织器官的干物质中含蛋白质达80％以上。蛋白质是体液、酶、激素与抗体的重要成分，这些物质都是山羊生命活动所必需的调节因子。体液分为细胞内液和细胞外液，细胞内液是细胞进行各种生化反应的场所。细胞外液是组织细胞直接生活的环境，也是组织细胞与外界环境进行物质交换的媒介，故称其为内环境，而蛋白质恰是体液的重要成分。酶本身就是具有特殊催化活性的蛋白质，可促进细胞内生化反应的顺利进行。激素中有蛋白质或多肽类的激素，如生长激素、催产素等，在新陈代谢中起调节作用，具有抗病力和免疫作用的抗体，本身也是蛋白质。另外，运输脂溶性维生素和其他脂肪代谢的脂蛋白，运输氧的血红蛋白，以及在维持体内渗透压和水分的正常分布上，蛋白质都起着非常重要的作用。山羊的遗传物质DNA与组蛋白结合成为一种复合体——核蛋白。而以核蛋白的形式存在于染色体上，将本身所蕴藏的遗传信息，通过自身的复制过程遗传给下一代。DNA在复制过程中，涉及30多种酶和蛋白质的参与协同作用。蛋白质的主要营养作用不是氧化供能，但在分解过程中，可氧化产生部分能量。尤其是当食入蛋白质过量或蛋白质品质不佳时，多余的氨基酸经脱氨基作用后，将不含氮的部分氧化供能或转化为体脂肪贮存起来，以备能量不足时动用。实践中应尽量避免蛋白质作为能源物质。蛋白质是形成肉、奶、皮毛等山羊产品的重要原料。

　　饲料中蛋白质不足或蛋白质品质低下，会影响大足黑山羊的健康、生长、繁殖及生产性能。饲粮中蛋白质的缺乏会影响消化道组织蛋白质的更新和消化液的正常分泌，山羊会出现食欲下降、采食量减少、营养不良及慢性腹泻等现象；羔羊正处于皮肤、骨骼、肌肉等组织迅速生长和各种器官发育的旺盛时期，需要蛋白质多，若供应不足，羔羊、幼羊增重缓慢，生长停滞，甚至死亡；山羊缺少蛋白质，体内就不能形成足够的血红蛋白和血细胞蛋白而患贫血症，并因血液中免疫抗体数量的减少，使山羊抗病力减弱，容易感染各种疾病；公羊性欲降低，精液品质下降，精子数目减少；母羊不发情，性周期失常，卵子数量少、质量差，受胎率低，受孕后胎儿发育不良，以致产生弱胎、死胎或畸形胎儿；蛋白质缺乏，可使生长羊增重缓慢，泌乳羊泌乳量下降，而且大足黑山羊肉品品质也降低。

　　饲粮中蛋白质给量超过山羊的需要，不仅造成浪费，而且多余的氨基酸在肝脏中脱氨，形成尿素由肾随尿排出体外，加重肝肾负担，严重时引起肝肾的病患，夏季还会加剧热应激。

（二）碳水化合物

　　碳水化合物普遍存在于大足黑山羊的各种组织中，作为细胞的构成成分，参与多种生命过程，在组织生长的调节上起着重要作用。例如，核糖和脱氧核糖是细胞中遗传物质核酸的成分；糖胺聚糖是保证多种生理功能实现的重要物质，并参与结缔组织基质的形成；透明质酸对滑润关节、保护机体在强烈颤动时的正常功能上起着重要作用；硫酸软骨素在软骨中起结构支持作用等；糖脂是神经细胞的成分，对传导突触刺激冲动，促进溶于水中的物质通过细胞膜方面有重要作用；糖蛋白是细胞膜的成分，并因其多糖部分的复杂结构而与多种生理功能有关。糖蛋白有携带具有信息识别能力的短链碳水化合物的作用，而机体内红细胞的寿命、机体的免疫反应、细胞分裂等都与糖识别链机制有关；碳水化合物的代谢产物，可与氨基结合形成某些非必需氨基酸，例如，α-酮戊二酸与氨基结合可形成谷氨酸。大足黑山羊为了生存和生长，必须维持体温的恒定和各个组织器官的正常活动。如心脏的跳动、血液循环、胃肠蠕动、肺的呼吸、肌肉收缩等都需要能量。山羊所需能量中，约80%由碳水化合物提供。

碳水化合物广泛存在于植物性饲料中，价格便宜，由它供给大足黑山羊能量最为经济。葡萄糖是大脑神经系统、肌肉、脂肪组织、胎儿生长发育、乳腺等代谢的唯一能源。葡萄糖不足，大足黑山羊产生妊娠毒血症，严重时引起死亡。

饲料中碳水化合物在大足黑山羊体内可转变为糖原和脂肪而作为能量贮备。碳水化合物在山羊体内除供给能量外还有多余时，可转变为肝糖原和肌糖原。当肝脏和肌肉中的糖原已贮满，血糖量也达到 0.1% 还有多余时，便转变为体脂肪。母羊在泌乳期，碳水化合物也是乳脂肪和乳糖的原料。试验证明，体脂肪约有 50%、乳脂肪有 60%～70% 是以碳水化合物为原料合成的。粗纤维是大足黑山羊日粮中不可缺少的成分。粗纤维经微生物发酵产生的各种挥发性脂肪酸，除用以合成葡萄糖外，还可氧化供能。

粗纤维是大足黑山羊的主要能源物质，它所提供的能量可满足大足黑山羊维持能量的消耗；粗纤维体积大，吸水性强，不易消化，可充填胃肠容积，使动物食后有饱腹感；粗纤维可刺激消化道黏膜，促进胃肠蠕动、消化液的分泌和粪便的排出。现代畜牧生产中，常用含粗纤维高的饲料稀释日粮的营养浓度，以保证动物胃肠道的充分发育。

碳水化合物中的寡聚糖已知有 1 000 种以上，目前在动物营养中常用的主要有：寡果糖（又称为果寡糖或蔗果三糖）、寡甘露糖、异麦芽寡糖、寡乳糖及寡木糖。近年研究表明，寡聚糖可作为有益菌的基质，改变肠道菌相，建立健康的肠道微生物区系。寡聚糖还有消除消化道内病原菌、激活机体免疫系统等作用。日粮中添加寡聚糖可增强机体免疫力，提高大足黑山羊成活率、增重及饲料转换率。寡聚糖作为一种稳定、安全、环保性良好的抗生素替代物，在畜牧业生产中有着广阔的发展前景。

饲养实践中，如日粮中碳水化合物不足，大足黑山羊就要动用体内贮备物质（糖原、体脂肪，甚至体蛋白），出现体况消瘦、生产性能降低等现象。因此，必须重视碳水化合物的供应。

碳水化合物可分为无氮浸出物和粗纤维两大类。无氮浸出物主要包括淀粉和糖类，营养价值高，易于消化吸收，在玉米、高粱、甘薯和洋芋中含量最多，占干物质的 60%～70%；粗纤维是植物细胞壁部分，不容易消化，在农作物秸秆和皮壳内含量最多。

（三）脂肪

大足黑山羊的各种组织器官，如皮肤、骨骼、肌肉、神经、血液及内脏器官中均含脂肪，主要为磷脂和固醇类等。脑和外周神经组织含有鞘磷脂，蛋白质和脂肪按一定比例构成细胞膜和细胞原生质，因此，脂肪也是组织细胞增殖、更新及修补的原料。脂肪含能量高，在体内氧化产生的能量为同重量碳水化合物的 2.25 倍。脂肪的分解产物游离脂肪酸和甘油都是供给山羊维持生命活动和生产的重要能量来源，日粮脂肪作为供能营养素，热增耗最低，消化能或代谢能转变为净能的利用效率比蛋白质和碳水化合物高 5%～10%。

大足黑山羊摄入过多有机物质时，可以体脂肪形式将能量贮备起来。而体脂肪能以较小体积含藏较多的能量，是大足黑山羊贮备能量的最佳方式，这对放牧的山羊安全越冬具有重要作用。并且脂肪在动物体内氧化时，所产生的代谢水也最多。脂溶性维生素 A、维生素 D、维生素 E、维生素 K 及胡萝卜素，在动物体内必须溶于脂肪后，才能被消化吸收和利用。日粮中脂肪不足，可导致脂溶性维生素的缺乏。脂肪可为动物提供三种必需脂肪酸，即亚油酸、亚麻酸和花生油酸，它们对大足黑山羊，尤其是羔羊具有重要作用，缺乏时，羔羊生长停滞，甚至死亡。脂肪不易传热，因此，皮下脂肪能够防止体热的散失，在寒冷季节有利于维持体温的恒定和抵御寒冷。脂肪充填在脏器周围，具有固定和保护器官以及缓和外力冲击的作用。山羊产品奶、肉、绒等均含有一定数量的脂肪。因此，脂肪的缺乏，也会影响到动物产品的形成和品质。

饲养实践中，日粮所含脂肪达 3% 就足够了，一般情况下，各种饲料的脂肪含量均能满足大足黑山羊的需要。近年研究表明，大足黑山羊日粮中添加一定比例的脂肪，可提高生产性能。

（四）矿物质

矿物质虽然不是大足黑山羊机体能量的来源，但它是大足黑山羊体组织器官的组成成分，并在物质代谢中起着重要调节作用。钙、磷、镁是构成骨骼和牙齿的主要成分；磷和硫是组成体蛋白的重要成分。有些矿物质存在于毛、蹄、角、肌肉、体液及组织器官中。动物的体液中，1/3 是细胞外液，2/3 是细胞内液，细胞内液与细胞外液间的物质交换，必须在等渗情况下才能进行。维持细胞内液渗透压的恒定主要靠钾，而维持细胞外液平衡则主要靠钠和氯。

动物体内各种酸性离子（如 Cl^-）与碱性离子（如 K^+、Na^+）之间保持适宜的比例，配合重碳酸盐和蛋白质的缓冲作用，即可维持体液的酸碱平衡，从而保证动物体的组织细胞进行正常的生命活动。例如钾和钠能促进神经和肌肉的兴奋性，而钙和镁却能抑制神经肌肉的兴奋性，各种矿物质，尤其是钾、钠、钙、镁离子保持适宜的比例，即可维持神经和肌肉的正常功能。磷是辅酶 I、辅酶 II 和焦磷酸硫胺素酶的成分，铁是细胞色素酶等的成分，铜是细胞色素氧化酶、酪氨酸酶、过氧化物歧化酶等多种酶的成分。氯是胃蛋白酶的激活剂，钙是凝血酶的激活剂等，借此参与调节和催化动物体内多种生化反应。大足黑山羊羊奶干物质中含有 5.8% 的矿物质。

一般的矿物质在饲料里不易缺乏，但食盐、骨粉等矿物质饲料是大足黑山羊不可缺少的。

（五）维生素

维生素作为调节因子或酶的辅酶或辅基的成分，参与蛋白质、脂肪和碳水化合物三种有机物的代谢过程，促进其合成与分解，从而实现代谢调控作用。现代山羊业中，面临着诸多应激因素的挑战，例如，营养不良、疾病、冷热、接种疫苗、惊吓、运输、转群、换料、有害气体的侵袭及饲养管理不当、抗营养因子及高产等。高密度饲养造成山羊的高温应激尤为突出，致使上述应激山羊生长及自身免疫机能降低，发病率上升，甚至大群死亡。虽然可采取一些改善外部环境的措施，但效果有限并增加生产成本，通过应用抗应激营养物质加强动物自身抗应激能力是可行的抗应激手段之一。维生素 A、维生素 D、维生素 E、维生素 C 及烟酸等，均是影响动物免疫和抗应激能力的重要因素，尤其是维生素 C。添加烟酸可缓和母羊泌乳早期能量负平衡的应激危害。羔羊断奶时，应激十分激烈，补充维生素 C，可使羔羊尽快适应环境，正常生长发育。高温条件下，饲粮中添加 0.01%～0.04% 的维生素 C，能消除高温对山羊的不适。

由于应激因素的不良影响，大足黑山羊食欲下降，维生素的摄入量相对减少，而此时机体内代谢却要增强，尤其是骨组织和肌肉分解代谢加剧，引起大足黑山羊生长速度减慢和生产性能降低。因此，应激状态下，必须增加维生素的供给量。几乎所有维生素都可提高山羊的免疫机能，其中以维生素 A、维生素 D、维生素 K、维生素 B_6、维生素 B_{12} 及维生素 C 的免疫功能最为明显。维生素 A 可作为免疫佐剂，延长刺激源对机体的刺激作用，促使体内 T 细胞和

B细胞更协调，加强细胞吞噬作用；维生素 D 可激活巨噬细胞；维生素 E 可有效提高动物体内抗体的生成量，促进 T 细胞增殖，增强吞噬细胞作用，提高机体免疫反应；应激状态下补充维生素 C，可使免疫机能增强，恢复白细胞的吞噬能力，它还可提高干扰素含量，保护机体免受病毒的侵染；缺乏维生素 B_{12} 和叶酸中的任何一种，都会造成细胞免疫力和体液免疫的抑制。饲粮中高水平维生素 A（$6×10^4 IU/kg$）或维生素 E（$300 IU/kg$）均能增强机体对细菌感染的抵抗力，而用维生素 E 强化免疫系统可能更有效。目前，超量添加维生素是替代抗生素的有效办法之一。

提高大足黑山羊种羊日粮中维生素和微量元素的含量，有助于提高受精率、产羔率。与大足黑山羊繁殖性能有关的维生素有维生素 A、维生素 E、维生素 B_2、泛酸、烟酸、维生素 B_{12}、叶酸及生物素等，其需要量高于同等体重的商品动物。饲粮中添加维生素 E，可防止肉品中脂肪酸氧化酸败，阻止产生醛、酮及醇类等气味很差的物质，这些物质具有致癌、致畸等危害；应激敏感型大足黑山羊遇到各种应激源，常会发生"应激综合征"，易产生"PSE"肉。饲粮中添加高水平维生素 E 可防止或减少"PSE"肉的产生。肉羊每天补充10 mg 维生素 E，可延长羊肉货架寿命，减少肉的折价损失。集约化生产使大足黑山羊生产性能不断提高，由于新陈代谢的加剧，大足黑山羊生产中常发生代谢异常疾病，目前仍没有很好的解决办法。添加高水平维生素具有一定的预防代谢疾病的作用。

（六）水

水具有重要的营养功能，它也是大足黑山羊机体的主要成分，在大足黑山羊体内起着运输养料、排泄废物、调节体温、帮助消化、促进营养物质发生化学反应、调节组织的渗透压等作用，是生命之必需。水与其他营养物质代谢息息相关，以蛋白质代谢过程为例，简述如下（图 5-6）：

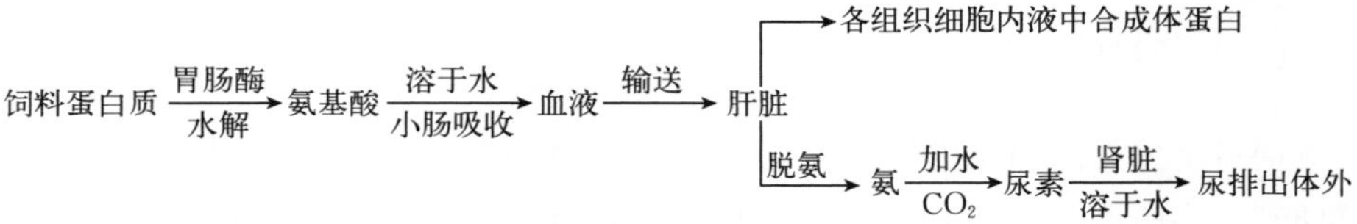

图 5-6　水在大足黑山羊体内蛋白质代谢中的作用

各种营养物质的消化吸收、运输与利用及其代谢废物的排出均需溶解在水中后方可进行。大足黑山羊体内所有生化反应都是在水溶液中进行的，水也是多种生化反应的参与者，它参与大足黑山羊体内的水解反应、氧化还原反应、有机物质的合成等。水的比热大，导热性好，蒸发热高。所以水能吸收大足黑山羊体内产生的热能，并迅速传递热能和蒸发散失热能。每克水在37℃时，完全蒸发可散失热能2 260 kJ。大足黑山羊可通过排汗和呼气，蒸发体内水分，排出多余体热，以维持体温的恒定。泪液可防止眼球干燥；唾液可湿润饲料和咽部，便于吞咽；关节囊液滑润关节，使之活动自如并减少活动时的摩擦。体腔内和各器官间的组织液可减少器官间的摩擦力，起到润滑作用。大足黑山羊体内的水大部分与亲水胶体相结合，成为结合水，直接参与活细胞和组织器官的构成。从而使各种组织器官有一定的形态、硬度及弹性，以利于完成各自的机能。

大足黑山羊短期缺水，生产力下降，羔羊生长受阻，肥育阶段增重缓慢，泌乳母羊产奶量急剧下降；大足黑山羊长期饮水不足，会损害健康。动物体内水分减少1%～2%时，开始有口渴感，食欲减退，尿量减少，水分减少8%时，出现严重口渴感，食欲丧失，消化机能减弱，并因黏膜干燥降低了对疾病的抵抗力和机体免疫力。严重缺水会危及大足黑山羊的生命。长期水饥饿的大足黑山羊，各组织器官缺水，血液浓稠，营养物质的代谢发生障碍，但组织中的脂肪和蛋白质分解加强，体温升高，常因组织内积蓄有毒的代谢产物而死亡。实际上，大足黑山羊得不到水分比得不到饲料更难维持生命，尤其是高温季节。因此，必须保证供水。

二、营养需要

动物的营养需要是指每头家畜每天对能量、蛋白质、矿物质和维生素等营养物质的需要量。了解大足黑山羊的营养需要，既可以做到经济合理地利用饲料，又可以充分发挥大足黑山羊的生产能力。

（一）能量的需要

饲料是大足黑山羊的能量来源。饲料在体外完全燃烧所产生的热量称为"总能"，一般用焦耳（J）、千焦（kJ）或兆焦（MJ）作为能量的衡量单位。大足黑山羊采食饲料后，各种物质含有的能量，在畜体内有不同的转化形式。

一部分未消化的能量从粪中排出称为"粪能"。吃进去的饲料总能减去粪能，即为"消化能"（可消化能量），表示能被山羊消化的能量。饲料消化率高，含有的可消化能也高。消化能在消化和代谢过程中，一部分能量从尿中排出，称为"尿能"。一部分在山羊瘤胃微生物的发酵中，产生可燃气体能（甲烷）。从消化能中减去尿能和甲烷气体能，即为"代谢能"，是家畜可以利用的能量。饲料在消化吸收和代谢过程中，引起热能的消耗，称为"热增耗"，是能量的一种损失，但在寒冷时可用于维持体温。代谢能减去热增耗后，即为"净能"，是真正用于维持生命和生产的能量。

　　大足黑山羊在不生产畜产品时，为了维持正常生理机能，保持体重不变和身体健康所需要的营养叫维持需要。表5-5是大足黑山羊维持需要的能量表。

表5-5　大足黑山羊的维持需要

体重（kg）	维持需要的消化能（MJ）
30	7.51
40	9.32
50	11.01
60	12.63
70	14.18
80	15.66
90	17.12
100	18.52
110	19.90

（二）蛋白质的需要

　　饲料中含氮物质总称为粗蛋白质。粗蛋白质可分为纯蛋白质（真蛋白质）和氨化物。饲料中的氨化物可被山羊利用，具有与纯蛋白质同等的营养价值。因此，也可统称为蛋白质。

　　大足黑山羊需要的蛋白质不能得到满足时，不仅大足黑山羊肉减少，品质下降，而且影响到大足黑山羊的生长、繁殖和健康。蛋白质供给不足，羔羊生长发育迟缓、种羊精液品质差，母羊则性周期失常，胎儿发育不良，产生死胎、弱胎，羔羊初生重下降。

根据试验，大足黑山羊对饲料蛋白质的利用率约为70%。每产1 kg含蛋白质3.4%的乳，需要可消化蛋白质的量为3.4%×1 000÷70%＝49 g。加上10%的安全系数，即每千克乳需要可消化蛋白质54 g。由此推算，大足黑山羊每产1 kg乳，需可消化蛋白质50～60 g。

在蛋白质营养中，包含有各种氨基酸。有些氨基酸在大足黑山羊体内不能合成或合成速度很慢，不能满足大足黑山羊需要而必须由饲料供给。这些必须由饲料供给的氨基酸，称为"必需氨基酸"。大足黑山羊瘤胃微生物具有合成各种氨基酸的能力，所以对必需氨基酸的要求不如猪禽那样严格。

（三）矿物质的需要

各种矿物质在大足黑山羊体内的数量虽然仅为体重的3%～4%，但作用很重要，是保证大足黑山羊健康、繁殖和生产所不可缺少的营养物质。按矿物质在机体内的含量，通常分为常量元素和微量元素两大类。常量元素（含量占体重0.01%以上），如钙、磷、钠、氯、钾、硫、镁等（表5-6）；微量元素（含量占体重0.01%以下），如铁、铜、钴、碘、锌、硒、氟等（表5-7、表5-8）。

表5-6 大足黑山羊常量矿物元素的需要量［％（干物质中）］

矿物质	育成羊、肥育去势羊	母羊	种公羊
钙（Ca）	0.18～0.60	0.18	0.18～0.29
磷（P）	0.18～0.43	0.18	0.18～0.23
钠（Na）	0.1	0.1	0.1
钾（K）	0.6～0.8		
镁（Mg）	0.4～0.1		
硫（S）	0.1		

表5-7 大足黑山羊微量元素需要量及中毒界限［mg/kg（干物质中）］

矿物质	需要量			中毒界限
	育成羊及肥育去势羊	断奶期的妊娠羊	种公羊及泌乳羊	
铁（Fe）	10			
铜（Cu）	4			100
钴（Co）	0.05～0.10	0.05～0.10	0.05～0.10	10
锌（Zn）	10～30			1 000
锰（Mn）	1.0～10.0			

（续）

矿物质	需要量			中毒界限
	育成羊及肥育去势羊	断奶期的妊娠羊	种公羊及泌乳羊	
碘（I）		0.05～0.10	0.05～0.10	
钼（Mo）				6
氟（F）				40
硒（Se）	0.05～0.10	0.05～0.10	0.05～0.10	5

表 5-8　大足黑山羊常见的微量元素缺乏症状和中毒症状

元素名称	缺乏症状
铁（Fe）	营养性贫血
铜（Cu）	被毛粗乱，易脱毛，无光泽，褪色，食欲减退，体重减轻，贫血，骨端肥大，易骨折，运动失调，下痢，发情不正常，受胎率下降
钴（Co）	食饮欲减退，被毛粗乱，贫血
锌（Zn）	发育不良，被毛粗乱，皮肤病变（特别在眼口周围或四肢），四肢关节肥大，繁殖障碍
锰（Mn）	发育不良，四肢异常（关节肥大），繁殖力下降
碘（I）	死产或产出甲状腺肥大的衰弱羊羔，被毛发育不全
硒（Se）	行动困难，急剧倒地后立即死亡，肌肉变白（白肌病）
	中毒症状
铜（Cu）	黄疸，血红蛋白尿症，血尿，肝坏死
钼（Mo）	下痢，被毛粗乱、无光泽褪色，骨骼异常，繁殖障碍
铁（Fe）	侵害永久齿的珐琅质，脆弱变色（斑状齿），食欲减退，体重减少
硒（Se）	慢性：脱毛，体重减轻，蹄炎症和变形 急性：失明，肌肉软化，不发情，肺充血，痉挛

1. 钙和磷　钙和磷是构成骨骼的重要成分，其中钙占体内总钙的 99％以上，磷占总磷的 85％。主要化合物是三钙磷酸盐，钙、磷比例为 2.2∶1。除此之外，钙也存在于血浆中，具有维持肌肉和神经正常生理的作用，外伤流血时能促使血液凝结。磷则以核蛋白的形式存在于细胞核中，并以磷肌酸和三磷酸腺苷的形式存在于肌肉中。磷与肌肉的收缩、脂肪的代谢密切相关。钙、磷缺乏会影响大足黑山羊羔羊的骨骼生长，产生佝偻病，成年大足黑山羊则引起骨质疏松和骨骼变形。所以日粮中要有适量的钙、磷，山羊的钙、磷需要量也可按日粮干物质计算，一般在日粮干物质中含 0.24％～0.45％的钙和 0.18％～

0.35%的磷，便可满足需要。

产乳羊钙、磷的需要量是根据羊奶中钙、磷的含量和羊对饲料中钙、磷的利用率来计算的。一般规定每产1 kg奶（乳脂率4%），需钙2.7 g，磷2.0 g。23～40 kg体重的山羊，每天需钙2.9～3.2 g，磷2.6～3.0 g。

2. 食盐　一般饲料中含钠量不足，而氯的含量比较丰富。缺乏钠和氯，大足黑山羊表现食欲不振，有啃土、舔墙等异嗜现象，泌乳羊则产乳量下降。每产1 kg奶，需要钠0.59 g。生产实践中用食盐来补充钠和氯，一般按精料量的1%添补食盐，混在精料中喂给或让羊自由舔食。但自由舔食往往会超过需要量，消耗过多的食盐，应注意掌握。

3. 铜和钴　铜是形成血红蛋白时所必需的催化剂，因此缺铜也能引起贫血。在缺铜的地区，部分大足黑山羊会发生骨质疏松症，羔羊发生佝偻病，这是因为缺铜阻碍了血液中的钙、磷在软骨基上的沉积。缺铜的地区可以补饲硫酸铜，每千克饲料含铜量控制在260 mg以下，超过250 mg时，会发生累积性铜中毒。铜中毒时出现血红蛋白尿，组织坏死，严重时可引起死亡。日粮中含铜较高时，可以加喂钼，因铜和钼有颉颃作用，可制止铜中毒。

钴是维生素B_{12}的主要组成部分。大足黑山羊瘤胃微生物具有合成维生素B_{12}的能力，但必须供给钴。大足黑山羊缺钴时，也表现为贫血，幼畜生长停滞，繁殖失常，生产力下降。但大多数饲料含有微量的钴。据测定，日粮干物质含0.2 mg/kg的钴就能满足动物的需要。

（四）维生素的需要

维生素是维持家畜正常生理机能必不可少的物质，其种类很多，通常分为两大类。一类为脂溶性维生素，溶解于脂肪，包括维生素A、维生素D、维生素E、维生素K等；另一类为水溶性维生素，溶解于水，包括B族维生素和维生素C等。缺乏维生素时，可引起不同的症状。

1. 维生素A　维生素A可由胡萝卜素转化而成，其主要作用是维持上皮细胞的正常生长。缺乏时会引起眼病、夜盲症，甚至失明；母羊则不易受胎，发生流产、胎衣不下或产瞎眼羔羊，甚至发生蹄壳疏松、蹄冠炎等。所以在山羊饲养中，不能忽视维生素A的供给。

一般成年家畜体内有维生素A的贮备，初生幼畜则无维生素A的贮备，要完全依靠母畜供给。羔羊哺乳前期，每10 kg体重，每日每头至少需要

4.7 mg胡萝卜素，哺乳后期至少要 13 mg。青绿饲料的胡萝卜素含量最多，为满足幼畜对维生素 A 的需要，要及早补给青绿饲料。

2. 维生素 D　维生素 D 与动物体内钙磷的吸收和代谢有关。缺乏维生素 D 时，也可引起软骨病和佝偻病。植物中含有的麦角固醇，经阳光照射可转变成维生素 D。因而，山羊所需的维生素 D，可通过牧草的晒制和放牧经常接受阳光照射来转化获得，一般不会严重缺乏。

3. B族维生素及维生素 C　这类维生素可由反刍家畜瘤胃中微生物合成。除了羔羊瘤胃不发达，微生物尚未大量繁殖，需要注意供给外，成年羊不需要补充。

（五）水的需要

初生大足黑山羊羔羊体含水量 73％，营养中等的大足黑山羊含水量为54％，所以水分是动物机体的重要成分。水分在机体的代谢过程中有重要的功用，它是运送养分、排除代谢产物必不可少的载体。由于水的比热大，对动物还具有调节体温的作用。天热时，家畜可以通过出汗蒸发水分、散发热量，保持体温的恒定。通常家畜饥饿时，可以消耗体内的脂肪和蛋白质来维持生命，但如果缺水，当体内水分损失达 20％以上时，就能引起死亡。因此家畜不能缺水，缺水比缺饲料更难维持生命。

在一般情况下，饲料中含有的水分是不能满足畜体需要的，必须补充饮水，最好是自由饮水。家畜的需水量，以饲料干物质估计（不包括代谢水），大足黑山羊每千克饲料干物质需水 3～4 kg。

三、饲养标准

根据大量饲养试验结果和山羊生产实践的经验总结，对山羊所需要的营养物质的定额做出的规定，这种系统的营养定额及有关资料统称为饲养标准。结合我国山羊饲养标准，以及该标准在大足黑山羊生产应用效果，根据大足黑山羊生产目的、阶段和月龄以及相关资料，总结出大足黑山羊的营养需要。

（一）大足黑山羊母羊的饲养标准

见表 5 - 9 至表 5 - 11。

表 5 - 9　大足黑山羊育成母羊及空怀母羊的饲养标准

月龄	体重 (kg)	风干饲料 (kg)	消化能 (MJ)	可消化粗 蛋白质 (g)	钙 (g)	磷 (g)	食盐 (g)	胡萝卜素 (g)
4~6	25~30	1.2	10.9~13.4	70~90	3.0~4.0	2.0~3.0	5~8	5~8
6~8	30~36	1.3	12.6~14.6	72~95	4.0~5.2	2.8~3.2	6~9	6~8
8~10	36~42	1.4	14.6~16.7	73~95	4.5~5.5	3.0~3.5	7~10	6~8
10~12	37~45	1.5	14.6~17.2	75~100	5.2~6.0	3.2~3.6	8~11	7~9
12~18	42~50	1.6	14.6~17.2	75~95	5.5~6.5	3.2~3.6	8~11	7~9

表 5 - 10　大足黑山羊怀孕母羊的饲养标准

月龄	体重 (kg)	风干饲料 (kg)	消化能 (MJ)	可消化粗 蛋白质 (g)	钙 (g)	磷 (g)	食盐 (g)	胡萝卜素 (g)
怀孕前期	40	1.6	12.6~15.9	70~80	3.0~4.0	2.0~2.5	8~10	8~10
	50	1.8	14.2~17.6	75~90	3.2~4.5	2.5~3.0	8~10	8~10
	60	2.0	15.9~18.4	80~95	4.0~5.0	3.0~4.0	8~10	8~10
	70	2.2	16.7~19.2	85~100	4.5~5.5	3.8~4.5	8~10	8~10
怀孕后期	40	1.8	15.1~18.8	80~110	6.0~7.0	3.5~4.0	8~10	8~10
	50	2.0	18.4~21.3	90~120	7.0~8.0	4.0~4.5	8~10	8~10
	60	2.2	20.1~21.8	95~130	8.0~9.0	4.5~5.0	9~12	10~12
	70	2.4	21.8~23.4	100~140	8.5~9.5	4.5~5.5	9~12	10~12

表 5 - 11　大足黑山羊哺乳母羊的饲养标准

哺乳量	体重 (kg)	风干饲料 (kg)	消化能 (MJ)	可消化粗 蛋白质 (g)	钙 (g)	磷 (g)	食盐 (g)	胡萝卜素 (g)
单羔和保 证羔日增 重 200~ 250 g	40	2.0	18.0~23.4	100~150	7.0~8.0	4.0~5.0	10~12	6~8
	50	2.2	19.2~24.7	110~190	7.5~8.5	4.5~5.5	12~14	8~10
	60	2.4	23.4~25.9	120~200	8.0~9.0	4.6~5.6	13~15	8~12
	70	2.6	24.3~27.2	120~200	8.5~9.5	4.8~5.8	13~15	9~15
双羔和保 证羔羊日 增重 300~ 400 g	40	2.8	21.8~28.5	150~200	8.0~10.0	5.5~6.0	13~15	8~10
	50	3.0	23.4~29.7	180~220	9.0~11.0	6.0~6.5	14~16	8~12
	60	3.0	24.7~31.0	190~230	9.5~11.0	6.0~7.0	15~17	10~13
	70	3.2	25.9~33.5	200~240	10.0~12.0	6.2~7.5	15~17	12~15

（二）大足黑山羊公羊的饲养标准

见表 5-12、表 5-13。

表 5-12　大足黑山羊种公羊的饲养标准

配种量	体重（kg）	风干饲料（kg）	消化能（MJ）	可消化粗蛋白质（g）	钙（g）	磷（g）	食盐（g）	胡萝卜素（g）
非配种期	70	1.8～2.1	16.7～20.5	110～140	5～6	2.5～3.0	10～15	15～20
	80	1.9～2.2	18.0～21.8	120～150	6～7	3.0～4.0	10～15	15～20
	90	2.0～2.4	19.2～23.0	130～160	7～8	4.0～5.0	10～15	15～20
	100	2.1～2.5	20.5～25.1	140～170	8～9	5.0～6.0	10～15	15～20
每天配种2～3次	70	2.2～2.6	23.0～27.2	190～240	9～10	7.0～7.5	15～20	20～30
	80	2.3～2.7	24.3～29.3	200～250	9～11	7.5～8.0	15～20	20～30
	90	2.4～2.8	25.9～31.0	210～260	10～12	8.0～9.0	15～20	20～30
	100	2.5～3.0	26.8～31.8	220～270	11～13	8.5～9.5	15～20	20～30
每天配种3～4次	70	2.4～2.8	25.9～31.0	260～370	13～14	9～10	15～20	30～40
	80	2.6～3.0	28.5～33.5	280～380	14～15	10～11	15～20	30～40
	90	2.7～3.1	29.7～34.7	290～390	15～16	11～12	15～20	30～40
	100	2.8～3.2	31.0～36.0	310～400	16～17	12～13	15～20	30～40

表 5-13　大足黑山羊育成公羊的饲养标准

月龄	体重（kg）	风干饲料（kg）	消化能（MJ）	可消化粗蛋白质（g）	钙（g）	磷（g）	食盐（g）	胡萝卜素（g）
4～6	30～40	1.4	14.6～16.7	90～100	4.0～5.0	2.5～3.8	6～12	5～10
6～8	37～42	1.6	16.7～18.8	95～115	5.0～6.3	3.0～4.0	6～12	5～10
8～10	42～48	1.8	16.7～20.9	100～125	5.5～6.5	3.5～4.3	6～12	5～10
10～12	46～53	2.0	20.0～23.0	110～135	6.0～7.0	4.0～4.5	6～12	5～10
12～18	53～70	2.2	20.1～23.4	120～140	6.5～7.2	4.5～5.0	6～12	5～10

（三）大足黑山羊育肥羊的饲养标准

见表 5-14、表 5-15。

表 5-14　大足黑山羊育成羔羊的饲养标准

月龄	体重（kg）	风干饲料（kg）	消化能（MJ）	可消化粗蛋白质（g）	钙（g）	磷（g）	食盐（g）	胡萝卜素（g）
3	25	1.2	10.5～14.6	80～100	1.5～2	0.6～1	3～5	2～4
4	30	1.4	14.6～16.7	90～150	2～3	1～2	4～8	3～5
5	40	1.7	16.7～18.8	90～140	3～4	2～3	5～9	4～8
6	45	1.8	18.8～20.9	90～130	4～5	3～4	6～9	5～8

表 5-15　大足黑山羊成年羊育肥的饲养标准

体重（kg）	风干饲料（kg）	消化能（MJ）	可消化粗蛋白质（g）	钙（g）	磷（g）	食盐（g）	胡萝卜素（g）
40	1.5	15.9～19.2	90～100	3～4	2.0～2.5	5～10	5～10
50	1.8	16.7～23.0	100～120	4～5	2.5～3.0	5～10	5～10
60	2.0	20.9～27.2	110～130	5～6	2.8～3.5	5～10	5～10
70	2.2	23.0～29.3	120～140	6～7	3.0～4.0	5～10	5～10
80	2.4	27.2～33.5	130～160	7～8	3.5～4.5	5～10	5～10

第三节　大足黑山羊常用饲料与合理利用

一、常用饲料种类

大足黑山羊常用饲料包括能量饲料、蛋白质饲料、青饲料、粗饲料、矿物质和维生素饲料。

（一）能量饲料

能量饲料是指在绝干物质中粗纤维含量小于 18％，粗蛋白质含量低于 20％的饲料。另外还有人提出以干物质中消化能 12.55MJ/kg 为界限，凡高于此值的能量饲料称为高能量饲料，低于此值的能量饲料称为低能量饲料。这类饲料一般淀粉含量高、消化性好、有效能值高，粗纤维含量除大麦、燕麦等外均低，是配合饲料中最常用的供能原料。能量饲料包括谷物籽实类、糠麸类、块根块茎瓜果类和其他类（如油脂、糖蜜、乳清粉等）。

　1. 谷物籽实类饲料　谷物籽实类包括玉米、高粱、大麦、小麦等。它们的共同特点是：

(1) 富含无氮浸出物，占干物质的 71.6%～80.3%（燕麦例外），而且其中主要是淀粉，占无氮浸出物 82%～92%，故其消化能很高。

(2) 粗纤维含量低，一般在 5% 之内，只有带有颖壳的大麦、燕麦等粗纤维可达 10% 左右。

(3) 蛋白质和必需氨基酸含量不足，蛋白质为 8%～11%，赖氨酸不足，蛋氨酸较少，尤其玉米中色氨酸含量少、麦类中苏氨酸少是其突出的特点。

(4) 在矿物质营养方面表现为缺钙而多植酸磷，对单胃动物来讲磷的利用率很低，但大麦含锌多，小麦含锰多，玉米含钴多。

(5) 维生素方面，黄色玉米维生素 A 原较为丰富，其他谷实饲料（含白玉米）含量则极微。谷实类饲料富含维生素 B_1 和维生素 E，但含维生素 B_2、维生素 C 和维生素 D 少，所有谷实类饲料均不含维生素 B_{12}。

(6) 此类饲料含脂肪在 3.5% 左右，其中主要是不饱和脂肪酸，亚油酸和亚麻酸的比例较高，这对于保证猪、鸡的必需脂肪酸供应有一定好处。

2. 糠麸类饲料　糠麸类主要包括两类，制米的副产品称为糠，制粉的副产品称为麸。生产工艺的不同所得的副产品在组分和营养价值方面差异很大。无论糠与麸，都是由谷实的果皮、种皮、胚、部分糊粉层和碎米碎麦组成，与其对应的谷物籽实相比，糠麸类饲料的粗纤维、粗脂肪、粗蛋白质、矿物质和维生素含量高，无氮浸出物（主要是淀粉）则低得多，所以有效能值也远比相应的谷实类低。

3. 块根、块茎及瓜类饲料　该类饲料包括胡萝卜、甘薯、木薯、马铃薯、饲用甜菜、芜菁甘蓝、菊芋块茎、南瓜及方瓜等。它们的营养特性是，自然的块根、块茎和瓜类饲料含干物质都很低（含水 75%～90%），因此单位重量新鲜饲料的营养价值很低，但如果按干物质的营养价值，则归属于能量类饲料。若以干物质基础表示，此类饲料粗纤维含量较低，一般不超过 10%，无氮浸出物含量很高（67.5%～88.1%），而且多是易消化的糖分和聚戊糖，消化能达14.5MJ/kg。此类饲料中蛋白质含量低，甘薯、木薯干物质中粗蛋白质含量分别为 4.5% 和 3.3%，而且其中有相当大的比例是非蛋白态氮（NPN）。一些主要矿物质与某些 B 族维生素含量也不够（例外的是南瓜中维生素 B_2 可达 13.1 mg/kg）。甘薯及南瓜中均有胡萝卜素，特别是在胡萝卜中，含量达 430 mg/kg。此类饲料富含钾。

（二）蛋白质饲料

蛋白质饲料在饲料分类系统中属于第五大类，它是指绝干物质中粗纤维含量在 18% 以下、粗蛋白质含量在 20% 及其以上的饲料。蛋白质饲料包括豆类籽实、饼粕类、动物性蛋白质饲料、工业副产品、微生物蛋白质饲料（酵母、细菌、真菌等）和其他类蛋白质饲料（如非蛋白氮 NPN、畜牧场废弃物等）。

豆类籽实主要指大豆（黄豆）、黑豆、豌豆和蚕豆等。豆类籽实的营养特点是蛋白质含量高，为 20%～40%，蛋白质的氨基酸组成也较好，其中赖氨酸丰富，而蛋氨酸等含硫氨基酸相对不足。无氮浸出物明显低于能量饲料。大豆和花生的粗脂肪含量甚高，超过 15%，因此日粮或配合饲料中有大豆籽实可提高其有效能值，但同时也会给畜产品带来不饱和脂肪酸所具有的软脂性影响。豆类的矿物质元素和维生素类与谷实类饲料相仿。钙的含量稍高，但仍低于磷。

未经加工的豆类籽实中含有多种抗营养因子，最典型的是胰蛋白酶抑制因子、凝集素等。因此生喂豆类籽实不利于动物对营养物质的吸收。蒸煮和适度加热可以钝化或破坏这些抗营养因子，而不再影响动物消化。通常以脲酶活性的大小衡量对抗营养因子的破坏程度。

大豆经膨化之后，所含的抗胰蛋白酶等抗营养因子大部分被灭活，可消除大豆对幼龄动物的抗原性，适口性及蛋白质消化率明显改善，在肉用畜禽和幼龄畜禽日粮中，使用效果颇佳。

饼粕类饲料是含油多的籽实经过脱油以后留下来的副产品。目前我国脱油的方法有压榨法、浸提法和预压浸提法。压榨成饼状的产品称为油饼，油饼包括大饼和瓦块饼。浸提脱油后的产品称为油粕。浸提法的脱油效率高，故相应的粕中残油量少，而蛋白质含量高。压榨法脱油效率低，油饼中常残留 4% 以上的油脂，因而与相应粕比较，含可利用能量高，但油脂易酸败和氧化。

大豆饼粕是我国最常用的一种植物性蛋白质饲料，其蛋白质含量为 40%～45%，去皮豆粕可高达 49%，蛋白质消化率达 80% 以上。大豆饼粕的代谢能也很高，达 10.5MJ/kg 以上。大豆饼粕含赖氨酸 2.5%～2.9%、蛋氨酸 0.50%～0.70%、色氨酸 0.60%～0.70%、苏氨酸 1.70%～1.90%，氨基酸平衡较好。

大豆饼粕中缺乏蛋氨酸，饲喂动物时注意补加，生大豆饼粕尚含有抗营养物质（如抗胰蛋白酶、甲状腺肿因子、皂素、凝集素等），它们影响豆类饼粕的营养价值。所幸这些抗营养因子不耐热，适当的热处理（110℃，3 min）即可灭活，但如果长时间高温作用，就会降低大豆饼粕的营养价值（赖氨酸的有效性降低），通常以脲酶活性大小衡量豆粕的加热程度。

棉花籽实脱油后的饼粕因加工条件不同，营养价值相差很大，主要影响因素是棉籽壳是否去掉。完全脱了壳的棉仁所制成的饼粕称为棉仁饼粕，含蛋白质40%以上，甚至可达46%，代谢能10MJ/kg左右。棉籽饼粕的主要特点是赖氨酸不足、精氨酸过高。棉籽饼粕中蛋氨酸含量也低，约为0.4%。棉籽饼粕中含有棉酚，游离棉酚对动物有很大的危害，反刍动物对棉酚毒性的忍耐性较强。菜籽饼粕的可利用能量水平较低，适口性也差，不宜作为山羊的唯一蛋白质饲料。菜籽饼粕的蛋白质含量中等，在36%左右。其氨基酸组成特点是蛋氨酸含量较高，在饼粕中仅次于芝麻饼粕，居第二位。赖氨酸含量2.0%～2.5%，在饼粕类中仅次于大豆饼粕，居第二位。菜籽饼粕的精氨酸含量低，为2.23%～2.45%，因而菜籽饼粕与其他饼粕配伍性好。菜籽饼粕中硒含量高，高达1 mg/kg，其中磷的利用率也较高。菜籽饼粕具有辛辣味，适口性不好。菜籽饼粕中含有硫葡萄糖苷、芥酸、异硫氰酸盐和噁唑烷硫酮等有毒成分，在日粮中限量饲喂，用量一般不超过10%，幼龄动物用量更少。芝麻饼粕含粗蛋白质35%～46%，不含不良成分，蛋氨酸含量高达0.8%，芝麻饼粕易受黄曲霉毒素污染，使用时应注意。

工业副产品类包括玉米蛋白粉、玉米胚芽饼粕和其他酿造工业副产品，玉米蛋白粉含蛋白25%～60%，蛋白质含量高者呈橘黄色，因此也是有效的着色剂。玉米蛋白粉含粗纤维很少，蛋白质消化率为81%～98%。玉米蛋白粉中赖氨酸与色氨酸严重不足，但蛋氨酸含量很高，达0.80%～1.78%。玉米蛋白粉中还含有很高的叶黄素，是养鸡业的优质饲料。玉米胚芽饼粕是玉米胚压油后的副产品，蛋白质含量不高，不应列入蛋白饲料，但由于它与玉米蛋白粉均为玉米淀粉业的副产品，故在此一并列出。玉米胚芽饼粕含蛋白13%～17%，消化能与代谢能属中等。

其他酿造工业副产品包括各种酒糟、酱油渣及豆腐渣等，这类饲料是经微生物发酵而得到的副产品，因此能值较低，脂溶性维生素缺乏，但B族维生素丰富。在酿酒过程中，往往向谷物或薯类原料中加入稻壳，使酒糟粗纤维大增，甚至占干物质的 18％以上，这样的酒糟营养价值很低，不宜大量饲喂单胃动物。酱油渣中食盐含量很高，使用时应予以注意。豆腐渣中含有抗胰蛋白酶等多种抗营养因子，饲喂动物时应予以加热破坏。

动物性蛋白质饲料包括来自水产品、肉类、乳和蛋品加工的副产品，还有屠宰场、皮革厂的废弃物以及缫丝厂的蚕蛹。动物性蛋白质饲料的突出特点是不含粗纤维，无氮浸出物的含量较低，蛋白质含量高且氨基酸平衡。含钙、磷丰富且比例适当，磷为有效磷，富含微量元素，可利用能量也较高。除各种维生素外，还含有植物性饲料中没有的维生素 B_{12}。

非蛋白氮（NPN）即非蛋白质态的含氮化合物。山羊的瘤胃内存在着大量的微生物，这些微生物可以利用非蛋白氮而形成菌体蛋白，最后菌体蛋白被反刍动物利用。非蛋白氮饲料包括尿素、缩二脲、异丁叉二脲、硫酸铵等。

（三）青饲料

青饲料是供给畜禽饲用的幼嫩青绿的植株、茎叶或叶片等，以富含叶绿素、颜色青绿而得名。该类饲料中自然水分含量在 45％及其以上。青绿饲料的种类繁多，主要包括天然牧草、人工栽培牧草、叶菜类、非淀粉质茎根瓜果类和水生植物等。

1. 青绿饲料的营养特性　陆生植物的水分含量为 75％～90％，水生植物为 95％左右，因此鲜草的热能较低，陆生植物饲料鲜重消化能在 1.20～2.50MJ/kg。青饲料含有酶、激素、有机酸等，有助于消化。青饲料具有多汁性与柔嫩性，适口性好，山羊在牧地可直接大量采食。在生长季节，青绿饲料是牧区山羊的唯一营养来源。

青饲料中蛋白质含量丰富，一般禾本科牧草和蔬菜类饲料的粗蛋白质含量在 1.5％～3％，豆科牧草在 3.2％～4.4％，按干物质计，前者可达 13％～15％，后者可达 18％～24％，含赖氨酸较多，可补充谷物饲料中赖氨酸的不足。青饲料蛋白质中氨化物（游离氨基酸、酰胺、硝酸盐等）占总氮的 30％～60％，氨化物中游离氨基酸占 60％～70％。对单胃动物，其蛋白质营养价值接近纯蛋白质，对反刍动物可由瘤胃微生物转化为菌体蛋白质，因此蛋白质品质较好。

青饲料含粗纤维较少，木质素低，无氮浸出物较高。青饲料干物质中粗纤维不超过 30%，叶菜类不超过 15%，无氮浸出物 40%～50%。粗纤维的含量随植物生长期延长而增加，木质素含量也显著增加。

青饲料中矿物质占鲜重 1.5%～2.5%，是矿物质的良好来源。

青饲料的维生素含量较丰富，最突出特点是含有大量的胡萝卜素，每千克含 50～80 mg。青饲料中 B 族维生素、维生素 C、维生素 E 和维生素 K 的含量也较丰富，但维生素 B_6 很少，缺乏维生素 D。

青绿饲料幼嫩，柔软多汁，营养丰富，适口性好，还具有轻泻、保健作用，是山羊饲料的重要来源。但青饲料干物质中消化能较低，限制了其潜在的其他营养优势的发挥。

2. **青饲料的饲喂技巧**　山羊可以大量利用青绿多汁饲料，青饲料可以作为唯一的饲料来源而并不影响其生产力。饲用青饲料时应注意的几个问题：

（1）**防止亚硝酸盐中毒**　青饲料（如蔬菜、饲用甜菜、萝卜叶、芥菜叶、油菜叶等）中均含有硝酸盐，硝酸盐本身无毒或低毒，但在细菌的作用下，硝酸盐可被还原为具有毒性的亚硝酸盐。

青绿饲料堆放时间过长，发霉腐败，或者在锅里加热或煮后焖在锅中、缸中过夜，都会使细菌将硝酸盐还原为亚硝酸盐。青饲料在锅中焖 24～48 h，亚硝酸盐含量达到 200～400 mg/kg。

亚硝酸盐中毒发病很快，多在 1 d 内死亡，严重者可在半小时内死亡。发病症状表现为动物不安、腹痛、呕吐、流涎、吐白沫，呼吸困难、心跳加快、全身震颤、行走摇晃、后肢麻痹，体温无变化或偏低，血液呈酱油色。

（2）**防止氢氰酸（HCN）和氰化物〔NaCN、KCN、Ca（CN）₂〕中毒**　氰化物是剧毒物质，即使在饲料中含量很低也会造成中毒。青饲料中一般不含氢氰酸，但在高粱苗、玉米苗、马铃薯幼芽、木薯、亚麻叶、蓖麻籽饼、三叶草、南瓜蔓中含有氰苷配糖体。含氰苷配糖体饲料经过堆放发霉或霜冻枯萎，在植物体内特殊酶作用下，氰苷配糖体被水解而生成氢氰酸。

氢氰酸中毒的症状为腹痛腹胀，呼吸困难而且快，呼出气体有苦杏仁味，行走站立不稳，可见黏膜由红色变为白色或带紫色，肌肉痉挛，牙关紧闭，瞳孔放大，最后卧地不起，四肢划动，呼吸麻痹而死。

（3）**防止草木樨中毒**　草木樨本身不含有毒物质，但含有香豆素，当草木樨发霉腐败时，在细菌作用下，可使香豆素变为双香豆素，其结构式与维生素 K 相似，二者具有颉颃作用。

双香豆素中毒主要发生于牛，其他动物很少发生，中毒发生缓慢，通常饲喂草木樨2～3周后发病。中毒动物症状为食欲变化不大，机体衰弱，步态不稳，运动困难，有时发生跛行，体温低，发抖，瞳孔放大。该病病症是凝血时间变慢，在颈部、背部，有时在后躯皮下形成血肿，鼻孔可流出血样泡沫，乳里也可出现血液。此病可用维生素K治疗。注意饲喂草木樨时应逐渐增加喂量，不能突然大量饲喂，不要投喂发霉变质的草木樨。

（4）防止农药中毒　蔬菜园、棉花园、水稻田刚喷过农药后，其邻近的杂草或蔬菜不能用作饲料，等下过雨后或隔一个月后再割草利用，谨防引起农药中毒。

（5）防止某些植物因含有毒物而引起动物中毒　如夹竹桃、嫩栎树芽等。

（四）粗饲料

粗饲料是指天然水分在45％以下，绝干物质中粗纤维含量在18％及其以上的饲料。这类饲料的共同特点是体积大、难消化、可利用养分少及营养价值低，尤其是收割较迟的劣质干草和秸秆秕壳类。粗饲料主要包括干草类、农副产品类（荚、壳、藤、秸秆、秧）、树叶类、糟渣类和某些草籽树实类。它来源广、种类多、产量大、价格低，是大足黑山羊日粮中的主要成分。

1. 干草　干草是指青草（或其他青绿饲料植物）在未结籽实以前，刈割下来，经晒干（或其他办法干制）而成，由于干草是由青绿植物制成，在干制后仍保留一定青绿颜色，故又叫青干草。

青干草中蛋白质含量为7％～20％，粗纤维为20％～30％，胡萝卜素为5～40 mg/kg，维生素D为16～35 mg/kg。青干草消化率的差别很大，如有机物的消化率为46％～79％。

青饲料调制为干草后，除维生素D有所增加外，多数养分都比青饲料及其调制的青贮饲料有较多的损失，合理调制的干草，干物质损失量为18％～30％。

草粉在国外被当作维生素蛋白饲料，是配合饲料的一种重要成分，年饲喂量很大。草粉按其所含养分不次于麸皮，按可消化粗蛋白质含量计，优于燕麦、大麦、高粱、玉米、黍子和其他精料。

青干草是草食动物最基本、最主要的饲料。生产实践中，干草不仅是一种必备饲料，而且还是一种贮备形式，以调节青饲料供给的季节性淡旺，缓冲枯草季节青饲料的不足。干草是一种较好的粗饲料，养分含量较平衡，蛋白质品质完善，胡萝卜素及钙含量丰富，尤其是幼嫩的青干草，不仅供草食动物大量采食，而且粉碎后制成草粉可作为鸡、猪、鱼配合饲料的原料。将干草与青饲料或青贮饲料混合使用，可促进山羊采食，增加维生素 D 的供应。

2. 农副产品类（秸秕饲料）和高纤维糟渣类　秸秆和秕壳是农作物脱谷收获籽实后所得的副产品，前者主要由茎秆和经过脱粒剩下的叶子组成，秕壳是由从籽粒上脱落下的小碎片和数量有限的小的或破碎的颗粒构成。大多数农区有相当多数量的秸秕用作饲料。

这类饲料的主要特点是：粗纤维含量很高，可达 30%～45%，其中木质素比例大，一般为 6.5%～12%，因而容积大，适口性差，消化率低，有效能值低。蛋白质含量低，一般为 2%～8%，且蛋白质品质差，缺乏限制性氨基酸，但不同种类的粗饲料间营养成分含量有所差异，如豆科作物秸秕的蛋白质含量高于禾本科作物的秸秕。这类饲料的粗灰分比例较大，如稻草含灰分高达 17%，其中含有大量的硅酸盐，而钙磷含量甚少，利用率低。维生素含量极低。

可见，此类饲料的营养价值较低，由于含粗纤维和粗灰分特别高，只适于饲喂山羊及其他草食动物，而不宜用于喂养单胃动物和禽类。同类作物秸秆与秕壳相比较，通常后者的营养价值略优于前者。

秸秕类饲料种类繁多，资源极为丰富，占粮食作物总收获量的 1 倍以上，我国年产超过 4 亿 t。秸秕类饲料含有植物光合作用所积累一半以上的能量，作为非竞争性的饲料资源，经科学加工处理用来饲喂家畜，间接地为人类提供动物食品，其潜力巨大。

大多数树木的叶子（包括青叶和秋后落叶）及其嫩枝和果实，可用作畜禽饲料。有些优质青树叶还是畜、禽很好的蛋白质和维生素饲料来源，如紫穗槐、洋槐和银合欢等树叶。树叶外观虽硬，但养分较多，青嫩鲜叶很容易消化，不仅可做草食家畜的维持饲料，而且可以用来生产配合饲料。树叶虽是粗饲料，但营养价值远优于秸秕类。青干叶经粉碎后制成叶粉，可以代替部分精料喂山羊，并具有改善畜产品外观和风味之目的。

树叶的营养成分随产地、品种、季节、部位和调制方法不同而异，一般鲜叶嫩叶营养价值最高，其次为青干叶粉，青落叶、枯黄干叶营养价值最差。

树叶中维生素含量也很丰富。据分析，柳、桦、棒、赤杨等青树叶中胡萝卜素含量为 110～130 mg/kg，紫穗槐青干叶中胡萝卜素含量可达到 270 mg/kg。核桃树叶中含有丰富的维生素 C，松柏叶中也含有大量胡萝卜素和维生素 C、维生素 E、维生素 D、维生素 B_{12} 和维生素 K 等，并含有铁、钴、锰等多种微量元素。

树叶喂山羊，需制成叶粉。山羊日粮中添加 25%，松针叶粉也是非常好的饲料。除树叶以外，许多树木的籽实，如橡子、槐豆也可喂猪。有些含油较多的树种，其油渣可以喂猪。果园的残果、落果更是猪的良好多汁饲料。

有些树叶中含有单宁，有涩味，家畜不喜吃食，必须加工调制（发酵或青贮）再喂。有的树木有剧毒，如夹竹桃等，要严禁饲喂。

（五）矿物质饲料

矿物质饲料包括人工合成的、天然单一的和多种混合的矿物质饲料。各种植物性和动物性饲料均含有一定量动物所必需的矿物质，但随着山羊的生长，舍饲条件下高产动物等对矿物质需要量很大，常不能满足其生长、发育和繁殖等生命活动的需要，因此应该补充所需的矿物质饲料。

1. 提供钠、氯的矿物质饲料　通常使用的是食盐。植物性饲料中钠和氯的含量少，而含钾很丰富。为了保证动物的生理平衡，以植物性饲料为主的动物应补充食盐。食盐还可以改善口味，增进食欲，促进消化。饲用食盐的粒度需全部通过 30 目筛，含水不超过 0.5%，纯度在 95% 以上。目前使用的加碘食盐，碘含量在 70 mg/kg 左右，国家已将食盐加碘量下调。食盐用量较少，因此食盐中的碘量在配制动物日粮时可不予考虑。一般食盐在山羊日粮中占日粮风干物质的 1% 为宜。确定食盐添加量时，还应考虑动物体重、年龄、生产力、季节、水等因素。

碳酸氢钠，除提供钠离子外，还是一种缓冲剂，可缓解热应激，保证瘤胃 pH 正常。

2. 含钙饲料　主要指石灰石粉，为天然的碳酸钙，含钙 34%～39%，是补钙来源最广、价格最低的矿物质原料。天然的石灰石只要镁、铅、汞、砷、氟含量在卫生标准范围之内均可使用。猪、羊用石粉的细度为 30～50 目，禽用石粉的粒度为 15～28 目。

3. 含钙含磷饲料　最常用的是磷酸氢钙。我国饲料级磷酸氢钙的标准为：含磷不低于 16%，钙不低于 21%，砷不超过 0.003%，铅不超过 0.002%，氟不超过 0.18%。

4. 其他天然矿石及稀释剂与载体　随着饲料工业的发展，矿物质饲料的作用不仅仅是有针对性地补充某一种或几种矿物质元素含量的不足，还具有延伸的其他作用，如利用其吸附性、离子交换性、流动分散性、黏结性等而被饲料工业用作预混料的稀释剂和载体，或颗粒料加工的黏结剂以及吸氨除臭等。

（六）维生素类饲料

用于饲料工业的维生素，除含有纯的维生素化合物活性成分之外，还含有载体、稀释剂、吸附剂等，有时还有抗氧化剂等化合物，以保持维生素的活性及便于在配合饲料中混合。因此，维生素属于添加剂预混料的范畴。

1. 维生素 A　维生素 A 易受许多因素的影响而失活，所以商品形式为维生素 A 醋酸酯或其他酸酯，然后采用微型胶囊技术或吸附方法做进一步处理。常见的粉剂含维生素 A 50 万 IU/g，也有 65 万 IU/g 和 25 万 IU/g 的。

2. 维生素 D_3　维生素 D_3 的生产工艺类似于维生素 A，一般商品型维生素 D_3 含量为 50 万 IU/g 或 20 万 IU/g。商品添加剂中，也有把维生素 A 和维生素 D_3 混在一起的添加剂，该产品含有 50 万 IU/g 维生素 A 和 10 万 IU/g 的维生素 D_3。

3. 维生素 E　维生素 E 的中文名为 α-生育酚，商品型维生素 E 粉一般是以 α-生育酚醋酸酯或乙酸酯为原料制成，含量为 50%。

4. 维生素 K_3　天然饲料中的维生素 K 为脂溶性 K_1，饲料添加剂中使用的是化学合成的水溶性维生素 K_3，它的活性成分为甲萘醌。商品型维生素 K_3 添加剂的活性成分是甲醛醌的衍生物，主要有三种：一是活性成分占 50% 的亚硫酸氢钠甲萘醌（MSB）；二是活性成分占 25% 的亚硫酸氢钠甲萘醌复合物（MSBC）；三是含活性成分 22.5% 的亚硫酸嘧啶甲萘醌（MPB）。

5. 维生素 B_1　维生素 B_1 添加剂的商品形成一般有盐酸硫胺素（盐酸硫胺）和单硝酸硫胺素（硝酸硫胺）两种，活性成分一般为 96%，也有经过稀释，活性成分只有 5%，故使用时应注意其活性成分含量。

6. 维生素 B_2　维生素 B_2 添加剂通常含 96% 或 98% 的核黄素，因具有静电作用和附着性，故需进行抗静电处理，以保证混合均匀度。

7. 维生素 B_6　其商品形式是一种盐酸吡哆醇制剂，活性成分为 82.3%，也有稀释为其他浓度的。

8. **维生素 B$_{12}$**　其商品形式常稀释为 0.1%、1% 和 2% 等不同活性浓度的制品。

9. **泛酸**　其形式有两种：一为 d-泛酸钙，二为 dL-泛酸钙，只有 d-泛酸钙才具有活性。商品添加剂中，活性成分一般为 98%，也有经稀释只含有66% 或 50% 的剂型。

10. **烟酸**　其形式有两种，一是烟酸（尼克酸），另一种是烟酰胺，两者的营养效用相同，但在动物体内被吸收的形式为烟酰胺。商品添加剂的活性成分含量为 98%～99.5%。

11. **生物素（也称为维生素 H）**　生物素的活性成分含量为 1% 或 2%。以1% 为例，在其标签上标有 H-1 或 H1，也有标为 F-1 或 F1。

12. **叶酸**　叶酸商品活性成分含量一般为 3% 或 4%，也有 95% 的。

13. **胆碱**　胆碱用作饲料添加剂的化学形式是其衍生物，即氯化胆碱。氯化胆碱添加剂有两种；液态氯化胆碱（含活性成分 70%）和固态粉粒型氯化胆碱（含活性成分 50%）。

14. **维生素 C**　常用的维生素 C 有：抗坏血酸钠、抗坏血酸钙以及包被的抗坏血酸等。

为了生产中使用方便，预先按各类动物对维生素的需要，拟制出实用型配方，按配方将各种维生素与抗氧化剂和疏散剂加到一起，再加入载体和稀释剂，经充分混合均匀，即成为多种（复合）维生素预混料，使用十分方便。此类产品一般用铝箔塑料覆膜袋封装，大包装还要外罩纸板筒或塑料筒。为了满足不同种类、不同年龄及不同生产力水平的畜禽对维生素的营养需要，复合维生素预混料生产厂家有针对性地生产出系列化的复合维生素产品，用户可根据自己的生产需要选用。

二、饲料资源的合理利用

大足黑山羊具有复胃，对粗纤维的消化能力很强，特别是能够大量利用各种青粗饲料。根据这一特点，充分开发与合理利用青粗饲料资源，就能更多更好地发展养羊业。

（一）充分利用青粗饲料

南方地区青粗饲料资源丰富，且种类多、来源广。因此，无论何时何地都应将青粗饲料作为山羊日粮的主要饲料。青饲料包括野青草、青牧草、青割饲草、青树叶、嫩树枝、灌丛、水生饲料、青贮饲料、鲜蔬菜等。它们的主要特点是含水多，一般在70%以上。这些青饲料含有较多的粗蛋白质，含有丰富的维生素和矿物质，适口性好，消化率高，对山羊的健康和生产力有良好的作用，是山羊爱吃肯长的保健饲料。粗饲料主要指成熟后的农作物秸秆、秕壳和老树叶、老野草等，它们的主要特点是含粗纤维多，一般在20%～30%，虽然对猪、鸡等单胃动物难于消化，营养价值不大，但是对山羊来说，利用率还是较高的。这是因为山羊能通过瘤胃里的微生物把粗纤维转化成可以消化利用的成分，所以应当把粗饲料作为山羊的基础饲料。它不仅能供给动物一部分营养，还能够使动物吃后有饱腹感。但是，粗饲料在日料中的比重不宜过大，一般以不超过30%为适，否则，采食量和日增重会逐渐降低。在冬季青饲料缺乏时，为使反刍动物不断青，除采用青贮饲料喂山羊外，有条件的还可用大麦、小麦、玉米等谷物籽实制作发芽饲料喂羊。

（二）合理搭配其他饲料

除了充分利用青粗饲料外，还可利用洋姜、萝卜、瓜类、蔬菜等多汁饲料喂山羊。因其汁多、适口、易消化，特别是怀孕、带仔母羊的优良饲料。精饲料有两类：一类如黄豆、豌豆、玉米、大麦等籽实饲料；另一类如糠麸、粉渣、豆腐渣、菜籽饼等加工副产品。精料体积小，纤维少，营养丰富，消化率高，是青粗饲料不能满足营养需要时，尤其是在舍饲或怀孕后期、哺乳期以及配种期的良好补充饲料。此外，还要经常补充些食盐、碳酸钙、磷酸钙、贝壳粉、石灰石、蛋壳粉、骨粉等矿物质饲料。食盐含氯和钠很高，动物吃后能增进食欲，促进血液循环和消化、增膘。喂盐量成年羊每天约10 g/只，青年羊5～7 g/只，羔羊5 g/只以下；若喂量过大，则会致山羊食盐中毒甚至死亡。

（三）补充特殊饲料——尿素

尿素是含氮量44%～46%的优质化肥，也是山羊很好的特殊补充饲料。当反刍动物吃进尿素后，在瘤胃里通过微生物的繁殖，能将分解的氨合成菌体蛋白质，可促进山羊的生长，且成本低、效果好。因此，有条件的地方，可利用一部分尿素喂羊，但必须严格按科学饲喂方法进行，同时还必须认识到尿素对羊只能是补充日料中的蛋白质不足，而不能代替其全部蛋白质饲料，其他饲料不能少喂。喂量：一般按动物体重的 0.02%～0.03%，即每 10 kg 体重可喂尿素 2～3 g。喂法：把尿素用温水溶化开，拌在切短的饲料里，随拌随喂。用尿素喂山羊如果使用不当，也会起反作用，甚至会造成羊只中毒死亡。

喂时应特别注意：①羔羊的瘤胃发育不全，不能饲喂尿素；青年羊可以少喂，特别是体弱的羊应少喂或不喂；②要严格按规定用量，开始喂量约等于规定用量的 10%，逐渐增加，10～15 d 才增加到规定用量，且不可超过用量，以免中毒；③尿素吸湿性大，既不能单独饲喂，又不能将尿素放在水里饮用，即使拌在饲料混喂，3 h 内也不能饮水，否则会引起中毒；④喂尿素过程中不要间断，若间断后再喂，必须重新从小用量开始饲喂；⑤若中毒应立即抢救。中毒的表现是在食后 15～40 min 出现颤抖，动作紊乱，可用 50～100 g 食醋兑水 3～5 倍给羊灌服，调整瘤胃的酸碱度，阻止尿素在瘤胃内分解为氨，以减轻中毒。

第四节　大足黑山羊的日粮配合

所谓日粮是指每只大足黑山羊每天所采食的饲料量。科学配制日粮是大足黑山羊生产过程中的一个关键环节。尽管大足黑山羊日粮配制可依饲养标准进行，但由于养羊生产的特点，一些不易控制的因子致使配合饲料很难完全符合大足黑山羊的实际营养需要。比如说，大足黑山羊不像奶牛那样可以进行个体配料，群喂就会产生个体间进食量差异；在放牧饲养下的羊群，牧草采食量只能估计，再加上牧草品质，个体体况和活动能力、天气状况等变化，很难做到标准统一。解决的办法：一是将日粮标准应用于主要生产环节（如配种期、妊娠后期、哺乳早期、羔羊育肥期等），力求合理饲养；二是针对各种不同影响因素，运用可以控制的日粮部分调节实际饲喂效果。比如，日粮包括精饲料和粗饲料，精饲料进食量基本上可以控制，用此来调整因牧草采食量波动而造成的能量摄入的余缺。

一、日粮配制的要求

（1）按照大足黑山羊的具体情况，选择相应的饲养标准，并在生产中根据使用的效果做适当的调整。

（2）配合日粮要因地制宜，就地取材，尽可能充分、合理地利用当地的牧草、农作物秸秆和农副加工产品等饲料资源，降低生产成本。

（3）饲料要多样化，使多种饲料的养分相互补充，提高增重效果和饲料的利用率。不论粗料、精料，切忌品种单一，尤其精料。

（4）要注意配合日粮的适口性，要让大足黑山羊爱吃，增加采食量，提高日增重。

二、日粮配制的方法

日粮配制的方法有电脑配制法、四方形对角线法和试差法等。电脑配制法，是利用线性规划的原理，借助电子计算机，考虑多种可变因素（如原料种类）和限制因素（包括营养和非营养限制因素），用来配制最低成本日粮配方。四方形对角线法，适合计算蛋白质饲料的配合，不便配制饲料种类较多的日粮。试差法计算虽然复杂，可能考虑多种饲料、多种成分的需要，应用较为普遍。

（1）根据大足黑山羊的性别、年龄、体重和预期增重，查出大足黑山羊的营养需要。

（2）根据当地资源，确定所用饲料的种类，并查出营养成分和价格。

（3）根据大足黑山羊体重和日增重，确定采食量、精粗料比例。

（4）设计各种饲料的大致用量，确定采食量、精粗料比例。

（5）设计配方提供的各种养分与营养需要比较，并进一步调整配方，直到满足需要为止。

现举例说明日粮配合的方法步骤：

现有一批活重 20 kg 的大足黑山羊进行强度育肥，预计日增重 150 g。试用大足黑山羊场现有野干草、苜蓿干草、玉米和菜籽饼四种饲料，配制育肥日粮。

1. 参照饲养标准选择常规饲料　参照表 5 - 14 育成羔羊饲养标准，结合预计的日增重，估算出羔羊的营养需要量（表 5 - 16），同时从有关饲料成分表上查出现有五种饲料的营养成分（表 5 - 17）。

表 5 - 16　羔羊的营养需要

营养成分	干物质 [kg/(只·d)]	消化能 [MJ/(只·d)]	粗蛋白质 [g/(只·d)]	钙 [g/(只·d)]	磷 [g/(只·d)]
羔羊营养需要量	1.35	15.48	116	5	3.5

表 5 - 17　羔羊五种常用饲料营养成分

饲料	干物质（%）	消化能（MJ/kg）	粗蛋白质（%）	钙（%）	磷（%）
野干草	90.8	5.6	7.6	0.51	0.22
苜蓿干草	92.45	10.1	12.30	1.67	0.52
玉米	80.0	14.0	6.95	0.05	0.36
菜籽饼	90.0	12.13	41.2	0.68	1.05
碳酸钙	100			40	

2. 计算野干草提供的能量　由表 5 - 17 查得野干草消化能为 5.6MJ，则干草中含 $1.35 \times 5.6 = 7.56$（MJ）；比羔羊日需消化能 15.48 尚缺 7.92MJ。

3. 计算需要补加的精饲料用量　羔羊日需干物质 1.35 kg，精饲料和粗饲料用量不宜超过此界。已知玉米与干草的能量之差为 $14 - 5.6 = 8.4$（MJ）；

能量缺额 7.92MJ；

则玉米的用量为 $7.92 \div 8.4 = 0.94$（kg）；

干草的用量为 $1.35 - 0.94 = 0.41$（kg）。

4. 计算粗蛋白质的余缺量　0.41 kg 干草和 0.94 kg 玉米干物质能提供的粗蛋白质为 $0.41 \times 7.6\% + 0.94 \times 6.95\% = 0.097$（kg）；与羔羊日需要量 0.116 kg 相比尚缺 0.019 kg。

5. 计算粗蛋白质不足部分需要补加的菜籽饼用量　已知，菜籽饼与玉米干物质粗蛋白质含量之差为 $41.2\% - 6.95\% = 34.25\%$；粗蛋白质缺额为 0.019 kg，则菜籽饼的用量为 $0.019 \div 34.25\% = 0.06$（kg）；因精料干物质限量为 0.94 kg，故玉米用量还应为 $0.94 - 0.06 = 0.88$（kg）。

6. 计算钙、磷的余缺量　在已知的三种饲料中，能提供的钙、磷分别为：

钙：$0.41 \times 0.51\% + 0.88 \times 0.05\% + 0.06 \times 0.68\% = 2.94$（g）；

磷：$0.41 \times 0.22\% + 0.88 \times 0.36\% + 0.06 \times 1.05\% = 4.7$（g）。

与山羊日需钙、磷即 5 g 和 3.5 g 相比，钙尚缺 2.06 g，磷则足额有余，故只需考虑钙的补加问题。

生产中一般用碳酸钙来满足钙的需要量，已知碳酸钙含钙量为 40%，则碳酸钙用量为 $2.06 \div 40\% = 5.15$（g）。

7. 把各种饲料干物质量换算成实际的风干饲料用量　方法是用饲料干物质量除以干物质所占百分数。

干草　0.41÷90.8%＝0.45 kg；

玉米　0.88÷80%＝1.1 kg；

菜籽饼　0.06÷90%＝0.07 kg；

碳酸钙　5.15÷100%＝5.15 g。

8. 配制出的日粮组成　根据计算结果可知，20 kg 活重的山羊育肥日粮应含干草 0.45 kg、玉米 1.10 kg、菜籽饼 0.07 kg 和碳酸钙 5.15 g。

以上配合饲料的方法叫试差法。此例因为选用原料较少，配合后指标仍有些偏离标准，不尽完善。不过通过举例是为了说明配合饲料的方法步骤。

第五节　饲料的加工调制与贮存

除了放牧之外，饲料特别是粗饲料在喂牛和羊之前，一般应经过加工、调制，便于动物咀嚼、吞咽和消化吸收，增加羊的采食量，提高饲料营养的利用率。

一、饲料加工

可以根据饲料的种类不同，而采取不同的加工方法。凡属于质地坚硬的籽粒饲料，如玉米、黄豆、大麦等，必须磨碎或用水泡软；凡体积比较大的如南瓜、蕉藕等，应加工切碎；凡比较长而质地老硬的饲料，如玉米秆、黄豆秆等，必须加工切短。常言道："寸草切三刀，无料也上膘"，讲的就是粗料要加工细喂才能收到好的效果。

二、青贮饲料的调制

青贮饲料是指青饲料在密闭青贮容器（窖、塔、壕、堆和袋）中，经过乳酸菌发酵，或采用化学制剂调制，或降低水分，以抑制植物细胞呼吸及其附着微生物的发酵损失，而使青饲料养分得以保存。青贮饲料能保持青饲料的营养特性，养分损失较少，是解决家畜常年均衡供应青饲料的重要措施。青贮饲料在世界范围内的广泛应用，在畜牧业生产实践中具有重大的经济意义。

（一）青贮饲料的营养特点

从常规营养成分含量看，青贮饲料尤其是低水分青贮饲料的含水量大大低于同名青饲料。因而以单位鲜重所提供物质数量讲，青贮饲料并不比青饲料逊色。

青贮饲料与原植物相比，最明显的变化是碳水化合物含量减少，特别是可溶性糖被植物细胞呼吸和微生物发酵耗用，所剩无几，淀粉等多糖损失较少。纤维素和木质素在青贮时分解较少因而相对增加。粗蛋白质方面，按干物质中总含氮量比较，二者相差无几。只是青贮饲料中蛋白态氮下降，而非蛋白氮（主要为氨基酸）增加。菌体蛋白的增加量很小。可见对大足黑山羊，青贮饲料可提供充分的非蛋白态氮。青贮过程中矿物质与维生素有所损失，损失量与青贮汁液的流出密切相关。高水分青贮时钙、磷、镁、钾等矿物质的损失量达20％以上，而半干青贮则几乎无损失。维生素中的胡萝卜素生物活性略有降低，但其含量相对稳定，损失很少，微生物发酵还可能产生少量的 B 族维生素。另外，化学变化可影响青贮饲料的颜色，发酵酸使叶绿素转为褐色的无镁色素-脱镁叶绿素。

良好的青贮饲料，总能含量较原料高 10％，这是由于干物质损失而未伴随能量损失所致。一般认为青贮对消化率影响不大，因而消化能值差异不大。青贮过程中，蛋白氮多被水解为氨基酸和氨化物，可溶性糖的残留量极少。反刍动物采食后，大量的青贮氨化物极易被瘤胃微生物降解，而残留的可溶性糖类不能满足微生物增殖的能量需要，大部分氨态氮被瘤胃吸收变为尿素排出体外。与原料相比，家畜对青贮饲料的氮素利用率和存留率均低。因此，实践中要把青贮饲料与谷实类能量饲料及蛋白质饲料搭配饲喂。

（二）青贮种类

按青贮饲料青贮时的水分含量可分为鲜料青贮（含水量 65％～75％）和半干青贮（含水量 45％～55％）；按青贮容器可分为青贮池、青贮窖、青贮塔、青贮袋、青贮草捆等青贮；按青贮原料组成可分为单一青贮、混合青贮和配合青贮。将多种原料或农副产品配合或混合后青贮，可使青贮饲料的营养趋于全面，并改善适口性。

（三）青贮过程

饲料青贮是把新鲜的青绿饲料用科学的方法直接贮藏起来，利用乳酸菌等微生物发酵而制成的一种保持饲料青绿多汁的方法。青贮过程中，营养损失少，一般只有 8%～10%，特别是胡萝卜素损失极小，方法简便易行，饲料保持时间长，可调剂余缺，旺季贮存，淡季使用，四季不断青，增加适口性，提高消化率。

1. 青贮的一般过程　清理（修建）青贮设施→适时收获青贮原料→切碎→装填→添加其他物质→压实→密封覆盖→检查管理。

其中适时收获青贮原料、切碎、装填快、密封严是青贮成功的关键。

2. 具体要求

（1）青贮原料可用一切青绿饲料，甚至野草野菜、树叶嫩枝都行，而且多种原料混合青贮比单一青贮的效果好，尤其是红（白）三叶、紫云英、豆类叶等豆科饲料，含蛋白质较多，单独青贮容易腐烂，应与其他饲料混合贮。青贮饲料含水量 60%～65% 最适宜，原料水分太多应晾晒一下；水分太少应在窖内适当洒点水，或与含水量多的青饲料混合。装窖、袋前一般将青饲料切成一寸左右长短，以利于压实排气，保证青贮效果和质量。

（2）青贮窖、池、袋的要求　饲料青贮可修建青贮窖、池、袋，也可用塑料袋贮存。青贮窖、池就选择在地势高、通风干燥离羊舍近的地方，可因陋就简，就地挖土窖，有条件的用砖、石建成长期性的，可根据地势建成地上式、地下式或半地下式的三种，其容积大小应根据饲料多少而定，一般可容纳 650～750 kg/m³，如选用袋装必须选择无毒加厚的塑料袋。

（3）原料装窖要求　将原料切成 3 cm 左右的小节，要边装边压，每装 10～15 cm 厚要压紧一次，特别是边、角要压紧压实，越装得踏实，空气排得越尽，青贮质量越好。装满后，可暂时不封窖，临时用塑料布盖上，防止雨水淋湿和太阳照射，过 2～3 d 饲料下沉后，再添饲料压紧，最后用塑料膜盖好，上面或四周用泥土或细沙用力踏紧，做成馒头形，几天后窖顶下沉、泥土发裂，要及时用稀泥将裂缝补好，防止漏气。

（4）青贮饲料的取用　饲料青贮 30～50 d 后，即可开封使用，取料时从上而下，或从一边逐层取用，取后及时将口盖严，防止与空气接触而发生霉烂。取出的青贮饲料应当天喂完，不能放置过久，否则饲料品质易变坏。

（5）青贮质量识别　好的青贮饲料颜色为青绿色或黄绿色，气味有酸香或酒香味，基本保持原形。颜色呈深褐色或黑色，气味恶臭，说明其品质低劣，不宜饲喂。

三、干草的调制

（一）自然干燥

主要利用日晒和自然风干来调制干草，但受天气的影响较大。

1. 地面干燥法　主要适合牧草收割期雨水较少的地区。牧草刈割后就地晾晒至水分少于 40%～50% 以下时再堆成小堆或打成小捆，然后自然风干。

2. 草架干燥法　适宜牧草收割期雨水较多的地区和植株高大的栽培牧草。牧草刈割后就地晾晒，含水量达 40%～50% 时再自下而上堆放在草架上，厚度 70～80 cm，离地 20～30 cm，保持四周通风良好。1～3 周后可形成干草。

（二）人工干燥

利用加热、通风办法使牧草迅速干燥，以减少养分流失，保持较高的营养价值，调制出优良的青干草。

1. 常温通风干燥法　利用高速风机产生风力，起到干燥牧草的作用。

2. 高温快速干燥法　将牧草切碎后（2～3 cm），由传送装置送到烘干机内，经短时间（数分钟或数秒钟）烘烤，使水分降到 20% 以下，再由风送系统送到贮藏室内。但设备价格昂贵，主要用于工厂化草粉、草颗粒的生产。

四、根茎类饲料的调制

根茎类饲料主要包括块根、块茎和瓜果等饲料，是种羊和羔羊冬春季节补饲的重要饲料原料。在饲喂前应先洗净，切成 1～2 cm 的小方块或小条状、片状后单独补饲或与精料共同饲喂。切碎有利于山羊吞咽和消化，切忌喂给整块的根茎饲料，以免卡在食管造成食管梗塞。

五、秸秆饲料的调制

（一）物理方法

通过切碎、粉碎、浸泡等方法，改善饲料的适口性。秸秆饲料粉碎后与精料混合使用，可对山羊起到填充胃的作用。

（二）化学方法

主要是饲料的氨化，氨化饲料的制作步骤类似于饲料的青贮，关键在于装填和密封，一般步骤为：清理（建造）氨化池（窖）→切碎秸秆→装填→加入已兑好的含氨溶液（每 1 000 kg 秸秆灌入 20%～25% 的氨水 120 kg）→压实→密封覆盖→检查管理。

（三）生物方法

生物方法也叫微贮处理，它是利用微生物在发酵过程中分解纤维素、木质素，形成菌体，再饲喂山羊，可以在一定程度上改善秸秆饲料的营养价值，提高蛋白含量。以 3 g/袋的海星牌秸秆发酵活干菌为例，微贮处理技术如下：

1. 建微贮池（窖） 微贮池（窖）最好修建成永久性的砖混池（窖），池（窖）内壁光滑坚固耐用（四角应有一定圆度，可以保证边角处贮料硬度紧压实），池（窖）大小按贮料的多少而定，一般长 1.8 m、宽 1.5 m、深 1.2 m 为宜。

2. 菌苗复活 将秸秆微贮菌苗倒入 200 mL 清洁水中充分溶解（有条件的还可加入 2 g 白糖溶入水中，然后再加入活菌苗溶解，可大大提高菌的复活），在常温下静置 1～2 h。

3. 配制菌液 先制成 1% 的食盐溶液，然后将复活好的菌液倒入食盐溶液摇匀。菌液的用量计算方法见表 5-18。

表 5-18 微贮处理菌液的用量计算

秸秆种类	秸秆量（kg）	活菌用量（g）	食盐量（kg）	水用量（kg）	贮料含水率（%）
稻麦秆	1 000	3	12	1 200	60～65
玉米黄秸	1 000	3	8	800	60～65
玉米青秸	1 000	1.5		适量	60～65

4. 秸秆处理 秸秆要选择新鲜干净（有霉变的不能用）无泥沙，将秸秆铡成 2～3 cm 的短节。

5. 装池（窖） 将铡好的秸秆均匀地铺入池（窖）内，自然松散 50 cm 厚度时喷洒菌液，然后压紧压实，以后每铺一层喷洒菌液压实一层，压实每层厚度为 30～40 cm，一直装到高出池口 40 cm，最后喷洒剩余的菌液，盖上塑料布，上面再撒上 1.5～2 cm 秸秆，四周用细沙覆盖。

6. 微贮料的识别　微贮料经过 30 d 发酵后就可取出饲用，饲用前要进行质量鉴定，按看、嗅、摸鉴定质量好坏。看：优质微贮料呈橄榄绿（玉米秸）、金黄色或褐色，如呈黑色、有霉变则质低劣，不能饲用；嗅：以醇香果气味者最佳，若有强酸味说明醋酸较差，是水分多或高温所致，若带有臭、霉味则不能饲用；摸：手摸以松散、柔软、湿润者为佳。

六、精饲料的调制

1. 粉碎　籽实、饼粕经过粉碎后，便于混合和山羊采食；豆类应打碎成碎瓣，混入其他饲料中喂。除配制颗粒饲料外，粉碎的颗粒不宜过细。

2. 挤压　将作物籽实通过专门的挤压装置，形成细条状或片状，制成压扁饲料。

3. 制粒　将原料粉碎、混合后，在一定温度、水分、压力条件下，压制成规格相似的颗粒。

4. 其他方法　豆类籽实通过焙炒或烘烤，能够提高蛋白质的消化率，从而提高其营养价值；棉籽饼经过炒制，可以除去大部分毒素；蒸煮后的菜饼毒性降低。精饲料的加工和调制方法较多，可以视情况而灵活运用。

七、山羊日粮配合原则

山羊所用饲料应以青粗饲料为主，配合日粮要因地制宜、合理利用当地资源降低成本，提高效益。

补饲应以冬春季节为主，以育成期的羔羊、妊娠后期和泌乳母羊及配种公羊为主。配合日粮既要有一定体积，使山羊吃后有饱腹感，又要保证恰当的营养浓度，满足每天营养需要，羊的日粮干物质采食量一般为体重的 3%～4%。各种饲料的大致比例为：总日粮干物质中，青粗饲料占 50%～60%，精料占 40%～50%。精料中谷物籽实类占 30%～50%，蛋白质饲料占 15%～25%，矿物质饲料占 2%～3%。

八、尿素的合理利用

山羊是草食动物，具有反刍特点。在瘤胃中脲酶能将尿素分解成二氧化碳和氨。而瘤胃中的微生物可利用氨进行生长和繁殖，合成菌体蛋白，这些菌体蛋白可被山羊消化吸收利用，满足体内蛋白质的需要。尿素、双缩脲或某些铵盐都是广泛应用于山羊的非蛋白氮（NPN）饲料。它的营养价值只是提供瘤胃微生物合成蛋白质所需要的氮源，从而起到补充蛋白质营养的作用。纯尿素含氮量可高达 47%，如果这些氮全部被微生物合成蛋白质，则 1 kg 尿素相当于 2.8 kg 粗蛋白质的营养价值，相当于 7 kg 豆饼中含蛋白质的营养价值。

（一）山羊利用非蛋白氮的机制

山羊对尿素、双缩脲等非蛋白氮化合物（也称为氨化物）的利用主要靠瘤胃中的细菌。以尿素为例，其利用机制简述如下：

尿素 $\xrightarrow{\text{细菌脲酶}}$ 氨＋二氧化碳

碳水化合物 $\xrightarrow{\text{细菌酶}}$ 酮酸＋挥发性脂肪酸

氨＋酮酸 $\xrightarrow{\text{细菌酶}}$ 氨基酸 $\xrightarrow{\text{细菌酶}}$ 细菌体蛋白

细菌体蛋白 $\xrightarrow{\text{真胃和小肠消化酶}}$ 氨基酸

瘤胃内的细菌利用尿素作为氮源，以可溶性碳水化合物作为碳架和能量的来源，合成细菌体蛋白。进而和饲料蛋白质一样在动物体消化酶的作用下，被动物体消化利用。

尿素含氮量为 42%～46%，若按尿素中的氮 70% 被合成菌体蛋白计算，1 kg 尿素经转化后，可提供相当于 4.5 kg 豆饼的蛋白质。报道，在蛋白质不足的日粮中加入 1 kg 尿素，可多产奶 6～12 kg 或多增重 1～3 kg 或多产净毛50～150 g。国内也取得了 1 kg 尿素换取 3.6～4.6 kg 奶的效果。

（二）山羊日粮中使用非蛋白氮的目的

最基本的目的有三条，一是在日粮蛋白质不足的情况下，补充 NPN，提高采食量和生产性能；二是用 NPN 适量代替高价格的蛋白质饲料，在不影响生产性能的前提下，降低饲料成本，提高生产效益；三是用于平衡日粮中可降解蛋白与过瘤胃蛋白，以充分发挥瘤胃的功能，促进整个日粮的有效利用。

（三）提高尿素利用率的措施

尿素等分解的氨态氮并非全部在瘤胃内合成菌体蛋白，且尿素的利用效果又受多种因素的影响。为了提高尿素的利用率，并防止动物氨中毒，饲喂尿素时应注意：

1. 补加尿素的日粮中必须有一定量易消化的碳水化合物　瘤胃细菌在利用氨合成菌体蛋白的过程中，需要同时供给可利用能量和碳架，后者主要由碳水化合物酵解供给。碳水化合物的性质，直接影响尿素的利用效果。试验证明，山羊日粮中单独用粗纤维作为能量来源时，尿素的利用效率仅为 22%，而供给适量的粗纤维和淀粉时，尿素的利用率可提高到 60% 以上。这是因为淀粉的降解速度与尿素分解速度相近。能源与氮源释放趋于同步，有利于菌体蛋白的合成。因此，粗饲料为主的日粮中，添加尿素时，应适当增加淀粉质的精料。有人建议，每 100 g 尿素可搭配 1 kg 易消化的碳水化合物，其中 2/3 淀粉，1/3 可溶性糖。增加能量供应量，可提高尿素利用率。

2. 补加尿素的日粮中蛋白质水平要适宜　有些氨基酸，如赖氨酸、蛋氨酸是细菌生长繁殖所必需的营养，它们不仅作为成分参与菌体蛋白的合成，而且还具有调节细菌代谢的作用，从而促进细菌对尿素的利用。为了提高尿素的利用率，日粮中蛋白质水平要适宜。日粮中蛋白质含量超过 13% 时，尿素在瘤胃转化为菌体蛋白的速度和利用程度显著降低，甚至会发生氨中毒。日粮中蛋白质水平低于 8% 时，又可能影响细菌的生长繁殖。一般认为补加尿素前，日粮蛋白质水平不应高于 13%。

3. 保证供给微生物生命活动所必需的矿物质　钴是在蛋白质代谢中起重要作用的维生素 B_{12} 的成分。如果日粮中钴不足，则维生素 B_{12} 合成受阻，会影响细菌对尿素的利用。硫是合成细菌体蛋白中蛋氨酸、胱氨酸等含硫氨基酸的原料。为提高尿素的利用率，有人建议，在保证硫供应的同时还要注意氮硫比和氮磷比，含尿素日粮的最佳氮硫比为（10∶1）～（14∶1），氮磷比为 8∶1。此外，还要保证细菌生命活动所必需的钙、磷、镁、铁、铜、锌、锰及碘等的供给。

4. 控制喂量，注意喂法　尿素被利用时，首先要在细菌分泌的脲酶作用下分解为氨：

$$C=O \begin{matrix} NH_2 \\ \\ NH_2 \end{matrix} + H_2O \xrightarrow{\text{脲酶}} CO_2 + 2NH_3$$

由于脲酶的活性很强，致使尿素在瘤胃中分解为氨的速度很快，如加入日粮干物质量 1% 的尿素只需 20 多分钟就全部分解完毕。然而细菌利用氨合成菌体蛋白的速度仅为尿素分解速度的 1/4。如果尿素喂量过大，它会被迅速地分解产生大量的氨，而细菌又来不及利用，其中一部分氨被胃壁吸收后随血液输入肝脏形成尿素，由肾排出，这部分尿素往返徒劳，造成浪费。更严重的是，如果吸收的氨超过肝脏将其转变为尿素的能力时，氨就会在血液中积蓄，出现氨中毒症状。表现运动失调、肌肉震颤、痉挛、呼吸急促，口吐白沫等。上述症状一般在喂后 $15\sim40$ min 内发生，如不及时治疗，可能在 $2\sim3$ h 内死亡。因此，要严格控制尿素的喂量并注意喂法。

（1）喂量　尿素的喂量为日粮粗蛋白质的 $20\%\sim30\%$，或不超过日粮干物质的 1%；成年羊 $6\sim12$ g。如果日粮中有含非蛋白氮高的饲料，如青贮料，尿素用量可减半。生后 $2\sim3$ 月内的羔羊，由于瘤胃机能尚未发育完全，严禁饲喂尿素。

（2）喂法　为了有效地利用尿素，防止中毒，饲喂尿素时，必须将尿素均匀地搅拌到精粗饲料中混喂，最好先用糖蜜将尿素稀释或用精料拌尿素后再与粗料拌匀，还可将尿素加到青贮原料中青贮后一起饲喂，其做法是：在 1 t 玉米青贮原料中，均匀地加入 4 kg 尿素和 2 kg 硫酸铵。饲喂尿素时，开始少喂，逐渐加量，使山羊有 $5\sim7$ d 的适应期。尿素一天的喂量要分几次饲喂；生豆类、生豆饼类、苜蓿草籽、胡枝子种子等含脲酶多的饲料，不要大量掺在加尿素的谷物饲料中一起饲喂。

严禁将尿素单独饲喂或溶于水中饮用，应在饲喂尿素 $3\sim4$ h 后饮水。

（3）采用高效尿素添加剂　为减缓尿素在瘤胃的分解速度，使细菌有充足的时间利用氨合成菌体蛋白，提高尿素利用率和饲用安全性，在饲用尿素时可采用下列措施：

① 向尿素饲粮中加入脲酶抑制剂，如醋酸氧肟酸、辛酰氧肟酸、脂肪酸盐、四硼酸钠等，以抑制脲酶的活性。

② 包被尿素：用煮熟的玉米面糊或高粱面糊拌合尿素后饲喂。或将磨碎的玉米或高粱与尿素混匀后，用水介子加热器，在温度为 $121\sim176$ ℃、湿度为 $15\%\sim30\%$，压力为 $28\sim35$ kg/cm² 条件下制成糊化淀粉尿素。据报道，也可用硬脂酸、二双戊聚合物、羟甲纤维素、聚乙烯、干酪素、丹宁、蜡类或蛋白质将尿素包被后制成颗粒饲喂。据试验，包被尿素颗粒在 35 ℃的温水中，经过 2 h 后只有 50% 被溶解，而未包被尿素 9 min 即全部溶解。

③ 制成颗粒凝胶淀粉尿素，其做法是：粉碎的谷物（$70\%\sim75\%$）、尿素（$20\%\sim25\%$）、膨润土（$3\%\sim5\%$）混匀后，经高温高压的喷爆处理，使淀粉

凝胶化并与融化的尿素紧密结合。此产品在降低氨释放速度的同时，加快淀粉的发酵速度，保持能氮同步释放，提高细菌蛋白的合成效率。

④ 尿素舔块：将尿素、糖蜜、矿物质等压制或自然凝固制成块状物，让山羊舔食，控制尿素的食入速度，提高尿素的利用率。

⑤ 饲喂尿素衍生物：如磷酸脲、双缩脲、脂肪酸脲、羟甲基脲、异丁叉二脲等。与尿素相比，其降解速度减慢，饲用效果和安全性均高。

第六章
大足黑山羊饲养管理

第一节　大足黑山羊的生物学特性

一、生态适应性

　　山羊从热带、亚热带到温带、寒带地区均有分布，许多不适于饲养绵羊的地方，山羊仍能很好地生长，说明山羊调节体温、适应环境的能力是很强的。山羊生长、发育、繁殖、疫病发生等受生态因素影响，在各种因素中，主要有气温、湿度、光照、季节、海拔、地形、土壤等。大足黑山羊产地大足区位于四川盆地东南，海拔267.1～934 m，地貌有低山、深丘、中丘、浅丘带坝，属亚热带湿润季风气候，夏季占40.2%、冬季占12.4%、春秋季占47.4%。多年平均气温17.3 ℃，夏季高温达36～38 ℃，相对湿度78%～87%。大足黑山羊对此环境适应性强，能正常生长和繁育，抗病能力强。

（一）气温

　　在自然生态因素中，气温是对山羊影响最大的生态因子。一般来说，高温比低温对羊的繁殖能力影响更大。高温使母羊的发情率、受胎率、产羔率降低，使公羊的性欲下降，精液的数量和质量降低。

（二）湿度

　　高温高湿的环境下，羊体散热更困难，更易引起热应激，有利于微生物和寄生虫的繁殖，容易造成羊的各种疾病，特别是腐蹄病和寄生虫病。

（三）光照

光照影响羊的内分泌，特别是激素的分泌，对羊的繁殖有明显的作用。

（四）季节

季节影响是各种自然因素综合对羊作用的结果，特别是高纬度和高海拔地区因植物生物量的影响最大，形成夏饱、秋肥、冬瘦、春乏的现象，羊的繁殖、生产等机能也因之而变化。

二、生活习性

（一）活泼好动，喜欢登高

山羊生性好动，大部分时间处于走动状态。特别是羔羊的好动性表现得尤为突出，经常有前肢腾空、身体站立、跳跃嬉戏的动作。山羊有很强的登高和跳跃能力，因此，舍饲时应设置宽敞的运动场，圈舍和运动场的墙要有足够的高度。

（二）采食性广，适应性强

山羊能够利用大家畜和绵羊不能利用的牧草，对各种牧草、灌木枝叶、作物秸秆、农副产品及食品加工的副产品均可采食，其采食植物的种类多于其他家畜。大足黑山羊在农闲田和荒山荒坡均可放牧，在舍饲条件下能利用多种农作物秸秆。

（三）喜欢干燥，厌恶潮湿

山羊喜欢干燥的生活环境，若羊舍或运动场潮湿，宁肯站立而不肯躺卧休息，因此，要求羊舍干燥，背风向阳，排水良好。炎热潮湿的环境下山羊易感各种疾病，特别是肺炎和寄生虫病，但其对高温高湿环境适应性明显高于绵羊。

（四）合群性好，喜好清洁

山羊的合群性较好，且喜欢新鲜、洁净的草料和清洁的水，采食前先用鼻子嗅，凡是有异味、污染、沾有粪便或腐败的饲料，或已践踏过的草都不爱吃，甚至宁可忍饥挨饿。在舍饲山羊时，饲草要放在草架上，减少饲草的浪费，并保持清洁。

（五）性成熟早，繁殖力强

山羊的繁殖力强，主要表现在性成熟早、多胎和多产方面。山羊一般在5～6月龄到达性成熟，6～8月龄即可初配，平均产羔率超过200%。而大足黑山羊多羔性十分突出，初产母羊产羔率 218.0%，经产母羊产羔率272.2%，两年三胎，母羊乳房大、发育良好。

（六）胆大灵巧，容易调教。

三、采食习性与消化特点

（一）食性很杂

能吃百样草，嫩枝、落叶、灌木、杂草、菜叶、果皮、藤蔓、荚壳等都可用作山羊的饲料。甚至连牛、马难以采食的短草、草根，山羊也能采食。

（二）喜采食幼嫩灌木枝叶

在各种可被山羊利用的植物中，山羊特别喜欢采食幼嫩的灌木枝叶。在放牧时，常常见到有些山羊为了采食较高的灌木，可以直立着后腿，将前肢攀在树干上，采食树梢上的嫩枝。所以在有灌木的山区，很适于山羊的放牧。

（三）喜食矮草、嫩草

山羊喜食多叶、茎柔软多汁、适口性好的矮草、嫩草。因此放牧时，应选草质好、矮草多的地方作牧地。

（四）喜饮干净流动的水

如果饮水污浊、草料霉烂、污染粪便或经践踏，带有气味，它宁愿挨饿、忍渴。所以在饲养管理上要注意清洁，草料应放在草架饲槽上，不要丢在运动场或羊舍内。

（五）不喜长期连续采食同一种饲草

山羊不喜欢连续采食一种饲草，也不喜欢一次吃饱。所以，给山羊吃的草应多种多样，宜少喂多餐，一般以放牧饲养较为理想。

（六）消化特点

山羊的嘴较尖，上唇中央有一纵沟，增加了上唇的灵活性，口唇灵活，下颚门齿锐利，上颚具有坚硬而光滑的硬腭，臼齿咀嚼粗饲料的能力强。山羊是复胃动物，肠总长度为 30 m 以上，而小肠就占了 80％以上。山羊的小肠不但长，而且特别弯曲。更有利对营养物质的吸收。由于山羊具有以上消化特点，因此，构成了山羊采食广、消化利用饲料能力强的特性。

第二节　饲养方式与饲养管理技术措施

在大足黑山羊主产区，长期以来群众自然形成了拴系放牧的习惯，公母羊分开饲养，公羊单独饲喂，有专门饲养公羊的农户，避免公母羊混群，在一定程度上已经起到了选种选配的作用，使得目前的群体具有很好的遗传一致性。另外，当地农户饲养山羊普遍采用小规模的分散养殖模式，少则三五只，多则数十只，多实行放牧与舍饲相结合的养殖方式，饲养管理精细，这对高繁殖力大足黑山羊种群的自然形成起到了重要作用。近年来，在大足黑山羊种群保护、利用和推广工作中，总结形成了适宜的饲养管理技术。

一、饲养方式

（一）放牧饲养方式

放牧饲养方式在我国南方丘陵山区被广泛采用，主要依靠草山草坡及灌丛为山羊提供营养物质。能发挥山羊合群性强、自由采食能力强和游走能力强的生物学特性；充分利用山地自然资源，尤其是采集人或其他家畜所不能利用的营养物质，使之物尽其用；增加饲养定额，降低生产成本，提高养羊业整体效益。但这种自由放牧方式易造成草场管理权与使用权分离的矛盾，更易造成较好的草场过牧，对牧草的利用率较低，也不利于牧场持久、有控制的利用，甚至对生态平衡会造成影响。

（二）拴系饲养方式

这是浅丘农耕较发达区养羊的另一种方式，也是大足黑山羊传统饲养方式。主要是利用沟渠路边、地头林下或滩涂山坡的零星草场，采取牵、拴、赶方法放牧羊只。此种方式能充分利用土地资源和农村剩余劳动力，主要优点是能做到公母分开放牧，但费工、费时，在放牧或拴养时羊群对农作物有一定的破坏性。

（三）围栏放牧方式

这种方式是利用栅栏或天然围栏把羊群限制在一定范围内采食，减少羊群的运动量，比自由放牧提高牧草利用率15％，羊只增重提高10％～30％。完备的围栏放牧一般在草场上设有饮水、补料和敞棚等设施，也可在围栏边缘较好地块种植牧草或玉米等，通过定期开放或逐步开放，起到补充效果。这适合在南方局部有良好草地条件的区域采用，但丘陵山区不宜。

（四）分区轮牧方式

又称划区轮牧，是把草地或荒山草坡分成若干小块或小区，按羊只的用途和草地状况，供羊群轮回放牧，逐区采食，并保持经常有一个或几个小区的牧草休养生息。这是合理利用草地的一种科学的放牧制度，比自由放牧可提高牧草利用率25％，提高增重15％～50％。

（五）放牧和补饲方式

单纯地依靠天然草场或人工放牧草地进行放牧，很难满足羊只的生长发育需要，尤其是对羔羊、妊娠母羊、哺乳母羊、配种期的公羊和肥育羊更是如此。因此，在每天放牧回圈后，要对这些羊群进行补饲，最好是能补充一些精料。这是目前肉羊生产中广泛推广的饲养方式。

（六）全舍饲（圈养）方式

山羊放牧饲养对生态环境造成的破坏是限制山羊饲养的瓶颈，传统以放牧为主的山羊饲养中，野交滥配使良种资源保护及品种改良计划无法有效地执行。随着饲养规模的扩大，生产管理和疾病防治变得复杂、困难，无法进行有效的个体监管，对山羊的采食摄入量无法进行定量和控制，难以实施标准化精细化饲养管理。因此，全舍饲（圈养）方式就成为现代规模化山羊生产中重要的饲养方式。但是，这种方式影响山羊生物学特性的表现，羊群健康状况差，发病率高；另外，投入大，生产成本高。

二、饲养管理技术措施

（一）羊场建造与环境控制（见第八章）

（二）饲料储备与饲喂技术

1. 青贮饲料和干草调制（见第五章）

2. 舔砖生产与饲喂技术　舔砖是根据羊的生理特点及生长发育需要，以食盐为主体，加入钙、磷、碘、铜、锌、锰、铁、硒等常量及微量元素，经一定的加工工艺压制而成。主要作用是提高饲料消化率和饲料报酬，防治羊矿物营养缺乏病，提高羊的生产性能。舔砖多为砖块状或圆盘形，通常中央有孔，可吊挂于羊食槽、水槽上方或羊休息的地方，由其自由舔食。

3. 牧草栽培与全年饲草均衡供应技术　总的看来，西南地区草资源丰富，但四季饲草供应不均衡，缺乏优质豆科牧草，农户又缺乏储草的习惯，严重影响了羔羊培育和肉羊肥育的效果。解决全年饲草均衡供应的主要技术措施是种草和储草。种草包括在农区利用农田、冬闲田、林果地、退耕坡地、江湖岸边河水消落区人工种草和中低山草地改良；储草的主要手段是储备干草和制备青贮。

4. 饲料加工调制与饲喂　秸秆铡短揉搓，或与酒糟类拌匀发酵后饲喂；精料制成颗粒料或粉料拌湿饲喂。严禁使用霉变的饲料。饮用水源要确保洁净卫生。定期检查料槽，有残存的及时进行清理，减少饲料浪费和污染。饲喂青草或者是干草，必须要放置在草架上进行喂养。

（三）山羊的一般管理技术

1. 羊只编号　对羊只进行编号，便于识别、记录系谱、生长发育和生产性能等，尤其是公、母羊进行编号是必要的，有利于准确实施配种计划和适时淘汰羊只。方法有剪耳法、刺墨法、冷冻烙印法等，现在常采用耳标法。一般羔羊在出生3d内就应打耳标，以免时间长记忆不清。多用塑料耳标，戴耳标时，在羊耳中部用碘酒消毒后，将事先写好编号的耳标用专用的打号钳戴在羊耳上，一般戴在左耳上。戴耳标时要注意避开血管，同时要稳、准、快。编号方案参见图6-1。目前正在研发电子编号方法，即将广泛采用。

图6-1　大足黑山羊种羊编号方案

2. 驾驭　在生产中经常进行放牧、鉴定、发情处理、配种、喂药等活动。因此，必须掌握正确的驾驭方法。

（1）捕羊　迅速正确地抓住羊的左右两胁窝的皮或抓住后肢飞节以上的部分，其他部位不宜随意乱抓，以免损伤羊体。

（2）导羊　羊的性情很犟，不能强拉硬拽，尽量顺其自然前进。导羊时，可用一手扶在羊的颈下，以便左右其前进方向，另一手在其尾根处搔痒，羊即前进。不能扳住羊角、羊头硬拉，也可用饲料逗引前进。

（3）保定　一种方法是用两腿把羊颈夹住，抵住羊的肩部，使其不能前进和后退。另一方法是用人工授精架保定。

（4）抱羊　把羊捉住后，人站在羊的右侧，右手由羊前面两腿之间伸进托住胸部，左手抓住左侧后腿飞节，这样羊能紧贴人体，抱起来既省力，羊又不乱动。

（5）倒羊　人站在羊的左侧，用左手按在羊的右肩上端，右手从腹下向两后肢间插入，紧握羊右后肢飞节上端，然后用手向自己方向同时用力压拉，羊可卧倒在地。倒羊时，要轻、稳，以免发生意外。

3. 修蹄　羊的蹄壳不断生长，不及时修蹄会影响羊的蹄形和行走，易发生蹄病，甚至失去饲养价值。因此，修蹄是项重要的保健工作，每年要修蹄1～2次。

修蹄应在雨后或修蹄前让羊在潮湿的地面上活动数小时，当蹄质变软时进行。修蹄时，先掏出趾间的脏物，用小刀或修蹄剪剪掉所有的松动而多余的蹄甲，但要平行于蹄毛绒修剪。再剪掉长在趾间的赘生物和削掉软的蹄踵组织，使蹄表面平坦。如果蹄壳变形很严重，则应分几次修剪，逐步把蹄形矫正过来。若有出血，可用烧烙止血或压迫止血法止血。

4. 去势　去势的目的是减少初情期后性活动带来的不利影响，提高肥育效果。去势的时间为1～2月龄。方法有阉割法、结扎法和不完全去势法。

(1) 阉割法　适用于成羊公羊和羔羊。将羊保定好后，用碘酊消毒阴囊外部，术者一手紧握阴囊上方，一手用刀在阴囊下方与阴囊中隔平行的部位切开，切口的大小以能挤出睾丸为好。挤出左右睾丸，刮断精索，尽量将精索留短一些。成年公羊切除睾丸后应结扎精索，防止大量出血。在伤口处涂上碘酊，并撒上少许消炎粉，以防感染。

(2) 结扎法　结扎法的去势原理与结扎断尾相同。操作时间在公羊7周龄左右。将睾丸挤在阴囊里，用橡皮筋紧紧地结扎在阴囊的上部，断绝血液流通，大约经过15 d，阴囊及睾丸便自然脱落。其操作方法简便，不会流血，易于推广，但要注意在结扎后1～2 d，羔羊有因疼痛而产生的绝食现象。

(3) 不完全去势法　该法因除去睾丸产生精子的能力而部分保留睾丸内分泌机能，因此称为不完全去势法，适于1～2月龄羔羊。操作时，术者一手用消毒的解剖刀纵向刺入已用5‰碘酊消毒过的阴囊外侧中间1/3处，刺入的深度为0.5～1.0 cm。刺入后解剖刀扭转90°～135°，通过刀口将睾丸的髓质部分用手慢慢挤出，而附睾、睾丸膜和部分间质仍留在阴囊内。捏挤时不要用力过猛，防止阴囊内膜破裂，同时固定睾丸和阴囊的手不可放松，以免伤口各层组织错位。睾丸头端的髓质要尽量全部挤出，否则会影响去势效果。一侧手术后，再同法做另一侧。

5. 药浴　定期药浴是羊饲养管理的重要环节，可驱除羊体外寄生虫，预防疥癣等皮肤病的发生。每年要在春季放牧前和秋季舍饲前进行药浴，根据羊只数量和场内设施可采用池浴、大锅或大缸浴、喷淋式药浴等。一般在较大规模的羊场内采用药浴池较好，而农户可用大缸浴。

(1) 药液配制　可选用0.5‰～1.0‰的精制敌百虫或0.05‰的辛硫磷溶液，也可用石硫合剂溶液（其配方为生石灰7.5 kg、硫黄粉12.5 kg和水100 kg）。如用辛硫磷溶液药浴时，用50‰的辛硫磷乳油50 g加水100 kg，其有效浓度为0.05‰，水温控制在25～30 ℃，药浴1～2 min，其药液可洗羊14～15只。

(2) 注意事项　药浴应选择晴朗天气，一周后再重复一次。药浴前停止放牧和饲喂，入浴前充分饮水，健康羊先浴，有皮肤病的羊后浴，凡妊娠两个月的母羊不浴。对羊头部需用人工浇一些药液，或把羊头浸入药液 1～2 次；残液可泼洒到羊舍内；药浴后的羊应收容在凉棚或宽敞棚舍内，过几个小时后才可喂草料或放牧。

6. 驱虫　驱虫是为了减少寄生虫对肌体的不利影响。一般要做好春、秋两季常规性驱虫。常用的驱虫药物有四咪唑、驱虫净、阿苯咪唑、虫克星（阿维菌素）等。阿苯咪唑是种驱虫新药，效果较好，内服剂量为每千克体重15～20 mg，对线虫、吸虫、绦虫等都有较好的驱虫效果。

第三节　公羊饲养管理

大足黑山羊种公羊的饲养应常年保持体质健壮，体况良好，并具有旺盛的性欲和良好配种能力，精液品质好。要实现这样的目标，就要做到精细化饲养管理。第一，应保证饲料的多样性，精、青、粗料合理搭配，尽可能保证全年饲料均衡供给；第二，日粮要保持营养全面合理，随配种强度和季节变化及时调整；第三，保持圈舍适宜的环境及卫生条件，保持适度的放牧和运动时间，精心护理；第四，科学利用，保持合理的配种（采精）强度。

一、种公羊饲养

（一）饲养方式与圈舍条件

应与母羊分群饲养。一般农户采用舍饲加拴系放牧方式饲养，规模化羊场采用圈舍加运动场方式饲养。羊舍采用高床漏缝地面，运动场地面铺设漏水砖石或沙子。单圈饲养的公羊舍面积≥6 m²，运动场面积≥15 m²。种公羊舍与母羊舍隔离。保持阳光充足，空气流通，地面坚实、干燥。

（二）饲料配制

种公羊的饲料，可因地制宜。饲料的营养价值要高，容易消化，适口性好，要保证种公羊每日能采食到足量的多种多样的青粗饲料，还要补给食盐、石粉等富含矿物质的饲料。按种公羊的营养需要（见第五章）配合饲料，饲料要多样搭配，保证有足量的优质蛋白质、维生素 A、维生素 D 及矿物质。主要饲料精料有玉米、糠麸、豆饼等。青粗饲料有优质的禾本科牧草和豆科牧草，如黑麦草、鸭茅、甜高粱、紫花苜蓿、三叶草等。多汁饲料有胡萝卜、青贮玉米等。

（三）日粮结构与饲喂方法

日粮供给量按干物质占羊空腹体重 3％左右计算，粗饲料占 25％～35％，青绿饲料 25％～35％，精料混合料占 40％～45％。配种任务繁重期间，日补饲 1～2 枚生鸡蛋或其他蛋白质饲料。

舍饲日喂 3～4 次，并定时饲喂。放牧情况下日补饲 2 次。精粗搭配，先喂粗料，后喂青料，再喂精料，自由饮水。圈舍内放置舔砖。变换饲料必须遵循逐步过渡的原则。

二、种公羊管理

（一）日常管理

（1）羊场内工作人员应定期进行健康检查，有人畜共患传染病者不应从事饲养工作。

（2）每天打扫羊舍卫生，保持料槽、饮水设施及其他用具清洁，保持圈舍干燥。羊粪及时清运并进行无害化处理。

（3）保持羊舍环境安静和舍内气温相对恒定，夏季做好防暑降温工作，冬季做好防寒保暖工作。

（4）圈舍定期消毒，消除圈舍周围的污水坑和杂草，灭鼠、灭蚊蝇。

（5）种公羊每天的放牧或运动时间约为 6 h，放牧时切忌公母混群放牧，造成早配和乱配。

（6）定期检查精液品质，确定能否用于输精以及受胎率的大小。检查项目有颜色、气味、射精量、pH、精子密度和活力。

（二）健康管理

1. 驱虫　　选择高效、安全的抗寄生虫药定期对羊只进行驱虫、药浴，控制程序符合行业标准的要求。药浴时应注意的事项有：选暖和、无风的晴天进行；羊群应在药浴前 8～10 h 停止放牧、采食，药浴前应给羊群充分饮水；药浴液的温度应保持在 30 ℃左右；先药浴健康的羊只，后药浴病羊；药液配好后，应先挑出部分羊只进行试验性药浴，观察羊只对药液有无中毒反应，只有确定药浴浓度准确，试验药浴的羊只没有异常反应后，才能进行大群药浴，否则可能造成很大经济损失。

2. 刷拭　每 1～2 d 刷拭羊体一次。

3. 护蹄　定期浴蹄和修蹄。因阴雨连绵，羊圈稀湿，粪尿浸泡蹄部，或在外放牧，道路泥泞，尖锐石块、林中灌木尖角等刺伤蹄部，使腐败菌侵入感染，而引起山羊腐蹄病。用 2%～4% 硫酸铜溶液浴蹄能有效预防腐蹄病。修蹄方法见本章第二节。

4. 观察　经常观察羊群的健康状态，发现问题及时处理。

5. 正确用药　使用的兽药应符合相关法规标准的规定。

（三）种公羊利用

1. 配种方式　采用人工辅助交配或人工授精。

2. 采精或配种频率　每日配种或采精 1～2 次；连续配种或采精 2～3 d，休息 1 d。

3. 利用年限　种公羊利用年限 5～7 年。

4. 小公羊早期利用　在良好的培育条件下，1 只发育较好的 7～8 月龄小公羊当年可参与配种。配种时应给其增加额外的营养，尤其是易消化的蛋白质饲料；每天最好配种一次，仔细观察小公羊的精神、食欲和膘情的变化。

5. 种公羊定期交换制度　各羊群间种公羊要定期交换，避免近亲交配。

（四）养殖档案记载与管理

1. 种用档案　建立系谱及鉴定资料、来源和进出场日期、采精及配种、标识等记录。及时录入"大足黑山羊种羊选育信息管理系统"。

2. 投入物品档案　包括饲料、饲料添加剂、兽药等投入品的来源、名称、使用对象、时间和用量等记录。

3. 防疫档案　包括免疫、检疫、监测、消毒、发病、诊疗、死亡和无害化处理等记录。

4. 档案保存　种公羊个体淘汰或死亡后，其相关记录保存 10 年以上，种用、防疫档案长期保存。

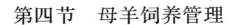

第四节　母羊饲养管理

母羊是羊群发展的基础。母羊数量多，个体差异大。为保证母羊正常发情、受胎，实现多胎、多产，羔羊全活、全壮，母羊的饲养不仅要从群体营养状况来合理调整日粮，对少数体况较差的母羊应单独组群饲养。对妊娠母羊和带仔母羊，要着重搞好妊娠后期和哺乳前期的饲养和管理。

一、母羊饲养

（一）饲养方式与圈舍条件

1. 饲养方式

（1）舍饲　适用于放牧场地有限、牧草种植面积多、农作物秸秆丰富、饲养管理水平较高的养殖场（户）。

（2）半牧半舍饲　舍饲与放牧相结合，适用于有一定面积的天然草场或草山草坡的养殖场（户）。

（3）放牧　适用于天然草场面积大、草山草坡多的养殖场（户）。

2. 圈舍条件　种母羊舍建设应按照育成舍、空怀舍、妊娠舍、产羔哺乳舍分类建设。羊舍应通风、采光良好，高床采用漏缝式，每只羊占羊床1.2 m²；运动场用水泥、石块、漏水砖铺成，面积为圈舍面积的1.5～2倍；产房在寒冷季节可以铺垫垫料，最好有保温设施。

（二）饲料

1. 青、粗饲料　除天然牧草外，可收集农作物秸秆和人工种植牧草。人工种植牧草主要为一年生黑麦草、苏丹草、甜高粱、牛鞭草、皇竹草、三叶草、苜蓿等。青绿饲料以鲜喂为主，也可制作青贮料。粗饲料经揉搓切短后直接饲喂或青贮。

2. 精料补充料　有玉米、糠麸、豆饼等。

（三）日粮结构

青粗饲料占日粮的75%左右，精料补充料占日粮的25%左右。实行精粗搭配，禾本科草与豆科牧草搭配。

1. **育成期** 青绿饲料占 50％，粗饲料占 50％，精料补充料每天 0.1～0.2 kg。

2. **空怀期** 即从羔羊断奶至母羊再次配种受胎的时段。喂给空怀母羊的干饲料应为体重的 2.5％～3.0％。在配种前 1～1.5 个月对母羊加强放牧，突击抓膘，甚至实行短期优饲，使母羊发情整齐，保证较高的受胎率和多胎率，同时使产羔集中，提高羔羊成活率。青绿饲料占 35％，粗饲料占 65％，精料补充料每天 0.2～0.3 kg，配种前一个月可短期优饲，增加精料补充料20％～30％。

3. **妊娠前期** 妊娠前期（前 3 个月）因胎儿发育较缓慢，营养需要与空怀期大致相同，但要在日粮中增加优质蛋白质饲料，日粮组成为青绿饲料占40％，粗饲料占 60％，精料补充料每天 0.2～0.3 kg；或优质干草 75％、青贮玉米 15％和精料 10％，以满足胎儿生长发育和组织器官对蛋白质的需要。

4. **妊娠后期** 妊娠后期（后 2 个月）胎儿生长发育很快，初生重的80％～90％在此期间形成，因母羊腹腔容积有限，饲料干物质的采食量相对减少，饲喂体积过大或水分过量的日粮，不能满足母羊的营养需要。因此，饲喂时除提高日粮的营养水平外，还应考虑日粮的饲料种类，增加精料的比例。日粮组成为干草 1.0～4.5 kg，青贮料 1.5 kg，精料 0.45 kg。产前 8 周，日粮的精料比例提高到 20％，6 周为 25％～30％；产前 1 周，适当减少精料比例，以免胎儿体重过大造成难产。

5. **哺乳期** 母羊产羔后泌乳量逐渐上升，在 4～6 周内达到泌乳高峰，10周后逐渐下降。随着泌乳量的增加，母羊需要的养分也应增加，当草料所提供的养分不能满足其需要时，母羊会大量动用体内贮备的养分来弥补。泌乳性能好的母羊往往比较瘦弱，这是一个重要原因。在哺乳前期（羔羊出生后 2 个月内），母乳是羔羊获取营养的主要来源。为满足羔羊生长发育对养分的需要，保持母羊的高泌乳量是关键。在加强母羊放牧的前提下，应根据带羔的多少和泌乳量的高低，搞好母羊补饲。带单羔的母羊，每天补喂混合精料 0.3～0.5 kg；带双羔或多羔的母羊，每天应补饲 0.5～1.5 kg。对体况较好的母羊，产后1～3 d 内可不补喂精料，以免造成消化不良或发生乳腺炎。为调节母羊的消化机能，促进恶露排出，可喂少量轻泻性饲料（如在温水中加入少量麦麸喂羊）。3 d后逐渐增加精饲料的用量，同时给母羊饲喂一些优质青干草和青绿多汁饲料，可促进母羊的泌乳机能。哺乳后期母羊的泌乳量下降，即使加强母羊的补饲，也不能继续维持其高的泌乳量，单靠母乳已不能满足羔羊的营养需要。此时羔羊也已具备一定的采食和利用植物性饲料的能力，对母乳的依赖程度减小。在泌乳后期应逐渐减少对母羊的补饲，到羔羊断奶后母羊可完全采用放牧饲养，但对体况下降明显的瘦弱母羊，需补喂一定的干草和青贮饲料，使母羊在下一个配种期到来时能保持良好的体况。青绿饲料占 60%，粗饲料占 40%，精料补充料每天 0.4～0.6 kg。

（四）饲喂方法

舍饲日喂 3～4 次，并定时饲喂。先粗料、再精料，最后投喂精料补充料，规模化羊场可制作全混合日粮（TMR）；变换饲料必须遵循逐步过渡的原则。以放牧为主的，酌情补饲。

二、母羊管理

（一）日常管理

（1）公、母羊分群、分阶段饲养。

（2）保证清洁卫生饮水。自由饮水。

（3）羊场内工作人员应定期进行健康检查，有人畜共患传染病者不应从事饲养工作。禁止非生产人员、车辆入内。

（4）每天打扫羊舍卫生，保持料槽、饮水设施及其他用具清洁，保持圈舍干燥。羊粪和其他污染物及时清运并进行无害化处理。

（5）保持羊舍环境安静，夏季做好防暑降温工作，冬季做好防寒保暖工作。

（6）消除圈舍周围的污水坑和杂草，灭鼠、灭蚊蝇。

（7）常观察羊群状态，发现问题及时处理。

（二）健康管理

（1）种羊防疫和兽药使用符合相关法规标准的规定。

（2）在羊场、圈舍入口处设立消毒室、消毒池。消毒池每周更换消毒药一次，羊舍地面每月消毒 1～2 次，消毒前彻底清除粪便和异物。定期进行环境、人员、羊舍、用具及羊体消毒。刚建好的羊舍必须进行全面消毒，一周后才能进羊养殖。

（3）选择高效、安全的抗寄生虫药，春秋两季对羊只进行驱虫、药浴。定期进行口蹄疫的强制免疫；根据各地的疫情对羊痘、传染性胸膜肺炎等进行免疫。

（4）种羊每天保持 4～6 h 的适度运动，增强种羊体质。妊娠后期母羊运动不应剧烈。

（5）定期修蹄和刷拭羊体。

（6）怀孕母羊应加强管理，要防拥挤，防跳沟，防惊群猛跑、滑倒，日常活动以"慢、稳"为主，避免羊吃霉变饲料和冰冻饲料，以防流产。

（三）繁殖管理

1. 发情　观察鉴定，当种母羊表现兴奋不安，大声鸣叫，爬墙、抵门、摇尾，食欲减退，主动接近公羊，在公羊追逐或爬跨时常站立不动，频频排尿，外阴部发红肿胀，分泌黏液，阴门、尾根黏附着分泌物，表示种母羊已经发情。

2. 适时配种　种母羊发情开始后 8～20 h 进行配种，也可在间隔 8～16 h 重复配种 1 次。当种母羊配种后 18～24 d 应注意观察，再次返情的，应及时配种。

3. 分娩与羔羊护理（详见本章第五节）。

（四）种母羊利用年限

种母羊利用年限 6～8 年。

（五）养殖档案记载与管理

与公羊管理相同。

第五节　羔羊饲养管理

一、羔羊的生物学特点

初生羔羊肠道适应性差，胃容积小，前胃只有真胃的 50%，还需要进一步的发育，羔羊所吃的母乳经食管进入真胃。0～21 d 的羔羊瘤胃中黏膜乳头软而小，瘤胃微生物区系尚未完善，反刍功能不健全，耐粗饲能力差，只能在真胃和小肠中对食物进行消化。但真胃和小肠消化液中缺乏淀粉酶，对淀粉类物质的消化能力差，当食入过多淀粉质后，易出现腹泻。羔羊 21 d 后开始出现反刍活动。随日龄和采食量的增长，消化酶分泌量也逐渐增加，耐粗饲能力增强。如果对羔羊适度早期补饲高质量的青绿饲料，为瘤胃微生物的生长繁殖营造合理的营养条件，可迅速建立合理的微生物区系，增强对饲料的消化作用。

初生羔羊体温调节机能不完善，缺乏免疫抗体，抗病与抗寒冷能力差，生长发育快，尤其是肌肉生长速度最快。生后 1 周内为羔羊死亡的高峰期。应抓好妊娠与哺乳母羊的饲养管理，采取科学接产及羔羊培育措施，是提高羔羊成活率的关键。

二、羔羊的培育措施

(一)羔羊出生前的培育措施

加强妊娠与哺乳母羊的饲养管理，具体见本章第四节。

(二)羔羊的培育措施

1. 抓好产羔护理

(1)分娩前准备　羊的妊娠期为 150 d 左右。根据配种记录计算好预产期。妊娠诊断后的母羊，可以按配种日期以"月加五，日减三"的方法来推算大概预产期。产羔前要准备好产羔羊舍，冬季要保温。产羔间要干净，经过消毒处理。冬季地面上铺有干净的褥草。准备好台秤、产科器械、来苏儿、碘酒、酒精、高锰酸钾、药棉、纱布、工作服及产羔登记表等。

(2)接羔　母羊分娩前表现不安，乳房变大、变硬，乳头增粗增大，阴门肿胀潮红，有时流出黏液，排尿次数增加，食欲减退，起卧不安，咩叫，不断努责。接产前用消毒液对外阴、肛门、尾根部消毒。一般羊都能正常顺产，羔羊出生后采用人工断脐带或自行断脐带。人工断脐带是在距脐 10 cm 处用手向腹部拧挤，结扎后剪断脐带。脐带断后用碘酒浸泡消毒。当羔羊出生后将其嘴、鼻、耳中的黏液掏出，羔羊身上的黏液让母羊舔干，对恋羔性差的母羊可将胎儿黏液涂在母羊嘴上或撒麦麸在胎儿身上，让其舔食，增加母仔感情。羔羊分娩后，用剪刀剪去其乳房周围的长毛，然后用温消毒水洗乳房，擦干，挤出最初的几滴乳汁，帮助羔羊及时吃到初乳。正常分娩时，羊膜破裂后几分钟至半小时羔羊就出生，先看到前肢的两个蹄，随后嘴和鼻。产双羔时先产出一羔，可用手在母羊腹下推举，触到光滑的胎儿。产双羔间隔 5～30 min，多至几小时，要注意观察。

（3）助产　当羔羊不能顺利产下时要及时助产。首先要找出难产原因，原因有胎儿过大、胎位不正或初产羔。胎儿过大时要将母羊阴门扩大，把胎儿的两肢拉出再送进去，反复三、四次后，一手扶头，待母羊努责时增加一些外力，帮助胎儿产出。胎位不正的情况，如两腿在前，不见头部，头向后靠在背上或转入两腿下部；头在前，未见前肢，前肢弯曲在胸的下部；胎儿倒生，臀部在前，后肢弯曲在臀下。遇见胎位不正的羊，首先剪去指甲，用 2% 的来苏儿水溶液洗手，涂上油脂，待母羊阵缩时将胎儿推回腹腔，手伸入阴道，中、食指伸入子宫探明胎位，帮助纠正，然后再产出。

羔羊生下后 0.5～3 h 胎衣脱出，要拿走。产后 7～10 d，母羊常有恶露排出。

2. 早喂初乳　母羊产后 3～5 d 内分泌的乳汁，乳质黏稠、营养丰富，称为初乳。初乳容易被羔羊消化吸收，是其他食物或人工乳不能代替的。初乳含镁盐较多，镁离子有轻泻作用，能促进胎粪排出。另外，初乳含较多的抗体和溶菌酶，几乎能抵抗各种大肠杆菌的侵袭。初生羔羊在出生后半个小时以内应该保证吃到初乳，对羔羊增强体质、抵抗疾病和排出胎粪有很重要的作用。吃不到初乳的羔羊，细菌在胃肠内繁殖很快，羔羊易发病，胎便排出慢，易患便秘。越早的初乳各种有效成分浓度越高，羔羊及时足量地采食初乳，有利于增重。吃不到母羊初乳的羔羊，最好能吃上其他母羊的初乳，否则较难成活。

3. 早开饲　羔羊开饲的时间一般在生后的第 7 天，当羔羊能够舔食草料、食槽、水槽时，就可开始喂给青干草和饮水。开口饲料以优质的青干草或粉碎饲料为佳。开饲后 1 周左右，羔羊采食能力增强，可补饲混合料。羔羊早龄开食补料的一项技术称羔羊隔栏补饲技术，是指在母羊活动集中的地方设置羔羊补饲栏，其目的在于加快羔羊生长速度，缩小单、双羔及出生稍晚羔的差异，为以后提高育肥效果（尤其是缩短育肥期）打好基础，同时也减少羔羊对母羊索奶的频率，使母羊泌乳高峰期保持更长时间。

（1）隔栏补饲的应用范围　包括计划 2 月龄内提前断奶的羔羊、计划两年三产母羊群的羔羊、秋冬季节出生的羔羊、纯种母羊的羔羊、多胎母羊的羔羊、产羔后期出生的羔羊等。

（2）开始隔栏补饲的时间　规模较大的羊群一般在羔羊 17～21 d 开始补料。规模较小的户养羊群，在发现羔羊有舐饲料动作时开始，提前到 10 日龄。

（3）隔栏补饲羔羊技术要点　配料是隔栏补饲的关键。羔羊补饲的粗饲料以优质青干草尤其是豆科牧草为好，用草架或吊把让羔羊自由采食；精饲料主要有玉米、豆饼、麸皮等。1 月龄前的羔羊补喂的玉米以大碎粒为宜，此后则可以饲喂整粒玉米。要注意根据季节调整粗饲料和精饲料喂量。早春羔羊补饲时间应在青草萌发前，干草以豆科牧草为主，混合精料以玉米为主；而晚春羔羊补饲时间在青草旺盛期，不喂干草，混合精料中除玉米以外，要加适量豆饼，使日粮蛋白质水平在 15％以上。日粮中，玉米 85％，豆饼 13％，氯化铵 0.5％，碳酸钙 1.5％，每千克另加维生素 A_1 100 IU、维生素 E 20 IU。本配方可以采用粉状或者制成颗粒，颗粒直径以 0.4～0.6 cm 为宜。

（4）隔栏补饲的饲养管理　隔栏面积按每只羔羊 0.15 m^2 计算，进出口宽约 20 cm，高度 38～46 cm，以不挤压羔羊为宜。经常对隔栏进行清洁与消毒。

（5）饲喂操作要点　开始补饲时，白天在饲槽内放些玉米和豆饼，量少而精。每天不管羔羊吃净与否，全部换成新料。待羔羊学会吃料后，每天再按日进量投料。日进量一般量初为每只 40～50 g，30 日龄达到每只 70 g，后期达到每只 300～350 g，全期消耗混合料 3～10 kg。投料时，每天早上或晚上放料一次，以 30 min 内吃干净为宜。若发现羔羊采食有问题，及时调整配方，更换饲料种类。

4. 早断奶　早断奶的具体时间并未确定，各场（户）可根据自有的条件确定方案。在三峡库区农户条件下，目前不宜采用 25～30 日龄的断奶方案，有条件农户可选用 1.5 月龄断奶方案。

要做到 1.5 月龄断奶，第一要做到早开饲，要求开食料适口性好，并保证吃够数量；第二是营养价值高，特别是蛋白质（不低于 15％）和能量；第三是成本低。使用颗粒直径为 0.4～0.6 cm 的颗粒饲料可加大采食量，提高日增重。

5. 人工哺乳　人工哺乳又称人工育羔，是为了适应羔羊早期断奶（生后

1.5 月龄）和超早期断奶（生后 1～3 日龄）而采用的一项新技术。特别是在母羊产后死亡、"瞎奶"和多羔的情况下，使用该技术更具有意义。

人工哺乳的前提是羔羊必须要哺喂初乳，若羔羊未吃到初乳，人工哺乳的成功率要低得多。在母羊无初乳或母羊产后死亡时，要给羔羊哺喂其他母羊的初乳，或者将初乳挤下 300 g，在 12～18 h 内分 3 次喂给。用其他母羊初乳应事先处理妥当，临用前在室温下回温，切忌加热，避免抗体破坏。人工哺乳的首要环节是代乳品的选择，代乳品可用鲜牛奶、羊奶、奶粉、豆浆等作为主要原料，要求消化利用率高，营养价值近于母乳，配制混合容易，添加成分悬浮性良好。强化营养牛奶代乳品制作方法：取鲜牛奶 1 L 或用奶粉溶解而成，加入维生素 A、维生素 D 滴剂 2.5 mL、维生素 E 2 滴、青霉素 0.05 g、硫酸亚铁 1 g、硫酸锌 1 g、氯化钴 0.25 g 和脂肪（牛油）20 g。在 50 ℃混合，或将奶桶置于微火上搅拌混匀即可。如果配制好的强化营养牛奶一时不用，应迅速冷却到 1～5 ℃；也可以按 4 L 牛奶滴加 1 mL 福尔马林，防止奶酸败和便于洗涤。一般情况下，配制好的强化营养牛奶可存放半天，但最好现配现用。

喂给人工乳时间是在喂给初乳后 4～5 h，如果时间相隔太长，新生羔羊体弱，增加吮乳的难度。哺乳时，单个羔羊可用清洁啤酒瓶套上婴儿奶嘴，人持奶瓶，让羔羊站着吸吮。羔羊较多时，在铁制或塑料水桶下侧开孔，插入并固定奶嘴，让羔羊自行吮奶。奶温是影响羔羊哺乳的重要因素，要求全期保持一致，不能忽高忽低。人工哺乳的关键技术是要搞好"定人、定时、定温、定量和讲究卫生"几个环节，这样才能把羔羊喂活、喂强壮。

（1）定人　就是从始至终固定一位专人喂养。这样可以熟悉羔羊生活习性，掌握吃饱程度，喂奶温度、喂量以及在食欲上的变化，健康与否等。

（2）定温　是指羔羊所食的人工乳要掌握好温度。可以把奶瓶贴在脸上或眼皮上，感到不烫也不凉时就可以喂羔了。一般 1 个月龄内的羔羊，把奶晾凉到 37 ℃左右即可。

（3）定量　是指每次的喂奶量，掌握在"七成饱"的程度，切忌喂得过量。一般全天给奶量相当于初生重的 1/5 为宜。

（4）定时　是指羔羊的饲喂时间固定，尽可能不变动。初生羔羊每天应该喂 6 次，每隔 3～5 h 喂一次。

（5）卫生要求　羔羊的胃肠功能还不健全，消化机能尚待完善，最容易

"病从口入"，所以羔羊所食的奶类、豆浆、面粥，以及水源、奶瓶应保持清洁卫生。健康羔与病羔应分开用，奶类在喂前应加热到 62～64 ℃，可以杀死大部分病菌。

待人工哺乳 7～14 d 后可进行开食补料、饮水，使用早期断奶技术方案。

6. 羔羊的日常护理　在整个初生羔羊的培育过程中，始终要注意防止羔羊冻饿、挤压和疾病发生。室温一般要求 10 ℃以上，新生羔羊要达到 28 ℃。防止穿堂风，统筹协调保温与通风的关系，适宜的温度可减少羔羊发病和死亡，增加羔羊采食与活动量，加快羔羊生长发育速度，提高养羊效益。在适宜的温度条件下，相对湿度以 70%左右为宜。

三、羔羊培育档案

在羔羊第一次吃初乳前需要称初生重，称重前先检查母羊的耳号，再查看小羔羊的性别，并做好记录，羔羊生后 3 d，打耳号或耳标。断奶时测量体重体尺，完善系谱档案和免疫记录。为评估饲养管理及种群管理建立数据信息。

第六节　育成羊饲养管理

育成羊是指断奶后至第一次配种前这一年龄段的幼龄羊。羔羊断奶后的前 3～4 个月生长发育快，增重强度大，对饲养条件要求较高。通常，公羔的生长比母羔快，因此育成羊应按性别、体重分别组群和饲养。8 月龄后羊的生长发育强度逐渐下降，到 1.5 岁时生长基本结束，因此在生产中一般将羊的育成期分为两个阶段，即育成前期（4～8 月龄）和育成后期（8～18 月龄）。育成前期，尤其是刚断奶不久的羔羊，生长发育快，瘤胃容积有限且机能不完善，对粗料的利用能力较弱。这一阶段饲养的好坏，是影响羊的体格、体型和成年后生产性能的重要阶段，必须引起高度重视，否则会给整个羊群的品质带来不可弥补的损失。育成前期，羊的日粮应以精料为主，结合放牧或补喂优质青干草和青绿多汁饲料，日粮的粗纤维含量以 15%～20%为宜。育成后期羊的瘤胃消化机能基本完善，可以采食大量的牧草和农作物蒿秆。这一阶段，育成羊可以以放牧为主，结合补饲少量的混合精料或优质青干草。粗劣的秸秆不宜用来饲喂育成羊，即使要用，在日粮中的比例不可超过 20%～25%，使用前还应进行合理的加工调制。

第七节　育肥羊饲养管理

一、断奶羔羊育肥

从羔羊断奶至上市出栏的阶段是育肥期。国内外近几十年来对羊肉类的要求都由成畜肉转向幼畜肉。肥羔由于瘦肉多，脂肪少，肉质鲜嫩，易消化吸收，膻味少等优点而很受欢迎。3～4月龄断乳羔羊具有增重快、饲料报酬高、产品成本低、生产周期短、经济效益高等特点，是羊肉生产的主要方式。育肥期为4～6个月，出栏体重25 kg。

（一）育肥方式

肉羊的育肥方式有多种，如适度规模的农区型、中等规模的牧区型、专业规模的集约型。若按饲养方法划分，可分为放牧育肥、舍饲育肥、混合育肥和工厂化育肥四种形式，在此介绍适宜三峡库区特点的按饲养方式分类的育肥技术。

1. 放牧育肥　放牧育肥是西南地区肉羊育肥采用的基本方式。它是利用天然草场、人工草场或秋茬地放牧抓膘。其特点是成本低，投入少，在农户条件下易操作。其要求是成年羊每天的放牧时间不低于8 h，采食7～8 kg青草，平均日增重达100～200 g。育肥期因羊只的年龄、体重、育肥季节而定，一般要达60 d以上，增重6 kg。

2. 舍饲育肥　按肉羊的舍饲标准配制日粮，在较短的肥育期内加强饲养的一种肥育技术。其特点是育肥效果好，育肥期短，能提前上市，投资规模较放牧育肥方式大，技术水平要求较高，有条件的场（户）可选择使用。其要求是：日粮中精料比例为45%～60%，充分利用农作物秸秆、干草及农副产品，羔羊在2个月左右育肥期内增重10～15 kg。饲养管理上，随着精料比例增重，羊只育肥强度加大，要给羊只一定的适应期，预防过食精料造成羊肠毒血症或因钙磷比例失调引起的尿结石症等问题。

3. 放牧加补饲的混合育肥　在有条件的地方采用放牧加补饲的混合育肥方式育肥。这种育肥方式大体有两种形式，一种形式是在育肥的全期，每天均放牧并补饲混合精料和其他饲料。另一种形式则把整个育肥期分为2～3期，前期全放牧，中、后期逐渐增加补饲混合精料和其他饲料来育肥羊，开始补饲育肥羊的混合精料和数量为 200～300 g，最后一个月要增至 400～500 g。前一种形式，可实现强度直线育肥，适用于生长强度较大和增重速度较快的羔羊；而后一种形式则育肥速度慢，育肥期长，适用于生长强度较小及增重速度较慢的羔羊。混合育肥方式既能充分利用天然草场、人工草地牧草的生长优势，又可获得一定强度的育肥效果。临出栏前补饲 1 个月，日增重达 150～250 g。此种安排可有效控制草场载畜量，缩短育肥时间，增重比纯放牧育肥提高 30%～60%。

4. 工厂化育肥　工厂化育肥是指在人工控制的环境下，不受自然条件和季节的限制，一年四季可以按人们的要求和市场需要进行大规模、高度集中、流程紧密相连、生产周期短及操作高度机械化、自动化的养羊生产方式。在有条件的牧业产业化公司可选择此种方式。

（二）羔羊育肥技术

1. 羔羊育肥前的准备工作　为获得理想的育肥效果，断奶羔羊育肥前应做好以下工作。

（1）羔羊转群　离开母羊和原有的环境，要进行转群和运输。为了减少应激，先将羊群集中，暂停供水、供草，空腹一夜。第二天早晨称重装运，动作要轻，防止损伤。若是驱赶，每天的行程不超过 15 km。到育肥场后，减少对羔羊的惊扰，让其充分休息，先供饮水后采食，有条件的可给羔羊提供营养补充剂。

（2）对育肥圈舍进行清扫、消毒，防止育肥期间羊只发病。

（3）按羔羊育肥生产方案，储备充足的草料，满足育肥需求；避免由于草料更换影响育肥效果。

（4）育肥羔羊按性别、体重大小分别组群。

（5）整群驱虫，药浴、防疫注射，公羊去势。

（6）育肥前进行称重，以便与育肥结束时称重结合起来，检验育肥的效果和效益。

2. 育肥羊的饲养管理

（1）选择产草量高、草质优良的草场，放牧育肥，放牧时间要求冬春每天 4～6 h，夏秋每天 10～12 h，保证每天吃 3 个饱肚。放牧采用冬阳夏阴方式，夏秋季要选择阴凉地方，冬春季选择向阳温暖地方放牧，同时注意饮水和补充食盐，防止感染寄生虫，避免吃寒露草和霜冻草。

（2）放牧加补饲时，日补混合精料 0.2～0.5 kg，上午归牧后补总量 30％，晚 8 点补 70％。混合精料配比：玉米 70％、豆饼 28％、盐 2％。饲喂时加草粉 15％混匀拌湿，槽喂。枯草期，在混合精料中还应多加 5％～10％麦麸，添加微量元素。

（3）在枯草季节或放牧场地受到限制时，可利用氨化秸秆、青贮饲料、微贮饲料、优质青干草、根茎类饲料、加工副产品以及精料对山羊进行舍饲育肥。饲喂氨化饲料和青贮饲喂料要掌握用量，谨防氨中毒和酸中毒。冬季低于 4 ℃时，应进入保温圈舍内。

二、成年羊育肥

成年羊育肥是选用淘汰的老、弱、乏、瘦以及失去繁殖机能的母羊及少量的去势公羊进行育肥。育肥方式可根据羊只来源和牧草生长季节来选择，西南地区主要的育肥方式为放牧与补饲混合型，饲养管理规程与断奶羔羊育肥相同。育肥期为 2 个月，体重增加 30％。

三、运输

肉羊上市前，应经动物防疫监督机构进行产地检疫，获得《动物产地检疫合格证明》，方可进入牲畜交易市场或屠宰场屠宰；运输车辆在装运前和卸货后都要进行彻底消毒；运输途中，不得在疫区、城镇和集市停留、饮水和饲喂。

第八节　羊场生产管理制度

一、山羊饲喂管理

（1）饲喂时间　每天 9：00、16：00、21：00，保持定时、定人、定量饲喂。

（2）饲喂草料　每天早晚喂青草，下午补充精料。

（3）饲喂数量　不同年龄阶段按照不同要求，定量饲喂。

（4）饲喂刚断奶小羊要选择优质、适口性好的嫩草，断奶前人工辅助其开口吃草，即"早断奶，早开食"。一般要求双月断奶，半个月开食。

（5）每次饲喂前要清除食槽内残余的废草，上草前清洁食槽。

（6）饲喂时要注意观察各羊只采食的情况，发现异常及时报告处理。

（7）饲喂时要仔细观察饲草的质量，发现有毒有害的饲草及时清除。

（8）饲喂后要观察羊只采食后有无异常反应。

（9）每次饲喂后要做好详细记录。

二、草料收购

（1）收购草料由饲养员负责过秤，场长确认后每天开取草料收据，草料价格暂定为0.2元/kg。根据市场行情，价格可进行适当调整。

（2）每天收购草料量按大足黑山羊标准收购。每天收购的草料应尽可能在地上摊开，以免堆积产生毒素。对于每天剩余的草料应注意防止发霉。在7、8月草料充足的季节应多收饲草制备青贮。

（3）在收购时，饲养员要认真检查剔除杂草，防止青草中含有毒物质。收购饲草应仔细检查其质量，质量不合格不应收购。

（4）阴雨天气原则上不收购草料，若羊场没有贮存饲料，则可适当收购当天需要的草料，并尽量将草料晾干，防止发霉变质。

（5）遇到持续阴雨天气应选择饲喂苜蓿颗粒或者青贮饲料。

（6）每天收购草料要做好详细记录。

三、发情配种管理

（1）每天观察羊群发情羊只。山羊发情的主要表现为：外阴红润肿胀，有黏液流出，兴奋不安，鸣叫，不断摇尾，频频排尿，主动接近公羊和有爬跨其他母羊的现象。

（2）发现羊只发情时，首先要记住羊号。山羊配种采用人工辅助交配，通常需配种2次。上午发情羊只在上午配种1次，晚上再配种1次；下午发情的羊只晚上配种1次，第二天早上再配种1次。

（3）严格按照制订的配种计划选择配种公羊，配种后及时做好记录。

（4）每年选择一只公羊专门对外配种，防止疾病传播，对于外来羊只配种要做好配种登记。

（5）每年初由技术负责人制订能繁母羊配种计划表。

（6）饲养员配种后做好记录，由场长确认签字。

四、分群与转群

(一) 分群管理

(1) 整个羊群分为 7 个群，分别为种公羊群、后备公羊群、空怀和妊娠早期母羊群、妊娠后期母羊群（后 2 个月）、分娩后早期母羊群、后备母羊群和隔离群。

(2) 各羊群数量发生变化及时向生产部报告。

(3) 刚分群羊只要合理调配采食，防止个别羊只受排挤采食困难。

(4) 每次分群后要做好记录。

(二) 转群管理

(1) 小公羊达到 40 日龄以上即可阉割，做种用的公羊不阉割；小羊达到 2 月龄以上断奶转群，小母羊转入后备母羊群，小公羊转入后备公羊圈，种用后备公羊达到 1 年以上转入种公羊群。

(2) 断奶转群的羔羊要补充优质适口性好的嫩草和精料，保持充足营养供应。

(3) 隔离病羊要细心护理，供给充足的饮水和青草，羊只厌食或采食困难应人工辅助饮食和引水，采取治疗措施。

(4) 妊娠后期母羊转群后做好接产准备，并按大足黑山羊营养需要标准调整草料供给。

(5) 转群后要做好记录，并向生产部报告。

五、母羊分娩管理

(一) 做好母羊产羔计划

包括计算母羊预产期，清点临产母羊，接产用具准备，产前羊圈消毒，记录表格等。

(二) 母羊分娩的征兆及接产技术

1. 临产征兆　临产前母羊乳房膨大，频频做排尿动作，举动不安，用嘴衔草，回望腹部。初产母羊有惊恐状和低鸣声。

2. 助产方法　母羊正常分娩表现为羔羊两前肢和头部先出，其余部分很快脱离母体，不需要助产。由于大足黑山羊一般多羔，应特别注意羔羊是否分娩完。遇到难产时要根据不同情况及时进行助产。

3. 新生羔羊的管理

（1）断脐　一般羔羊能自行扯断脐带。如果未断，可在羔羊离脐带 6～8 cm 处消毒结扎剪断，断端用 5％的碘酒消毒并按压数次。

（2）收羔　羔羊出生后，要将其口鼻黏液擦干，并让母羊舔干羔羊全身。初产母羊不愿舔时可在羔羊身上撒些麸皮，或将羔羊身上黏液及羊水涂在母羊嘴上，诱导其舔羔。在深冬季节，应将羔羊装入竹筐内，在柴火旁烤 3～5 min，以便羔羊迅速干毛。

（3）羔羊　称重待羔羊毛干后，要临时编号，称重，登记。

（4）救护　遇到羔羊假死，可一人握住飞关节上部倒挂，另一人轻压胸部几下，促使羔羊正常呼吸。

（5）清洁　母羊产后 1.5 h 胎衣会自行排出，应及时清除，不让母羊吞食。同时用低浓度高锰酸钾温水溶液把母羊臀部和乳房洗干净，生产完成后清理产房和接产用品。

（6）补水　母羊产后十分疲倦，口渴异常，应立即给母羊饮喂盐水，水温在 38 ℃左右，含盐 0.5％，并在水中加入少许麸皮和红糖。羔羊产后要在 1 h 内诱导其吃初乳。

六、羊只整群

（1）每年整群 2 次，及时淘汰不符合选种要求的羊只。

（2）整群的目的是要保持羊群结构合理，能繁母羊群体比例达到 60％以上。

（3）发生以下情况羊只要做淘汰处理：①半年以上没有发情，用促排卵素等激素处理仍然没有发情的羊只；②一年以上配不上种的羊只；③连续 3 胎产单羔、流产、产死胎的羊只；④连续 3 胎产羔含有杂毛羊只；⑤有杂毛的小母羊；⑥年龄在 7 周岁以上羊只；⑦不符合种公羊选种要求的小公羊。

（4）整群后淘汰的羊只做育肥用，短期催肥后出售。

（5）每次整群后应做好记录。

七、药品管理

（一）药品采购规定

采购员采购药品时应注意观察药品的外包装是否完整，必须有生产厂家、生产批号、批准文号、GMP 认证、药品名称、有效期等项目。

必须打开包装检查药品的质量：粉剂药品，水分含量不能超标、无结块，色泽均匀；针剂药品，药物色泽一致，瓶子无缺损，商标完整，瓶内真空；疫苗及专用稀释液必须按要求低温保存，不能反复冻融，疫苗瓶无缺损，商标完整，瓶内真空，不能购买中试产品；不能购买近期内（药品为半年以上，疫苗为 3 月以上）将失效的药品。

采购员采购回的药品经使用后，发现质量不合格，采购员有义务与供应商联系，立即退货。

药品采购由兽医提出申请，场长签字后交生产部，由生产部统一采购发放。

（二）药品入场规定

药品入场时，场长（保管员）核对账物一致（包括数量、质量、生产厂家等），注意观察药品的外包装是否完整，核对生产厂家、批准文号、生产批号、药品名称、药品数量、GMP 认证等项目，并做详细记录。

场长（保管员）验收货物时必须打开包装，检查药品的质量合格后，再填写生产物资进场记录表。

（三）药品存放规定

兽医存放药品应整齐有序，按药品的性质（疫苗、消毒药、抗生素类、维生素类及其他）分类摆放。

药品库应保持干燥，粉剂药品应随时密闭保存，严禁吸湿结块。

库房药品经常清理，反馈及处理已失效或即将到期药品，严禁因保管不当造成药品失效。

兽医必须及时反馈药品的流量，每周向场长提交药物库存表。

药品存放应严格遵循同类药品生产日期在前的放在最外面的规则，以保证生产日期在前的药品先用。

（四）药品使用规定

场长（保管员）严格按处方（或领料单）发药，坚决执行同种药品按生产日期先进先出的原则进行发放。

车间饲养员领药时，仔细核对处方和实物是否一致，并检查瓶装药是否完整，药品的色泽是否正常，有无沉淀，有效期是否过期等。药品领回片区立即按处方要求使用，当天未用完的药品上报车间管理员，按生产车间存余药品的保管要求保管，并做好记录。

兽医开具处方后，必须检查核实饲养员是否及时用药及是否按处方用药，同时检查用药效果。开具处方和使用药物时必须按药物的配伍规则，具有配伍禁忌的药物不能配合使用。

八、生产记录

（一）羊只生产记录

羊场应详细做好羊只的生产记录，包括发情记录、配种记录、产仔记录、驱虫记录、消毒记录、收草记录、饲喂记录、断奶记录、阉割记录、转群记录、免疫接种记录、发病用药记录、羊只淘汰记录、羊只出售记录、种公羊对外配种记录。

（二）物资进出记录

对于进出羊场的一切物资做好记录，包括时间、数量、价格等。

（三）生产设备使用记录和维修记录。

九、羊场信息化管理

（1）羊场信息管理由场部、生产部、相关技术管理部门共同完成。

（2）场部负责日常生产记录，包括发情配种、产仔、疾病控制、草料收购、免疫接种、驱虫、断奶、阉割、转群和分群等生产记录。

（3）羊只发生疾病、死亡、发情、产仔、断奶、阉割、转群和分群等应及时通知生产部更新资料。

（4）羊场记录保持清晰，字迹清楚、标志明确，并可追溯相关活动，易于识别和检索。

（5）建立个体羊只档案，包括个体出生、亲缘关系、产仔记录、头像和全身面貌特征、疾病发生等，做到每只羊一份完整档案，通过电脑即时可以查询。

第七章
大足黑山羊疾病防控

第一节　疾病综合防控

一、大足黑山羊的疾病特点

近年来，随着大足黑山羊产业的发展，特别是规模化或适度规模化养羊不断增加，羊病的特点也发生了很大变化，归纳起来有以下特点。

（一）疫病种类多

目前对大足黑山羊危害的疫病种类不断增加，危害严重的传染病主要有：羊传染性胸膜肺炎（羊支原体肺炎）、羊传染性脓疱（羊口疮）、羔羊痢疾、羊链球菌病、葡萄球菌病、羊快疫、羊猝狙、沙门氏菌病、羊痘等。另外，结核病、弓形虫病、附红细胞体病、脑包虫病、姜片吸虫病等也时有发生。大足黑山羊养殖区受小反刍兽疫、布鲁氏菌病、口蹄疫等疫病的威胁也越来越严重。

（二）老病不断发生

随着规模化羊场免疫程序的完善，疾病综合性防控工作的开展，大足黑山羊的传统性疾病仍有发生，但表现可能不典型。经典的羊病如羔羊大肠杆菌病、羊出血性败血症（巴氏杆菌病）、羊沙门氏菌病等仍常发生，但多由暴发性变为地方流行性或散发性疫病，临诊症状和病理变化不明显、不典型，死亡率低。

（三）条件致病性病原引起的疫病增多

如大肠杆菌病、克雷伯氏菌病等所带来的经济损失已经超过古典传染病。

这些条件性病原菌通常情况下对羊的致病力较低，在环境中数量也不大，但如果饲养量增大，羊舍潮湿，通风不良，细菌就会大量增殖，如果加上因饲养管理或疫病使其抵抗力下降，就会造成羊的局部感染，甚至全身败血症，导致部分感染到全群暴发，造成巨大经济损失。

（四）多病因的混合感染多

近几年来，大足黑山羊发病以病原体的多重感染或混合感染为主要感染形式，很少是单一因素的。常是病毒病与细菌病同时发生或多种细菌病、病毒病、寄生虫病甚至普通病同时发生。临床上比较多见的同病多因和多病联发的是羔羊痢疾和其他几种梭菌、羔羊大肠杆菌、沙门氏菌混合感染或继发感染，羊的几种支原体病和巴氏杆菌混合或继发感染，羊痘和羊传染性胸膜肺炎混合感染，传染性胸膜肺炎和球虫病混合感染，附红细胞体与链球菌混合感染等，这些多病原的混合和继发感染产生混合的临床症状，这些症状会随各种病原体之间的比例改变而变化，而很少产生独特的典型症状，给诊断和防治工作带来很大的困难，给大足黑山羊养殖业造成了很大威胁。

（五）寄生虫病危害越来越严重

寄生虫病是危害养羊业的主要疾病之一，目前寄生虫病在放养大足黑山羊群有上升的趋势，主要有肝片形吸虫病、反刍兽绦虫病、羊消化道线虫病、无浆虫病、弓形虫病和螨病等。寄生虫病的发生，不仅导致羊的生长速度缓慢，降低了饲料报酬，使羊的生产性能降低，而且还可能引起细菌感染，导致死亡等。

（六）普通病比例增大

羊的普通病包括一些消化系统疾病、呼吸系统疾病、营养代谢病和中毒性疾病，其在规模羊场疾病中所占比例上升。如营养物代谢性疾病、霉菌毒素中毒、母羊产前产后瘫痪、不发情、酸中毒、霉菌性腹泻、前胃弛缓、瘤胃臌气、毒蛇咬伤等，导致羊场羔羊成活率低，也是制约规模化羊场经济效益的主要因素之一。

二、羊病的综合防控措施

大足黑山羊疾病防控必须遵循"预防为主""养防并重"的指导思想，重视免疫预防和药物预防，加强科学饲养管理和生物安全，才能取得预期的经济效益和社会效益，有效地推动大足黑山羊养殖业生态、高效、健康和可持续发展。

（一）注重饲养管理

搞好饲养管理，不喂发霉变质饲料，不饮污水和冰冻水，使羊膘肥体壮，增强个体的抗病能力。科学建造和改造羊舍，保证舍内空气清新，温度、湿度、密度、光照适宜，给羊提供一个舒适卫生的环境条件。专业户应选养健康的良种公羊和母羊，坚持自繁自养，合理放牧，适时补饲，保证羊只营养需要，增强羊的体质，提高羊只对疾病的抵抗能力。

（二）加强生物安全

羊场生物安全是指用于预防羊病的病原体进入羊群的全部管理实践。生物安全包括阻断致病性的病毒、细菌、真菌、寄生虫等侵入羊群，为保证羊只健康安全而采取的一系列疫病综合防范措施，是较经济、有效的疫病控制手段。最重要的措施是隔离卫生、消毒和免疫接种。

（三）重视羊场消毒

羊场消毒的目的是消灭传染源散播于外界环境中的病原微生物，切断传播途径，阻止疫病继续蔓延。羊场应建立切实可行的消毒制度，定期对羊舍地面土壤、粪便、污水、皮毛等进行消毒。

1. 羊场常用的消毒药及使用方法　目前养羊场常用的消毒剂主要有：聚维酮碘消毒液、威力碘、百菌消、百毒杀、消毒威、菌毒灭、菌毒敌、灭毒净、强力消毒灵、氢氧化钠、石灰、复合酚、福尔马林、过氧乙酸、漂白粉等。

消毒药的使用要按照使用说明书的规定配制溶液，掌握准确配比，不随意加大或降低药物浓度。消毒药液必须现用现配，混合均匀，避免边加水边消毒等现象。不随意将两种不同类型的消毒剂混合使用或同时消毒同一物品。要定期更换消毒剂，不能长时间使用一种消毒剂消毒同一种对象。

使用消毒药时，工作人员要注意做好自我保护，以免消毒药液损坏衣物或刺激手、皮肤、黏膜和眼等。同时也要注意消毒药液对羊群的伤害及对金属等物品的腐蚀作用。

2. 羊场环境及羊舍消毒

（1）生活区消毒　进入生活区的人员在羊场生活区门口经过简单消毒后，只能通过消毒间进入生活区与生产区，进入生活区的人员需在生活区消毒净化才能进入生产区。生活区的所有房间每天用消毒液喷洒一次，生活区的道路每周进行两次环境大消毒。外出归来的人员所带东西存放在外更衣柜中，所穿衣服先熏蒸消毒，再在生活区清洗后存放在外更衣柜中。

（2）羊场入口消毒　管理区入口大门应每天消毒一次。场区入口处的车辆消毒池长度应为大于进场车轮周长的两倍以上，宽度与整个入口相同，池内放入2%～4%氢氧化钠（烧碱）消毒液，每周更换3次，药液高度为15～20 cm，同时，配置低压喷雾消毒器械，对进场的生产车辆实施喷雾消毒。喷雾消毒液可采用0.1%百毒杀溶液、0.1新洁尔灭或0.5%过氧乙酸。

进入场区的物品，必须根据物品特点选择使用多种消毒形式（如紫外灯照射30～60 min，消毒药液喷雾、浸泡、擦拭或熏蒸消毒等）中的一种或组合进行综合消毒处理后才能进场存放。

进入羊场的所有人员，需经"换、踩、洗、喷（照）"四步消毒程序，即：更换场区工作服和胶靴、踩消毒液或消毒垫，消毒药液洗手，消毒药液喷雾或散射紫外线照射5～10 min，经过专用的消毒通道进入场区。

（3）生产区的消毒　每天对生产区主干道、厕所消毒一次。每天对羊舍门口、操作间清扫消毒一次，每周对整个生产区进行两次消毒，减少杂草上的灰尘。确保羊舍周围15 m内无杂物和过高的杂草。

羊舍除保持干燥、通风、冬暖、夏凉以外，平时还应做好消毒。一般分两个步骤进行：第一步先进行机械清扫；第二步用消毒液消毒。

每栋羊舍出入口应设消毒池，进出每栋羊舍均应进行鞋底消毒。

羊舍及运动场应每周消毒一次，整个羊舍用2%～4%氢氧化钠消毒或用(1∶1 800)～(1∶3 000)的百毒杀（或复合酚、聚维酮碘消毒液等）带羊消毒。

栏舍、设备和用具的消毒：视消毒对象不同可选用百毒杀、消毒威、菌毒敌、烧碱、过氧乙酸等消毒剂。空舍消毒可以用0.1%的百毒杀或0.3%～0.5%的过氧乙酸进行空气喷洒消毒，500 mL/m²，每次间隔2 d，共进行2次。喷洒时特别要注意容易残留污物的地方，如角落、裂隙、接缝和易渗透的表面，喷洒时先喷羊舍顶棚，再沿墙壁到地面。如果羊舍有密闭条件，舍内无羊，可关闭门窗，用高锰酸钾加福尔马林熏蒸消毒，消毒时先关闭门窗，将高锰酸钾加入陶瓷消毒器中，放入待消毒舍内中央，加入福尔马林，迅速关门离开，12～24 h 后，开窗通风 24 h。福尔马林的用量为 25～50 mL/m³，加高锰酸钾 20～25 g。

如果带羊消毒，消毒前，先清洁卫生，尽可能消除影响消毒效果的不利因素，如粪尿和生产垃圾等。羊舍内带羊消毒常用 0.1%过氧乙酸溶液、0.1%强力消毒灵溶液或 0.1%百毒杀溶液喷雾消毒。药液用量以舍内地面面积考虑，一般控制在 0.3～0.5 L/m²。

产房的消毒，在产羔前进行 1 次，产羔高峰时每天 1 次，产羔结束后再进行 1 次。

在病羊舍、隔离舍的出入口处应设置消毒池，池内放置浸有 4%氢氧化钠溶液的麻袋片或草垫。

（4）场区土壤消毒　平时土壤消毒表面可用 5%～10%漂白粉溶液或 4%福尔马林或 2%～4%氢氧化钠溶液，定期喷洒即可。若发生了疫情，对被污染土壤应在消毒前首先对土壤表面进行机械清扫，被清扫的表土、粪便、垃圾等集中深埋或生物发酵或焚烧处理。如果停放过芽孢杆菌所致传染病（如炭疽）病羊尸体的场所，应严格加以消毒，首先用上述漂白粉溶液或其他对芽孢有效的消毒药喷洒地面，然后将表层土壤挖起 30 cm 左右，撒上干漂白粉与土混合，将此表土妥善运出掩埋。

（5）粪便消毒　羊的粪便消毒方法有多种，最实用的方法是生物热消毒法，即在距羊场 100 m 以外无居民、河流、水井的地方设一堆粪场，将羊粪堆积起来，喷少量水，上面覆盖湿泥封严，堆放发酵 30 d 以上，即可作为肥料。

（6）污水消毒　最常用的方法是将污水引入处理池，加入化学药品（如漂白粉或其他氯制剂）进行消毒，用量视污水量而定，一般 1 L 污水用 2～5 g 漂白粉。

（7）垫料消毒　羊场特别是产仔舍或羔羊舍使用的垫料，可以通过阳光照射的方法进行消毒，这是一种最经济、简单的方法。将垫草等放在烈日下，曝晒 2～3 h，能杀死多种病原微生物。对于少量垫草，可以直接用紫外线照射 1～2 h，起到消毒作用。

（四）强调免疫接种

根据大足黑山羊主要养殖基地近几年来的主要疾病发生规律、流行特点及疫苗特性等制订合理的免疫程序，有组织、有计划地进行免疫接种，是预防和控制大足黑山羊疫病的重要措施之一。

近年来，对大足黑山羊危害较大的疫病主要有口蹄疫、羊传染性脓疱病（羊口疮）、山羊痘、羊快疫、羊猝疽、羔羊痢疾、肠毒血症、山羊传染性胸膜肺炎、恶性水肿、链球菌病等。对这些病应进行重点预防。

1. 必须免疫的疫病　在正常情况下，农户小规模养殖可以实行春秋两次防疫注射。每年3月和9月，注射羊口蹄疫疫苗预防口蹄疫，口腔黏膜内注射口疮弱毒细胞冻干疫苗预防羊口疮。冬季和春季，怀孕母羊在分娩前10～20 d时，可在两后腿内侧皮下注射羔羊痢疾氢氧化铝菌苗3 mL，注射后10 d产生免疫力，羔羊可以通过吃奶获得被动免疫，避免发生羔羊痢疾。规模养羊场按年度防疫方案进行防疫注射，其防疫程序根据邻近地区疫情和羊场的实际情况需要制订。预防接种前，应对被接种的羊群进行健康状况、年龄、怀孕、泌乳以及饲养管理检查和了解。每次接种后应进行登记，有条件的可进行定期抗体监测。大足黑山羊每年必须免疫的疫病有：羊快疫、羊猝疽、羔羊痢疾、肠毒血症、山羊传染性胸膜肺炎和羊口疮等。

2. 免疫程序及疫苗使用　根据大足黑山羊饲养管理的时期与阶段不同，免疫程序也不一样，详见表7-1至表7-3。

表7-1　大足黑山羊羔羊免疫程序

接种时间	疫苗种类	预防病名	接种部位及方法	保护期
7日龄	羊传染性脓疱皮炎灭活疫苗	羊口疮	口唇黏膜注射	12个月
15日龄	山羊传染性胸膜肺炎（氢氧化铝）灭活疫苗	山羊传染性胸膜肺炎	颈部两侧皮下或肌内注射	12个月
30日龄	羔羊大肠杆菌疫苗	羔羊大肠杆菌病	皮下注射	6个月
2月龄	山羊痘灭活疫苗	山羊痘	尾根皮内注射	12个月
2.5月龄	牛羊O型口蹄疫灭活疫苗	羊口蹄疫	肌内注射	6个月
3月龄	羊梭菌病三联四防灭活疫苗	羊快疫、羊猝疽、羔羊痢疾、肠毒血症	皮下或肌内注射（第一次）	6个月
	气肿疽灭活疫苗	气肿疽	皮下注射（第一次）	7个月
3.5月龄	羊梭菌病三联四防灭活疫苗	羊快疫、羊猝疽、羔羊痢疾、肠毒血症	皮下或肌内注射（第二次）	6个月
	气肿疽灭活疫苗	气肿疽	皮下注射（第二次）	7个月
4月龄	羊链球菌灭活疫苗	羊链球菌病	皮下注射	6个月

表 7-2 大足黑山羊成年母羊免疫程序

接种时间	疫苗种类	预防病名	接种部位及方法	保护期
配种前2周	牛羊 O 型口蹄疫灭活疫苗	羊口蹄疫	肌内注射	6个月
	羊梭菌病三联四防灭活疫苗	羊快疫、羊猝狙、羔羊痢疾、肠毒血症	皮下或肌内注射	6个月
产后1个月	羊梭菌病三联四防灭活疫苗	羊快疫、羊猝狙、羔羊痢疾、肠毒血症	皮下或肌内注射	6个月
	羊链球菌灭活疫苗	羊链球菌病	皮下注射	6个月
产后1.5个月	山羊痘灭活疫苗	山羊痘	尾根皮内注射	12个月
	山羊传染性胸膜肺炎（氢氧化铝）灭活疫苗	山羊传染性胸膜肺炎	颈部皮下或肌内注射	12个月

表 7-3 大足黑山羊成年公羊免疫程序

接种时间	疫苗种类	预防病名	接种部位及方法	保护期
配种前2周	羊梭菌病三联四防灭活疫苗	羊快疫、羊猝狙、羔羊痢疾、肠毒血症	皮下或肌内注射	6个月
	牛羊 O 型口蹄疫灭活疫苗	羊口蹄疫	肌内注射	6个月
配种前1周	羊链球菌灭活疫苗	羊链球菌病	皮下注射	6个月

（五）坚持定期驱虫

寄生虫病并不造成大量的羊只死亡，往往易被忽视，但严重影响羊场生产性能发挥，降低饲料饲草转化率。不仅严重危害中、小养殖场，也危害管理较好、设备先进的大型规模养殖场。原因：一是对寄生虫病的危害认识不够；二是对药物选择不当或防治方案不完善。只有把寄生虫病造成的损失降到最低限度，才能使羊的生产性能达到理想水平。大足黑山羊的体内外寄生虫病在重庆湿热环境下更易多发。因此，应定期对羊群进行驱虫。

1. **外寄生虫** 施行药浴或淋浴是防治山羊体外寄生虫的有效方法。少量羊可用浴缸或浴桶进行。羊只多时则要建药浴池。药浴前 8 h 停止采食，在入浴前 2～3 h 让羊饮足水，以防羊进入浴池后误饮药水造成中毒。一般先让健康的羊药浴，然后是有明显寄生虫病的羊。药液要淹没羊的全身，并要把羊的头部压入药液中 1～2 次。怀孕 2 个月以上的母羊不能药浴。药浴后的药液可以用于羊舍、运动场地和羊只经常走过的地方喷洒。

常用的药浴液可用 0.025% 的螨净液，也可用 0.003%～0.008% 的溴氰菊酯。

另外，体表寄生虫除药浴外，也可以用 1% 敌百虫或除癞灵喷洒体表和圈舍。

2. 内寄生虫　对体内寄生虫实施驱虫，一般实行两次全群驱虫制度，每年春末（3—4 月）、冬初（10—11 月）各驱虫一次较为合适。此外，放养羊群还可根据各场羊只状况，在水草丰茂前的 6—7 月追加驱虫一次。芬苯达唑、丙硫苯咪唑、阿维菌素都具有高效、低毒、广谱的优点，对于常见的体内寄生虫如胃肠道线虫、肺线虫、片型吸虫等均有效，可同时驱除混合感染的多种寄生虫，是较理想的驱虫药物。临床上常用 1% 阿维菌素注射剂，按每 10 kg 体重 0.3 mL 皮下注射驱虫。

（六）抓好药物预防

药物预防是对某些没有疫苗预防的疾病采取的预防性措施。通过定时定量在饲料或饮水中加入药物。常用的药物有恩诺沙星、土霉素粉剂等。一般连用 1～2 d，必要时也可酌情延长。

刚出生的羔羊，在吃初乳前内服 2 万 U 庆大霉素，或者内服土霉素 1 片或喂服乳酶生 1 片，3 d 后再喂庆大霉素 4 万 U，内服右旋糖酐铁片 1 片，可以预防腹泻、瘫软等疾病。

第二节　主要传染病和寄生虫病防控

一、主要传染病防控

（一）破伤风

破伤风又名"锁口风""强直症"，是由破伤风梭菌经伤口深部感染后产生外毒素、侵害神经组织所引起的一种急性、中毒性山羊传染病。放养山羊被植物刺篱等尖锐物刺伤后易感，以全身肌肉持续性或阵发性痉挛，以及对外界刺激反射兴奋性增高为特征。

1. 流行病学　不同年龄、品种和性别的羊均可感染发病，多见于羔羊和产后母羊。破伤风的发生主要是破伤风梭菌经伤口侵入羊体的结果，若创口小而深，创伤内发生坏死，创口被泥土、粪便或痂皮封盖，或创伤内组织损伤严重、出血、有异物，或在与需氧菌混合感染的情况下，破伤风梭菌才能在局部大量繁殖并产生毒素，即容易发病。

羊常因各种创伤，如刺伤、断脐、断尾、阉割、剪毛、断角、钉伤及产后等感染。有些发病羊见不到伤口，可能是伤口已愈合或经子宫、消化道黏膜损伤而感染。本病无季节性，常表现零星散发。羔羊易感性更高。

2. 临床症状　潜伏期一般为 4～6 d，长的可达 40 d。潜伏期长短与被刺伤感染创伤的性质、部位及侵入的破伤风梭菌数量等有关。

患病羊初期症状不明显，往往出现掉群，行动迟缓，头颈活动不灵活，采食、吞咽困难，常因急性胃肠炎而引起腹泻。随着病情的加重，出现卧立困难，不能自由卧下或立起，运步困难，四肢逐渐强直；两眼呆滞，耳朵直硬，牙关紧咬、口流白色泡沫，角弓反张，尾直，常发生轻度肠臌胀；易受到惊吓，突然的声响等外界刺激有可能使病羊骨骼肌发生痉挛而瞬间倒地。病情继续发展，出现四肢僵硬，呈"木马"状，不能采食和饮水，反刍停止，反射兴奋性增高，受触摸、声响、强光等外界刺激，痉挛状况加重，最后患病羊因呼吸功能障碍、系统功能衰竭而死，死亡率较高，一般发病后 1～3 d 死亡。病羊体温一般正常，死前可升高到 42 ℃。

3. 病理变化　一般无明显病理变化。窒息死亡的病羊，通常多见血液呈暗红色且凝固不良，黏膜及浆膜上有小出血点，肺脏充血、高度水肿。感染部位的外周神经有小出血点及浆液性浸润。肌间结缔组织呈浆液性浸润并伴有出血点。

4. 诊断要点　根据患病羊的创伤史和典型破伤风的特征性全身强直及特征性神经反射兴奋症状（如体温正常、神志清醒、反射兴奋增强、呈木马姿势、强直性举尾等），结合外伤、外科手术等创伤病史，排除类似症状后，即可确诊。该菌对青霉素敏感，磺胺药次之，链霉素无效。

诊断该病还应与马钱子中毒、脑膜炎、狂犬病相区别。马钱子中毒的痉挛发生迅速，有间断性，致死时间相对较长；脑膜炎患羊精神沉郁，牙关不紧闭，对外界刺激不出现远部肌肉的强直痉挛；狂犬病则有典型的恐水症状。

5. 治疗措施　将患病羊放入清洁、干燥、僻静、较黑暗的房舍，使病羊保持安静，避免声响刺激，减少痉挛发生次数，同时给予易消化的饲料和充足的饮水。对便秘、臌气的病羊，需用镇静药物及时处理，可用温水灌肠或投服盐类泻剂。

如果能发现伤口，要及时彻底清除伤口内的坏死组织，可用 3% 过氧化氢或 1% 高锰酸钾或 5%～10% 碘酊进行消毒处理，然后用青霉素、链霉素或破伤风抗毒素做伤口周围注射，以清除破伤风梭菌。

发病初期可先静脉注射 4% 乌洛托品 5～10 mL，再用破伤风抗毒素 5 万～10 万 U，肌内或皮下注射，1 次/d，以中和毒素。缓解肌肉痉挛，可用盐酸氯丙嗪注射液肌内注射，剂量按每千克体重 1～2 mg，或用 25% 硫酸镁注射液 5～20 mL/只，肌内注射，并配合 5% 碳酸氢钠 100 mL，静脉注射。发病初期用中药治疗也有一定疗效：全蝎、天麻、乌蛇、蝉蜕、僵蚕、天南星、川芎、羌活、独活、荆芥、薄荷各 9 g，防风、当归各 12 g，将以上各药共煎为水，分成 3 次灌服，2 次/d，直到痉挛消失为止。

如果找不到伤口，病羊出现较重病情，如病羊不能采食，可进行补糖、补液治疗，加用青霉素 40 万～80 万 IU，肌内注射，2 次/d，连用 5～7 d。如果出现牙关紧闭，可用 2% 普鲁卡因 5 mL 和 0.1% 肾上腺素 0.2～0.5 mL 混合后，注入两侧咬肌。如果胃肠机能紊乱，可内服健胃剂；心脏出现衰竭时，可注射安钠咖溶液。

6. 预防措施　加强饲养管理，防止发生外伤。因处理羔羊脐带或阉割而发生外伤时，要用 2%～5% 碘酊及时进行严格消毒。如果创口小而深、创内有坏死、创口被污物覆盖、组织损伤严重，应在 24 h 内紧急皮下注射破伤风类毒素 1 mL。如果是较大较深的创伤，除用 2%～5% 碘酊及时严格进行消毒处理外，应肌内注射破伤风抗血清 5 000～10 000 IU。

近年发现，大足黑山羊经常放养的羊群中，羊只在灌木丛采食时，常被刺或坚硬异物刺伤而引发本病，因此，应每年定期给大足黑山羊放牧羊群羊接种精制破伤风类毒素，皮下注射 1 mL，羔羊减半。接种后 21 d 产生免疫力，免疫期为 1 年，第二年再注射 1 次，免疫期可达 4 年。

（二）气肿疽

气肿疽又称为鸣疽，俗名黑腿病，是由气肿疽梭菌引起大足黑山羊的一种急性、热性、败血性传染病。该病的临床特征是突然发病，在股、臀、腰、肩和胸部等肌肉丰满处发生炎性、气性肿胀，按压有捻发音，并多伴发跛行。

1. 流行病学　气肿疽在大足黑山羊主要呈散发或地方性流行，总体上羊对该菌的易感性不强，自然病例并不多见。气肿疽梭菌常存在于土壤中，消化道感染是主要的传播途径。外伤和吸血昆虫叮咬也可传播。患病羊及处理不当的尸体或其排泄物、分泌物中的细菌，排出体外后形成芽孢污染土壤，该芽孢可长期存活，成为持久的传染来源，污染饲料和饮水，从而经口感染健康羊。该病多为散发，有一定的地区性和季节性，多发生于天气炎热的多雨季节，以及洪水泛滥时；夏季干旱酷热、昆虫活动时也易发生。

2. 临床症状　气肿疽病的潜伏期为 1～3 d。羊感染后往往突然发病，病羊体温升高至 41～42 ℃，初期兴奋不安，耳角发热，眼结膜潮红充血；呼吸、脉搏加快、次数增加；步态僵硬，背部软弱，呈现跛行；口角流有含血泡沫的垂涎。中后期食欲废绝，呆立不动；在股、肩、腰、背等处的肌肉出现气性肿胀，用指压留痕，四肢尤其明显，触诊敏感疼痛，并可以听到捻发音；切开肿胀处，从切口流出暗红色带有泡沫并有酸臭气味的液体。随着病情的发展，肿胀部较凉且渐无知觉，皮肤慢慢变干燥，呈紫黑色，捻发音更明显。最后体温下降，呼吸困难，心力衰竭而死亡。

3. 病理变化　病死羊尸体口、鼻、肛门流出带泡沫的暗红色液体，而且尸体迅速腐败，因皮下结缔组织气肿及瘤胃臌气而显著肿胀，由于胃肠胀气而导致肛门突出。

剖检见皮下组织有黄色胶样或出血性浸润，尸体丰满处肌肉组织呈海绵状，触之有捻发音，这种肿胀可向周围肌肉组织扩散。病变中心变黑色，其周围色泽变淡，有乳酪臭味。病变处切面呈污红色或灰红色、淡黄色或黑色相间，外观呈斑驳状。病死羊胸腔、腹腔和心包积液，色淡红或黄色，且在胸腔、腹膜常有纤维蛋白或胶冻状物质。全身淋巴结肿胀、出血并有浆液性浸润。心内膜及外膜有出血斑，心肌脆弱，肺充血、出血、间质水肿，肝充血呈暗黑色，稍肿大，实质有核桃大的坏死灶，脾不肿大。网膜、肠浆膜出血。

4. 诊断要点　该病在临床上可根据病羊出现高热、跛行，肌肉丰满处皮肤肿胀紧张，触诊有捻发音，叩诊发鼓音，病理变化可见局部呈黑色，肌肉干燥呈海绵样，病变肌肉和正常肌肉相间呈现斑驳状等表现，结合流行病学常可做出初步诊断。确诊需要进行细菌分离和鉴定。

气肿疽易与羊巴氏杆菌病、恶性水肿以及炭疽等相混淆，应注意鉴别。巴氏杆菌病的肿胀部主要见于咽喉部和颈部，为炎性水肿，硬固热痛，但不产气，无捻发音，常伴发急性纤维素性胸膜炎的症状与病变，血液与实质器官涂片染色镜检，可见到两级着色的巴氏杆菌。羊恶性水肿病是由腐败梭菌引起的主要表现体表气肿、水肿和全身性毒血症，病程短急，死亡率高，死后血液凝固不良，在病羊伤口周围发生弥漫性炎性水肿，病初坚实、灼热、疼痛，后变为无热、无痛，手压柔软，有轻度捻发音。创口常渗出不洁的红棕色浆液，恶臭。剖检也可见皮下结缔组织有红褐色或红黄色液体浸润。炭疽可使多种动物感染发病，局部肿胀为水肿性，没有捻发音，脾高度肿大，末梢血涂片镜检可见到竹节状炭疽杆菌。

5. 治疗措施　由于本病发病急、病程短，在发现病羊后，应立即大剂量地使用抗菌药物进行全身治疗，可有效地控制疫情的发展。

在早期，可在肿胀部位的周围，皮下或肌内分点注射1%～2%高锰酸钾溶液或0.1%甲醛溶液。如果肿胀位于腿的中部，可用带子扎紧肿胀部位的上方，以免沿循环途径向上蔓延。肌内注射青霉素，每次80万IU，2次/d，连用5 d。也可静脉滴注庆大霉素120万U或四环素1 g加入葡萄糖溶液中，1次/d，连用5 d。后期实施强心、补液，以提高治疗效果。5%碳酸氢钠注射液500 mL，1%地塞米松注射液3 mL，10%安钠咖注射液30 mL，5%葡萄糖生理盐水300 mL，一次静脉注射，碳酸氢钠与安钠咖分开注射，1次/d，直至病情解除。

6. 预防措施　加强饲养管理，不在污染牧场及低湿地区放牧羊只。尽量减少各种应激因素对羊群的刺激，保持羊舍清洁、卫生、干燥、宽敞、通风、保暖，饲喂富含营养的饲料，以增强羊只的抵抗力。疫区及受气肿疽威胁的地区，应通过接种气肿疽菌苗来进行预防。一旦发病，立即对病羊和可疑羊就地隔离治疗。严禁剥皮食用病死羊。对其污染的粪、尿、垫草等连同尸体一起深埋或焚烧处理。被污染的场地用25%漂白粉溶液或3%福尔马林溶液进行彻底消毒，以防止形成气肿疽疫源地。

在本病流行地区及其周围，可接种气肿疽甲醛灭活菌苗，近年来已研制出气肿疽、巴氏杆菌二联苗，对两种病的免疫期为1年。

（三）结核病

羊结核病是由结核分支杆菌引起的一种慢性传染病。临床特征是病程缓慢、渐进性消瘦、咳嗽、衰竭，并在多种组织器官中形成特征性肉芽肿、干酪样坏死和钙化的结节性病灶。大足黑山羊结核病较少见。

1. 流行病学　山羊结核病多呈散发或地方性流行，常因环境卫生差、通风不良等因素导致该病发生和传播。开放性严重病羊或其他病畜的痰液、粪尿、乳汁、泌尿生殖道分泌物及体表溃疡分泌物中都含有结核杆菌，可通过消化道、呼吸道和生殖道发生传播。母羊乳腺结核病可垂直传给羔羊。人结核病也可传给羊，所以患有结核病的病人不能作为养羊场工人或管理人员。

2. 临床症状　羊结核病症状与牛结核病相似。发病早期病羊不表现临床症状，当病重时食欲减退、全身消瘦、皮毛干燥、精神不振。经常排出黄色浓稠鼻涕，鼻液中偶尔含有血丝，呼吸带痰音（呼噜作响），发生湿性咳嗽，肺部听诊有显著啰音。部分病羊前肢或腕关节可发生慢性浮肿。母羊往往乳上淋巴结发硬、肿大、乳房有结节状溃疡。每当饲养管理不良时，即见食欲减退，迅速消瘦。尤其是在天气炎热的时候，病羊常常出现体温波动，体温上升达40～41 ℃，症状同时加剧。病羊在发病后期表现贫血，贫血严重时，乳房皮肤淡黄，粪球变为淡黄褐色。呼吸带臭味，磨牙、喜吃土，常因痰咳不出而高声叫唤。病羊最后出现严重消瘦，死前2 d左右体温开始下降，最后消瘦衰竭而死亡，死前高声惨叫。

3. 病理变化　病死羊剖检可见喉头和气管黏膜有溃疡，肋膜常有大片发炎，尤其与肺部严重病变区接触之处更为明显，发炎区域有胶样渗出物附着，发炎区之肋骨间有炎性结节，可见胸水呈淡红色，量增多。支气管及小支气管充有不同量的白色泡沫，肺脏的表面有粟粒大、枣子大至胡桃大的淡黄色脓肿，周围呈紫红色，最大的直径为3 cm，深度达4 cm，压之感软，切开时见充满豆渣样内容物。有的病羊出现全肺脏表面密布粟粒样的硬结节。乳上淋巴结肿胀。纵隔淋巴结肿大而发硬，前后连成一长条，内含黏稠肿液。心包膜内常有粟粒大到枣子大的结节，内含豆渣样内容物。肝脏表面有大小不等脓肿，或者聚集成片的小结节，常含豆渣样内容物，或因钙化而硬如砂粒。

4. 诊断要点　当大足黑山羊发生不明原因的渐进性消瘦、咳嗽、肺部异常、慢性乳腺炎、顽固性腹泻或下痢、体表淋巴结慢性肿胀等，可作为疑似本病的临诊依据。羊死后可根据特异性结核病变，不难做出诊断。必要时进行实验室细菌分离和微生物学检验或活羊结核菌素变态反应诊断（可用稀释的牛型和禽型两种结核菌素同时分别皮内接种 0.1 mL，72 h 判定反应，局部有明显炎症反应，皮厚差在 4 mm 以上者为阳性）。

5. 治疗措施　结核杆菌对磺胺类药物、青霉素及其他广谱类抗生素均不敏感，但对链霉素、利福平、异烟肼、对氨基水杨酸和环丝氨酸等药物敏感。对于有价值的种羊，可以采用链霉素、异烟肼、对氨基水杨酸钠或盐酸小檗碱治疗轻型病例。链霉素按每千克体重 10 mg 肌内注射，1 次/d，连用 15 d 为一个疗程。异烟肼按每千克体重 4～8 mg，分 3 次灌服，连用 1 个月。对于临床症状明显的病例，不必治疗，应该坚决扑杀，以防后患。

6. 预防措施　加强引进羊的检疫，防止引进带菌羊；将阳性反应的羊严格隔离，禁止与健康羊群发生任何直接或间接的接触。放牧时应避免走同一牧道及利用同一牧场；病羊所产的羔羊，立刻用 3% 克辽林或 1% 来苏儿溶液洗涤消毒，运往羔羊舍隔离饲养，用健康羊奶实行人工哺乳，禁止吸吮病羊奶，3 个月后进行结核菌素试验，阴性者方可与健康羊群混养。禁止将生乳出售或运往健康羊场进行消毒；若病羊为数不多，可以全部宰杀，以免增加管理上的麻烦及威胁健康羊群；如要增添新羊，必须先做结核菌素试验，阴性反应的才可引进。

（四）副结核病

大足黑山羊副结核病又称为副结核性肠炎，是由副结核分支杆菌引起山羊的一种慢性、接触性传染病。其特征为间歇性腹泻、进行性消瘦、肠黏膜增厚并形成皱襞。本病分布广泛，在青黄不接、草料供应不上、羊只体质不良时，发病率上升。转入青草期，病羊症状减轻，病情好转。

1. 流行病学　该病病原菌主要存在于病羊的肠道黏膜和肠系膜淋巴结中，通过粪便排出，污染饲料、饮水等，经过消化道感染健康羊，副结核菌对外界环境的抵抗力较强，因此可以存活很长时间（数月）。

山羊副结核病潜伏期长，发展缓慢，多数羊在幼龄时感染，经过很长的潜伏期，到成年时才表现出临床症状，发病率不高，但病死率极高，并且一旦在羊群中出现，则很难根除。在污染羊群中病羊数目通常不多，各个病例的发生和死亡间隔较长，因此本病表面上看似呈散发性，实际上为一种地方流行性疾病。

2. 临床症状　潜伏期数月至数年。病羊体温正常，早期症状为间断性腹泻，以后变为经常性的顽固腹泻。排泄物稀薄、恶臭，带有气泡、黏液和血液凝块。食欲起初正常，精神也良好，以后食欲有所减退，逐渐消瘦，眼窝下陷，精神不好，经常躺卧，尽管病畜消瘦，但仍有性欲。病羊体重逐渐减轻，间断性或持续性腹泻，腹泻有时可暂时停止，排泄物恢复常态，体重有所增加，然后再度发生腹泻。粪便呈稀粥状，体温正常或略有升高。发病数月后，病羊消瘦、衰弱、脱毛、卧地，患病末期可并发肺炎，染疫羊群的发病率为1%～10%，多数归于死亡。

3. 病理变化　病羊尸体极度消瘦，主要病变在消化道和肠系膜淋巴结，空肠、回肠和结肠前段，尤其是回肠，其浆膜和肠系膜显著水肿，肠黏膜增厚3～20倍，并发生硬而弯曲的皱褶。黏膜呈黄色或灰黄色，皱褶凸起处常呈充血状，并附有黏稠而混浊的黏液，肠壁明显增厚，但无溃疡、结节或坏死发生。浆膜下淋巴管和肠系膜淋巴管肿大，呈索状，淋巴结切面湿润，表面有黄白色病灶，有时有干酪样病变。

4. 诊断要点　根据该病的流行病学、临床症状和病理变化，一般不难做出初步诊断。但其他顽固性腹泻和渐进性消瘦病，如冬痢、沙门氏菌病、内寄生虫病、肝脓肿、肾盂肾炎、创伤性网胃炎、铅中毒、营养不良等，也有类似症状。因此，必须进行实验室鉴别诊断。

已有临床症状的病羊，可刮取直肠黏膜或取粪便中的小块黏液及血液凝块，尸体可取回肠末端与附近肠系膜淋巴结或取回盲瓣附近的肠黏膜，制成涂片，经抗酸染色后镜检。副结核杆菌为抗酸性染色红色的细小杆菌，呈堆或丛状。镜检时，应注意与肠道中的其他腐生性抗酸菌相区别，后者虽然亦呈红色，但较粗大，不呈菌丛状排列。在镜检未发现副结核杆菌时，不可立即做出否定的判断，应隔多日后再对病羊进行检查。有条件或必要时可进行副结核杆菌的分离培养。

变态反应诊断：对于没有临床症状或症状不明显的羊只，可以用副结核菌素或禽结核菌素做变态反应试验。变态反应能检出大部分隐性病羊，副结核菌素检出率为94%，禽型结核菌素为80%。

5. 治疗措施　本病尚无特效的药物治疗。发病后主要采取扑灭措施。

扑灭本病必须采取综合性防控措施。发现病羊和可疑羊，应及时隔离饲养，经实验室检查确诊后及时宰杀处理。对病羊污染的羊舍、羊栏、饲槽、用具、运动场等要用石炭酸等消毒药进行消毒。粪便应堆积，经生物发酵后方可利用。对假定健康羊群，每年要进行2次变态反应和粪便检查，连续2次检查结果为阴性，可视为健康羊群。

6. 预防措施　预防本病重在加强饲养管理，改善环境卫生条件。产羔圈应保持清洁、干燥，勤换垫草和定期消毒。羊群中出现进行性消瘦和衰竭的病羊，应认真查明原因。不要从疫区引进种羊，必须引进时，要进行隔离检疫，通过变态反应或对粪便进行检菌操作，确认健康方可混群。当场内羊群患有本病时，应特别注意防止交叉感染，严禁牛、羊混牧。被病畜粪便污染的草场，要确保至少1年内不在这种草场放牧。

（五）羔羊大肠杆菌病

大肠杆菌病亦称新生羔羊腹泻或羔羊白痢，是由致病性大肠杆菌引起的一种幼羔急性、致死性传染病。多发生于数日至6周龄的羔羊，其特征主要为病羔羊呈现剧烈的腹泻和败血症。

1. 流行病学　本病多发生于数日龄至6周龄的羔羊，偶有3～8月龄的羊发病，以2～6周龄的羔羊最易感，呈地方性流行或散发。病羊和带菌者为主要传染源，被本菌污染的饲料、饮水、垫草等物品均可成为污染物。通过消化道感染，直接接触和间接接触均可传染。羔羊先天性发育不良或后天性营养不良、气候不良、营养不足、羊舍阴暗潮湿、污秽、通风不良等条件，均能促使本病的发生。冬、春季舍饲期间多发，而放牧季节则很少发病。

2. 临床症状　潜伏期数小时至1～2 d。在临床上可分为败血型和下痢型。

（1）败血型　多发生于2～6周龄羔羊。病羔体温升高达41.5～42 ℃，精神委顿，结膜充血潮红，呼吸浅表，脉搏快而弱，四肢僵硬，运步失调，头常弯向一侧，视力障碍，继之卧地，磨牙。随着病情的发展，病羊头向后仰，四肢做划水动作。口流清涎，四肢冰凉，最后昏迷。有些病羔羊关节肿胀，腹痛。继发肺炎后呼吸困难。很少或无腹泻，常于发病后4～12 h死亡，发病急，死亡率高。

（2）下痢型　主要发生于7日龄内的羔羊，病初体温升高达41.5～42 ℃，出现下痢后，其体温下降或略升高。临床上以排黄色、灰白色、带有气泡或混有血液稀便为主要特征。病羔腹痛、拱背、咩叫、努责，虚弱卧地，后期病羔极度消瘦、衰竭，如不及时治疗，经24～36 h死亡，死亡率达15%～75%。

有时可见化脓性纤维素性关节炎。

3. 病理变化

（1）败血型　关节肿大，尤其是肘和腕关节肿大，滑液混浊，内含纤维素性脓性絮片。主要病变是在胸腔、腹腔和心包腔内见大量积液，内有纤维素。脑充血，有许多小出血点，大脑沟常含有大量脓性渗出物。

（2）下痢型　尸体严重脱水，剖检可见肠系膜淋巴结肿胀，切面多汁或充血。有的肺呈小叶性肺炎变化。病羊皱胃、小肠和大肠内容物呈黄灰色半液状，主要为急性胃肠炎变化，胃内乳凝块发酵，肠黏膜充血、出血和水肿，肠内混有血液和气泡。

4. 诊断要点　根据流行病学、临床症状、剖检变化，可做出初步诊断。确诊需进行细菌学检查。鉴别诊断：本病应与 B 型魏氏梭菌引起的初生羔羊下痢（羔羊痢疾）相区别。在病羔濒死或刚死时，可采取内脏和肠内容物做细菌分离培养，如能分离出纯致病性大肠杆菌，具有鉴别诊断意义。

5. 治疗措施　大肠杆菌对土霉素、新霉素、庆大霉素、卡那霉素、丁胺卡那霉素、磺胺类药物均具有敏感性，但近年来产生耐药性菌株较多，生产实际中应根据药敏试验选取敏感抗生素，同时配合护理和对症治疗。可用氟苯尼考（氟甲砜霉素）或土霉素 0.2～0.5 g、胃蛋白酶 2 g、稀盐酸 3 mL，加水 20 mL，一次灌服，1 次/d，连用 3～5 d；磺胺脒，第一次 1 g，以后每隔 6 h 内服 0.5 g。

对新生羔羊可同时加胃蛋白酶 0.2～0.3 g 内服；心脏衰弱者可注射强心剂，脱水严重者可适当补充生理盐水或葡萄糖盐水，必要时还可加入碳酸氢钠或乳酸钠，以防止全身酸中毒；对于有兴奋症状的病羊，可内服水合氯醛 0.1～0.2 g（加水内服）。

如果多数羔羊群发，可以在饮水中加入口服补液盐和电解多维饮水，对加速羔羊大肠杆菌病的治疗和恢复有很好的促进作用。

羔羊大肠杆菌病也可以采用中药治疗，该病属于中兽医湿热症范畴，当以清热化湿、凉血止痢为治法，宜白龙散加减治疗。

方 1（白龙散）：白头翁 15 g，地榆 15 g，黄连 12 g，胆草 12 g，萹蓄 12 g。粉碎后水煎 3 次，候温灌服。连用 3 d。

方 2：白头翁、秦皮、黄连、炒神曲、炒山楂各 15 g，当归、木香、杭芍各 20 g，车前子、黄柏各 30 g，加水 500 mL，煎至 100 mL，每次灌服 5～

10 mL，2 次/d，连用数天。

方 3：大蒜酊（大蒜 100 g，95％酒精 100 mL，浸泡 15 d，过滤即成）2～
3 mL，加适量温水一次灌服；或用杨树花（雄株花絮）制成 50％煎剂，羔羊
每次内服 10～30 mL，连用 3～5 d。

如病情好转，可用微生态制剂，如促菌生、调痢生、乳康生等，加速胃肠
功能的恢复，但不能与抗生素同用。

6. 预防措施　改善羊舍的环境卫生，保持圈舍干燥通风、阳光充足，消
灭蝇虫，做到定期消毒。对妊娠母羊加强饲养管理，对孕羊可以适当添加配合
日粮进行饲喂。注意羔羊防寒保暖，保证羔羊尽早吃到初乳，以增强羔羊的体
质和抗病力。对病羔要隔离治疗，对所污染的环境、物品可用 3％～5％来苏
儿溶液消毒。

预防羔羊大肠杆菌病，可用大肠杆菌氢氧化铝苗预防注射。也可用当地菌
株制成多价活苗或灭活苗，或注射高免血清，均可防治本病。

（六）弯曲菌病

羊弯曲菌病原名羊弧菌病，由弯杆菌属中的胎儿弯杆菌引起怀孕母羊流产
的一种传染病，其特征主要是羊暂时性不育、流产、胎儿死亡、早产和乳腺
炎。在大足黑山羊中较少发生。

1. 流行病学　山羊弯曲菌病主要通过消化道、生殖道感染，以直接或间
接方式传播。病母羊和带菌母羊为主要传染源，病原除存在于流产胎盘及胎儿
胃内容物之外，尚可存在于感染人和动物（如鸡、鸭、鹅等）的血液、肠内容
物及胆汁之中，并能在人、羊肠道和胆囊里生长繁殖。病母羊在流产时或流产
后，病菌只局限于胆囊而成为带菌者，也是传染源之一。本病多呈地方性流
行，在传染过程中，常具有在一个地区流行 1～2 年或更长一段时间后，停息
1～2 年又重新发病的规律。

2. 临床症状　病初常见母羊阴道黏液分泌增多，可持续 1～2 个月，黏液
常清澈，偶尔稍混浊。母羊生殖道病变导致怀孕胎儿早期死亡并被吸收，从而
不断虚假发情，不少羊发情周期不规则和延长。如果母羊怀孕的胎儿死亡较
迟，则发生流产。病母羊流产多发生于怀孕后的第 3 个月，分娩出死胎、死羔
或弱羔。开始时，羊群中流产数不多，1 周后迅速增加，流产率平均 5％～
20％。多数流产的母羊无先兆症状，有的羊流产前后，精神沉郁，阴户肿胀，

并流出带血的分泌物。大多数流产母羊可很快恢复，少数母羊由于死胎滞留而发生子宫炎、腹膜炎或子宫脓毒症，最后死亡，病死率约为5%。羊经第一次感染痊愈后，一般对感染具有抵抗力，因此该病一般不会形成习惯性流产后反复。

3. 病理变化　病死母羊病理剖检可见，阴道呈卡他性炎、黏膜发红，特别是子宫颈部分，可见子宫内膜炎、子宫蓄脓、腹膜炎。胎衣水肿，绒毛叶充血，有时可见坏死灶。流产胎儿的腹部皮下组织呈红色水肿，胸腹腔内有多量深红色的液体，偶见心冠部斑状出血，肺脏覆有灰黄色假膜，有的可见斑状瘀血。肝稍肿大，可见肝表面有1～5分硬币样圆形溃疡，少数病例可见瘀血斑，肾脏深红色。淋巴结稍肿大。胃内有多量淡红色的胶状物。

4. 诊断要点　根据妊娠羊流产以及产出弱胎或死胎、流产胎儿皮下水肿、肝脏坏死、子宫蓄脓等临床症状及病理变化可做初步诊断，确诊需进行细菌分离鉴定。

鉴别诊断：应与羊布鲁氏菌病、羊衣原体病和羊沙门氏菌病等类似疾病进行鉴别诊断。

5. 治疗措施　发病羊可内服四环素或氟苯尼考治疗。四环素按每千克体重每日服20～50 mg，分2～3次服完。5%氟苯尼考注射液每千克体重20～30 mg，肌内注射，2次/d，连用3～5 d。也可用庆大霉素每千克体重0.5万U，5%葡萄糖氯化钠注射液500 mL，静脉注射。还可用选用甲硝唑注射液每千克体重10 mg，静脉注射，1次/d，连用3 d。

流产母羊发生全身症状者，宜输液强心，解除自体中毒，可用10%葡萄糖溶液250 mL、10%氯化钙溶液10 mL、10%樟脑磺酸钠3 mL，一次静脉注射。用10%氯化钠溶液100 mL，冲洗子宫，然后子宫灌注青霉素160万IU，链霉素100万U，1次/d，连用3 d。

6. 预防措施　由于羊弯曲菌病病原主要在分娩时散播环境中造成扩散，因此产羔季节要实行一般的卫生防疫措施。加强妊娠母羊的放牧管理，特别注意饲草饲料和饮水的清洁卫生，细心观察羊群动态，流产母羊应严格隔离并进行治疗，一般隔离15～20 d。对流产的胎儿、胎衣及污物要深埋或焚烧。粪便、垫草等要及时清除并进行无害化处理。流产地点及时消毒除害。禁止出售病羊，避免病原扩散。本病流行点可用本场分离的菌株制备弯杆菌多价灭活疫苗，对母羊进行免疫接种，可有效预防流产。

（七）巴氏杆菌病

羊巴氏杆菌病是由多杀性巴氏杆菌引起的一种急性、热性传染病。急性病例主要以败血症和炎性出血为特征，故过去又称为出血性败血症，简称"出败"。慢性型常表现为皮下结缔组织、关节及各脏器的化脓性病灶，并多与其他疾病混合感染或继发。本病分布广泛，世界各地均有发生。

1. 流行病学　大足黑山羊巴氏杆菌病较少见，其中羔羊比成羊更易感，成羊较少发病。病羊和健康带菌羊是传染源，病原随分泌物和排泄物排出体外，主要经呼吸道、消化道感染，也可通过吸血昆虫和损伤的皮肤、黏膜而感染。本病发病率为10%～40%，死亡率达40%甚至更高。

巴氏杆菌病发病一般无明显的季节性，但以冷热交替、多雨的季节发生较多。体温失调，抵抗力降低，是本病主要的发病诱因之一，当饲养环境不佳、气候剧变、寒冷、闷热、潮湿、拥挤、圈舍通风不良、营养缺乏、饲料突变、寄生虫病等诱发因素存在时，易使羊只发病。本病多为散发，有时呈地方性流行。

2. 临床症状　山羊巴氏杆菌病潜伏期一般为2～5 d，临床上根据病程长短可分为最急性型、急性型和慢性型三种。

（1）最急性型　多见于哺乳期羔羊。突然发病，表现为虚弱、寒战、呼吸困难，往往呈一过性发作，在数分钟或数小时内死亡。

（2）急性型　病初体温升高至41～42 ℃，病羊精神沉郁，食欲废绝。呼吸急促，咳嗽，鼻孔常有出血或混有血液的黏性分泌物，颈部和胸下部有时发生水肿，眼结膜潮红，有黏性分泌物。初期便秘，后期腹泻，严重时粪便全部变为血水样，病羊常在严重腹泻后虚脱而死，病期2～5 d。该型羔羊多见。

（3）慢性型　主要见于成年山羊。病羊食欲减退，渐进性消瘦，不思饮食，呼吸困难，咳嗽，鼻腔流出脓性分泌物。有时颈部和胸下部发生水肿。部分病羊出现角膜炎，舌头有大小不等、颜色深浅不一的青紫块。病羊腹泻，粪便恶臭。濒死前极度衰弱，四肢厥冷，体温下降。病程可达20 d以上。

3. 病理变化

（1）最急性型　病死羔羊剖检往往见不到限制病理变化，偶尔可见黏膜、浆膜及内脏出血，淋巴结急性肿大。

（2）急性型　颈部和胸部皮下胶样水肿、出血，咽喉和淋巴结水肿、出血，周围组织水肿。上呼吸道黏膜充血、出血，并含有淡红色泡沫状液体。肺脏瘀血、水肿，少数可见出血。肝脏有散在的灰黄色病灶，其周围有红晕。胃肠道黏膜出血、浆膜斑点状出血。

（3）慢性型　病羊消瘦、贫血，皮下胶冻样浸润，可见到多发性关节炎、心外膜炎、脑膜炎等。胸腔内有黄色渗出物，常见纤维素性胸膜肺炎和心包炎，肺胸膜变厚、粘连，肺呈灰红色，有坏死灶，偶见有黄豆至胡桃大的坏死灶或坏死化脓灶。

4. 诊断要点　根据流行病学、临床症状和剖检变化，可初步做出诊断，确诊需要细菌学检查和动物试验。该病需与肺炎链球菌病和羊肠毒血症进行鉴别诊断。

（1）肺炎链球菌病　剖检时可见脾脏肿大，采取病羊心血及脏器组织涂片镜检，可看到呈双球形并有荚膜的革兰氏阳性3～5个相连的链球菌。

（2）羊肠毒血症　是由D型魏氏梭菌引起的疾病。羊肠毒血症尸体腐败较慢，皮下很少有带血的胶样浸润，肾脏软化呈泥状，大肠出血严重。

5. 治疗措施　庆大霉素、四环素以及磺胺类药物对本病都有良好的治疗效果。氟苯尼考按每千克体重10～30 mg，或庆大霉素按每千克体重1 000～1 500 U，或20%磺胺嘧啶钠5～10 mL，均肌内注射，2次/d。每千克体重用复方新诺明片10 mg，内服，2次/d，直到体温下降、食欲恢复为止。

可每只羊注射青霉素320万IU、链霉素200万U、地塞米松磷酸钠15 mg，对体温高的加30%安乃近注射液10 mL，效果良好。对有神经症状的病羊同时应用维生素B₁注射液进行注射，1次/d，连用3 d。心脏衰弱时，用安钠咖或樟脑等强心。呼吸困难时，可行气管切开术。

中药治疗：

方1：冰片、硼砂等份，研成细末，吹入病羊喉内。或用蟾酥10 g，麝香10 g，螳螂4个（焙干）研成细末，拌匀吹入喉内。同时用山豆根20 g，金银花、元参、山栀子、射干、连翘、牛蒡子、黄连各10 g，煎水灌服。

方2：贝母、白芷、苍术、细辛、茯苓各12 g，半夏、知母、芫荽、川芎、天花粉各14 g，共研细末，每次30 g，加生姜6 g，酒10 g灌服。

方3：射干、连翘、金银花、山栀子、板蓝根各15 g，款冬花、瓜蒌、知母、杏仁、贝母各14 g，蝉蜕、甘草各12 g，煎水灌服（高热稽留时比较适用）。

方 4：兰花白根草、山栀子、射干、山豆根各 15 g，水煎，萝卜籽、橘皮各 12 g，加水捣烂，混合灌服。

方 5：金银花、蒲公英、瓜子金、十大功劳、薄荷、天胡荽、石斛、瓜蒌各 15 g，水煎，灌服。

方 6：元参、大青、狐狸藤、鱼腥草、麦冬各 15 g，水煎，灌服。

方 7：白药（金钱吊蛤蟆）20 g，研末，明矾 15 g，食盐 10 g，水冲，灌服。

以上处方可根据具体情况选用。

6. 预防措施　山羊巴氏杆菌病的预防，在平时应注意饲养管理，搞好环境卫生，增强机体抵抗力，避免羊只受寒、拥挤等。长途运输时，防止过度劳累。定期消毒。每年定期进行预防接种，用羊巴氏杆菌组织灭活疫苗对羊群进行紧急免疫接种，可收到良好的免疫效果。

发生羊巴氏杆菌病时，应将病羊隔离，严密消毒，发病羊群还应实行封锁。同群的假定健康羊，可用高免血清进行紧急预防注射，隔离观察一周后，如无新病例出现，再注射疫苗。如无高免血清，也可用疫苗进行紧急预防接种，但应做好潜伏期病羊发病的紧急抢救准备。发病后用 5％漂白粉液或 10％石灰乳等彻底消毒圈舍、用具。

（八）布鲁氏菌病

羊布鲁氏菌病是由布鲁氏菌所引起的人兽共患慢性传染病，简称"布病"。在家畜中，牛、羊、猪最常发生该病，且可传染给人和其他家畜。此病的特征是生殖器官和胎膜发炎，引起流产、不育和各种组织的局部病灶。布鲁氏菌属有 6 个种，即马耳他布鲁氏菌、流产布鲁氏菌、猪布鲁氏菌、沙林鼠布鲁氏菌、绵羊布鲁氏菌和犬布鲁氏菌。

1. 流行病学　大足黑山羊保种区和主要饲养区尚未发现本病。病羊是主要传染源，山羊最易感，母羊比公羊易感，产羔期最易感染，成年羊比幼龄羊易感。病羊和带菌羊为本病的主要传染源。

病菌主要存在于患畜的体内，随乳汁、脓汁、流产胎儿、胎衣、生殖道分泌物等排出体外，污染饲料、饮水及周围环境，经消化道、呼吸道、皮肤黏膜、眼结膜等传染给其他家畜，吸血昆虫可成为传播媒介。病公羊的精液中也含有大量的病原菌，随配种而传播。羊群感染后，开始少数妊娠羊流产，以后逐渐增多，严重时可达半数以上，多数病羊只流产一次。第一次妊娠的羊流产多，占 50% 以上，多数病羊很少发生第二次流产。

在疫区发生流产少，而发生子宫炎、乳腺炎、关节炎，局部脓肿以及胎衣停滞。交配不当、圈舍拥挤、光线不足、通风不良、寒冷潮湿、饲料供给不足或品质不佳，机体抵抗力下降等因素可促使本病的发生和流行。

2. 临床症状　山羊布鲁氏菌病潜伏期为 14～180 d。其主要表现是流产，山羊流产率有时高达 40%～90%。流产前体温升高、精神沉郁、食欲减退、口渴，由阴道排出黏液或带血的黏液性分泌物，有时掺杂血液。流产的胎儿多数死亡，成活的则极度衰弱，发育不良。流产胎儿呈败血症变化，浆膜和黏膜有出血斑点，皮下出血、水肿。

产后母羊子宫增大，黏膜充血和水肿，质地松弛，肉阜明显增大出血，周围被黄褐色黏液性物质所包围，表面松软污秽，出现慢性子宫炎的表现，致使病羊不孕。有的病羊发生慢性关节炎及黏液囊炎，病羊跛行，重症病例可呈现后躯麻痹，卧地不起，常因采食不足、饥饿而死。

公羊除发生关节炎外，有时发生睾丸炎、附睾炎，睾丸肿大，触诊局部发热，有痛感。乳山羊早期有乳腺炎症状，触之乳房乳腺有小的硬结节，泌乳量减少，乳汁内有小的凝块。少部分病羊发生角膜炎和支气管炎。

3. 病理变化　山羊布鲁氏菌病的病变多发生在生殖器官，可见胎膜呈淡黄色的胶冻样浸润，有些部位覆有纤维素絮状脓液，有的增厚且有出血点。绒毛叶贫血呈苍黄色，或覆有灰色或黄绿色纤维蛋白絮片，或覆有脂肪渗出物。胎儿脐带呈浆液性浸润、肥厚。胎儿皮下呈出血性浆液性浸润。胎儿和新生羔可见有肺炎。淋巴结、脾脏和肝脏有不同程度的肿胀，有的呈现局灶性坏死。胎儿的胃特别是第四胃中有淡黄色或灰白色絮状物，肠胃和膀胱的浆膜下可见点状出血或线状出血。有些病羊有化脓性或卡他性的子宫内膜炎、脓肿、输卵管炎及卵巢炎。病公羊的精囊有出血点和坏死灶，在睾丸和附睾内有榛子大的炎性坏死灶和化脓灶，有时整个睾丸发生坏死。慢性病例的睾丸和附睾可见结缔组织增生。

4. 诊断要点　根据流行病学特点、流产胎儿胎衣等病理变化，可怀疑本病。以细菌学检查、血清学检查和变态反应进行确诊。鉴别诊断要点：

（1）山羊衣原体病　山羊衣原体病是由鹦鹉热衣原体引起的一种传染病，临床上以发热、流产、死产和产出弱羔为特征。

（2）羊弯曲菌病　羊弯曲菌病是由胎儿弯曲菌亚种引起妊娠母羊流产的一种传染病，临床上以暂时性不育和发情期延长为主要特征。

（3）羊沙门氏菌病　羊沙门氏菌病是由羊流产沙门氏菌、鼠沙门氏菌和都柏林沙门氏菌引起的传染病。临床以羔羊下痢、妊娠母羊流产为特征。

5. 治疗措施　目前尚无理想的治疗药物。山羊布鲁氏菌病以预防为主，一般不予治疗。一旦发现山羊布鲁氏菌病，应立即淘汰病羊和检疫同群羊。

若是珍贵种山羊一定要治疗时，一旦发现病羊，应隔离，并用链霉素肌内注射，按每千克体重 10 mg，2 次/d。四环素肌内注射，每日每千克体重 5～10 mg，2 次/d，连用 3～5 d。在治疗过程中要避免消化道给药。

6. 预防措施　由于大足黑山羊养殖区是布鲁氏菌病无疫区，因此，在大足黑山羊饲养区应以预防为主，且在大足黑山羊饲养区严禁使用布鲁氏菌病疫苗免疫。

主要做法是每年应定期对羊群进行布鲁氏菌病的血清学检查，对阳性或可疑羊只扑杀淘汰，以淘汰销毁为宜。对圈舍、饲具等要彻底消毒，流产胎儿、胎衣、羊水和生殖道分泌物应深埋。饲养人员注意做好防护工作，以防感染。

（九）沙门氏菌病

山羊沙门氏菌病又名副伤寒，俗称血痢，是由羊流产沙门氏菌、鼠沙门氏菌和都柏林沙门氏菌引起的一种传染病。其临床特征羔羊发生败血症和肠炎，妊娠母羊发生流产。本病遍发于世界各地，对山羊的繁殖和羔羊的健康带来严重威胁。沙门氏菌的许多血清型可使人感染，发生食物中毒和败血症等，是重要的人兽共患病病原体。

1. 流行病学　本病四季均可发生，呈散发性或地方流行性。育成期羔羊常于夏季和早秋发病，孕羊则在晚冬、早春季节发生流产。不同性别、年龄、品种的羊均易感，羔羊易感性较成年羊高，其中以断奶或断奶不久的羊最易感。病羊和带菌羊是本病的主要传染源。病原菌可通过羊的粪便、尿液、乳汁、流产胎儿、胎衣，羊水污染的饲料、工具和饮水等，经消化道感染健康羊。病羊与健康羊交配或用病公羊的精液人工授精可发生感染。一般羊舍卫生条件恶劣、潮湿，饲养密度过大，羊群拥挤，饲料和饮水缺乏，长途运输，母羊奶水不足等因素均可诱发本病。

2. 临床症状　根据临床表现可分为流产型和下痢型。

（1）流产型　怀孕母羊常于怀孕的最后 1/3 时期发生流产或死产。病羊体温升至 40～41 ℃，厌食，精神沉郁，部分羊有腹泻症状，阴道常排出有黏性带血丝或血块的分泌物。发病母羊可在流产后或无流产的情况下死亡。病母羊产下的活羔，表现衰弱、委顿、卧地，稀粪混有未消化饲料，粪便恶臭，多数羊羔拒食，常于 1～7 d 死亡。羊群暴发一次，一般可持续 10～15 d，流产率与病死率可达 60％。其他羔羊的病死率可达 10％，流产母羊一般 5％～7％死亡。

（2）下痢型　多见于 7～20 日龄的羔羊，体温升高达 40～41 ℃，食欲减退，腹泻，排黏性带血稀粪，有恶臭。精神沉郁、虚弱、低头拱背，继而卧地、昏迷，最终因衰竭而死亡。病程 1～5 d，有的经 2 周后可恢复。耐过病羔生长发育缓慢。发病率一般为 30％，死亡率 25％。

3. 病理变化　流产或死产的胎儿以及产后一周内死亡的羔羊，常表现败血病变。组织水肿、充血。肝脏、脾脏肿大，有灰色病灶。胎盘水肿、出血。死亡母羊呈急性子宫炎症状，其子宫肿胀，常内含坏死组织、浆液性渗出物和滞留的胎盘。

下痢型羊尸体后躯常被稀粪污染，大多数组织脱水，心内、外膜有小出血点。病羊真胃和小肠空虚，内容物稀薄，常含有血块。肠黏膜充血，肠道和胆囊黏膜水肿。肠系膜淋巴结肿大、充血。

4. 诊断要点　根据流行病学、临床症状和病理变化，可做出初步诊断，确诊需依靠实验室诊断结果。应注意与引起羔羊痢疾的 B 型魏氏梭菌和引起羔羊下痢的大肠杆菌进行鉴别诊断。

5. 治疗措施　发生羊沙门氏菌病的病羊在初期应用抗血清有特效，也可选用抗生素或磺胺类药物治疗。首选药物为氟甲砜霉素（氟苯尼考）、恩诺沙星等，其次是庆大霉素、新霉素、土霉素和磺胺间甲氧嘧啶等。

氟甲砜霉素（氟苯尼考），羔羊按每天每千克体重 30～50 mg，分 3 次内服；成年羊按每次每千克体重 10～30 mg，肌内或静脉注射，2 次/d。

青霉素 80 万～160 万 IU，肌内注射，2 次/d，连用 2～3 d。20％磺胺嘧啶钠 5～10 mL，肌内注射，2 次/d。磺胺嘧啶 5～6 g，碳酸氢钠 1～2 g，内服，2 次/d，连用 2 d 以上，羔羊用量减半。

中药治疗：

方 1：用大蒜酊（大蒜 100 g，95％酒精 100 mL，浸泡 5～7 d），喂服。

方 2：白头翁、秦皮、黄连、炒神曲、炒山楂各 15 g，当归、木香、杭菊各 25 g，车前子、黄柏各 12 g，加水 500 mL，煎至 100 mL，每次 3～5 mL 灌服，2 次/d，连用 3～5 d。

方 3：加减承气汤：大黄 14 g，朴硝 15 g（另包），酒黄芩、焦山栀、甘草、枳实、厚朴、青皮各 10 g，将上药（除朴硝外）捣碎，加水 400 mL，煎汤 100 mL，然后加入朴硝。病初羔羊服 20～30 mL，用胃管服，只服 1 次，如已腹泻 2～3 d，则可服方 2。

6. 预防措施　加强饲养管理，保持圈舍清洁卫生，防止饲料和饮水被病原污染。羔羊在出生后应及早哺喂初乳，并注意保暖。发现病羊应及时隔离、治疗。被污染的圈栏要彻底消毒，发病羊群进行药物预防。对流产母羊及时隔离治疗，流产的胎儿、胎衣及污染物进行销毁，流产场地进行全面彻底消毒处理。对可能受传染威胁的羊群，有条件时注射相应疫苗进行预防。

（十）链球菌病

山羊链球菌病是由羊溶血性链球菌引起的一种急性、热性、败血性传染病。因发病山羊咽喉部及下颌淋巴结肿胀，俗称"嗓喉病"，又由于常继发大叶性肺炎、呼吸高度困难、各脏器出血、胆囊肿大，故有些地区又叫"大胆病"。其特征是全身出血性败血症及浆液性肺炎与纤维素性胸膜肺炎，胆囊肿大。

1. 流行病学　山羊链球菌病多发于羔羊。病羊和带菌羊是本病的主要传染源，病原多存在于鼻液、鼻腔、气管和肺部，通过分泌物排出体外造成传染。主要通过呼吸道途径，损伤皮肤、黏膜以及羊虱蝇等吸血昆虫叮咬传播。本病一般于冬、春季节，天气剧变，气候寒冷、闷热、潮湿，通风不良、空气干燥、草质不良，羊群过大、大小混养、运输等因素作用时，羊机体抵抗力降低，可诱发本病。

2. 临床症状　羊链球菌病人工感染时的潜伏期为 3～10 d，最急性的病程在 24 h 内死亡，急性的病程多为 2～3 d，很少病程达到 5 d 以上。自然病例感染的潜伏期为 2～7 d，少数可长达 10 d。死亡率达 80%。临床上将本病分为最急性型、急性型、亚急性型和慢性型。

（1）最急性型　病羊发病初期临诊症状不明显，常于 24 h 内死亡，或在清晨检查圈舍时发现死于圈内。

（2）急性型　病羊病初体温升高到 41 ℃以上，全身症状明显，起卧频繁、精神委顿、垂头、闭目、弓背、呆立、不愿走动、居于一隅。饮食减退或废绝，停止反刍。眼结膜充血，流泪，随后出现浆液性分泌物。鼻腔流出浆液性脓性鼻汁。咽喉肿胀，咽喉和下颌淋巴结肿大，呼吸困难，流涎、咳嗽。粪便有时带有黏液或血液。孕羊阴门红肿，多发生流产。最后衰竭倒地，多数窒息死亡。临死前出现磨牙、抽搐、惊厥等症状。多数病程为 2～3 d。

（3）亚急性型　体温升高，食欲减退。流黏液性透明鼻液，咳嗽、呼吸困难。粪便稀软带有黏液或血液。嗜卧，不愿走动，走时步态不稳。病程为 1～2 周。

（4）慢性型　一般轻度发热，消瘦、食欲不振、腹围缩小、步态僵硬。有的羊咳嗽，有的出现关节炎。排蛋清样的黏液，逐渐混有血液，少数病例的黏液中混有粪便，肛门及尾根周围附着黏液性污垢。病程为 1 个月左右，最终死亡。

3. 病理变化　死亡羊只剖检以败血性变化为主，尸僵不显著或不明显。最突出的病变是各脏器广泛出血，淋巴结肿大、出血。咽喉部黏膜极度水肿，鼻、咽喉、气管黏膜出血，其中有淡红色泡沫状液体。肺脏水肿、气肿，肺实质出血、肝变，呈大叶性肺炎症状。胸、腹腔及心包积液。心内、外膜都有点状出血，心肌混浊。肝肿大，呈泥土色，边缘钝厚，表面有出血点。胆囊肿大2～4 倍，其黏膜充血、出血、水肿，胆汁呈淡绿色或因出血而似酱油状。肾脏质地变脆、变软、肿胀、梗死，被膜不易剥离。胃肠黏膜肿胀，有的部分脱落，幽门充血及出血，第三胃内容物干如石灰，第四胃内容物稀薄，黏膜充血出血，十二指肠内变成黄色，回盲瓣区域间或有充血及出血。膀胱内膜有出血点。各脏器浆膜面常覆有黏稠、丝状的纤维素样物质。

4. 诊断要点　根据临床症状和剖检变化，结合流行病学可进行初步诊断，确诊需进行实验室检查。应与炭疽、羊梭菌性痢疾、羊巴氏杆菌病相鉴别。炭疽病羊缺少大叶性肺炎症状，病原形态不同。羊梭菌性痢疾一般不出现高热和全身广泛出血变化。

5. 治疗措施　发病初期用青霉素或磺胺类药物进行治疗。青霉素 80 万～160 万 IU 肌内注射，2 次/d，连用 2～3 d。20％磺胺嘧啶钠 5～10 mL，肌内注射，2 次/d，或磺胺嘧啶 5～6 g，碳酸氢钠 1～2 g，内服，2 次/d，连用1～2 d。以上用量羔羊减半。

重症羊可先肌内注射尼可刹米，以缓解呼吸困难，再用盐酸林可霉素或壮

观霉素注射液按 $0.1\sim0.2$ mL/kg 剂量肌内注射，1 次/d，连用 $5\sim7$ d。同时用特效先锋霉素 50 万～150 万 U，加地塞米松 $2\sim5$ mg，0.5% 葡萄糖氯化钠液 $250\sim500$ mL，维生素 C $5\sim10$ mL，维生素 B_{12} $5\sim10$ mL，混合一次缓慢静脉注射，2 次/d，连用 2 d，症状减轻后改为 1 次/d，连用 2 d。

局部治疗：先将下颌、关节及脐部等处局部脓肿切开，清除脓汁。然后清洗消毒，涂抗生素软膏。

6. 预防措施　加强饲养管理，增加营养，提高机体抵抗力。未发病地区勿从发病点引羊。做好夏秋抓膘、冬春防寒保温工作。

发病后，及时隔离病羊，粪便堆积发酵处理。在发病羊群周围的水源、牧场、圈舍等环境中撒布草木灰、生石灰消毒；羊圈可用含 1% 有效氯的漂白粉、10% 石灰乳、3% 来苏儿等消毒液消毒。加强清洁工作，清除牧场或圈舍遗留的皮毛和尸骨，进行深埋或焚烧。

在本病流行区，羊群要固定草场、牧场放牧，避免与未发病羊群接触。常发病地区坚持免疫接种，每年发病季节到来之前，用羊链球菌氢氧化铝甲醛疫苗进行预防接种。6 月龄以上羊 5 mL/只，6 月龄以下羊 3 mL/只，3 月龄以下羔羊 $2\sim3$ 周后重复接种一次。免疫期可维持 6 个月以上。对未发病羊提前注射青霉素或抗羊链球菌血清有良好的预防效果。

（十一）羊猝疽

羊猝疽是由 C 型产气荚膜梭菌毒素引起的一种急性传染病，以溃疡性肠炎和腹膜炎为特征。羊猝疽和羊快疫可混合感染，其特征是发病突然，病程极短，几乎看不到临诊症状即死亡，胃肠道呈出血性、溃疡性炎症变化，肠内容物混有气泡，肝肿大，质脆且色多变淡，常伴有腹膜炎。此病能造成急性死亡，对养羊业危害很大。

1. 流行病学　羊猝疽主要发生于成年羊，以 $1\sim2$ 岁羊发病最多。病羊和带菌羊是该病的主要传染源，主要是食入被该菌污染的饲草、饲料及饮水等，经消化道感染。常见于低洼、沼泽地区，多发生于冬春季节，常呈地方流行性，大足黑山羊多见于放养羊群。

2. 临床症状　羊猝疽的病程短促，常未见到临诊症状即死亡，如晚间归圈时正常，次日早上发现死于圈内。白天放牧时，有时发现病羊掉队、卧地，表现不安、衰弱、痉挛，眼球突出等症状后在数小时内死亡。羊快疫及羊猝疽常混合感染。根据这几年的观察，有最急性型和急性型两种临床表现。

（1）最急性型　一般见于流行初期。病羊突然停止采食，精神不振，四肢分开，弓腰，头向上，喜伏卧，头颈向后弯曲，行走时后躯摇摆，磨牙，不安，有腹痛表现。眼羞明流泪，结膜潮红，呼吸促迫。从口鼻流出泡沫，有时带有血色。随后呼吸愈加困难，痉挛倒地，四肢做游泳状，迅速死亡。从出现症状到死亡通常为几分钟至几小时。

（2）急性型　一般见于流行后期。病羊食欲减退，步态不稳，排粪困难，有里急后重表现。喜卧地，牙关紧闭，易惊厥。粪团变大，色黑而软，混有炎症产物或脱落黏膜，排油黑色或深绿色的稀粪，有时带有血丝。一般体温不升高。从出现症状到死亡通常为 1 d 左右，也有少数病例延长到数天的。发病率 6%～25%，个别羊群高达 30%，发病羊几乎 100% 归于死亡。

3. 病理变化　病理变化主要见于循环系统和消化道。病羊刚死时骨骼肌表现正常，但在死后 8 h 内，细菌在骨骼肌里增殖，使肌间积聚血液，肌肉出血，有气性裂孔，骨骼肌的这种变化与黑腿病的病理变化十分相似。病死羊胸腔、腹腔和心包大量积液，心包积液暴露于空气后，可形成纤维素絮块。浆膜上有小点状出血。肾脏在病程短促或死后不久的病例，多无肉眼可见变化，病程稍长或死后时间较久的，可见有软化现象，肾盂常储积白色尿液。膀胱积尿，量多少不等，呈乳白色。最急性的病例，胃黏膜皱襞水肿，增厚数倍，黏膜上有紫红斑。急性病例前三胃的黏膜有自溶脱落现象，真胃黏膜坏死脱落，黏膜水肿，有大小不一的紫红斑，甚至形成溃疡。十二指肠和空肠黏膜严重充血、糜烂，有的肠段可见大小不等的溃疡。肠系膜淋巴结有出血性炎症。小肠黏膜水肿、充血，黏膜面常附有糠皮样坏死物，肠壁增厚，结肠和直肠有条状溃疡，有条、点状出血斑点，小肠内容物呈糊状，其中混有许多气泡，并常混有血液。

混合感染羊快疫和羊猝疽死亡的羊，体况多在中等以上。尸体迅速腐败，腹围迅速胀大，可视黏膜充血，血液凝固不良，口鼻等处常见有白色或血色泡沫。全身淋巴结水肿，颌下、肩前淋巴结充血、出血及浆液浸润。肌肉出血，肩前、股前、尾底部等处皮下有红黄色胶样浸润，在淋巴结及其附近尤其明显。部分病例胸腔有淡红色混浊液体，心包内充满透明或血染液体，心脏扩大，心外膜有出血斑点。肺呈深红色或紫红色，气管内常有血色泡沫。大多数病例出现血色腹水，肝脏多呈水煮色，混浊、肿大、质脆，被膜下常见有大小不一的出血斑，切开后流出含气泡的血液，多呈土黄色，胆囊胀大，胆汁浓稠呈深绿色。脾多正常，少数瘀血。

4. 诊断要点　本病病程急速，生前诊断比较困难。如果羊突然发病死亡，死后又发现胸腔、腹腔、心包有积水，肝肿胀而色淡，第四胃及十二指肠等处有急性炎症，肠内容物中有许多小气泡等变化时，应怀疑可能为该病。确诊需进行微生物学和毒素检查。

5. 防治措施　由于本病的病程短促，往往来不及治疗，因此，必须加强平时的防疫措施。发生本病时，将病羊隔离，对病程较长的病例试行对症治疗，也可马上用大剂量青霉素肌内注射，每只羊 100 万～200 万 IU。当本病发生严重时，转移牧地，可收到减少和停止发病的效果。

将所有未发病羊只转移到高燥地区放牧，加强饲养管理，防止受寒感冒，避免羊只采食冰冻饲草饲料，早晨出牧不要太早。

同时用菌苗进行紧急接种。在本病常发地区，每年可定期注射 1～2 次羊快疫、羊猝疽二联菌苗或快疫、猝疽、肠毒血症三联干粉菌苗。由于吃奶羔羊产生主动免疫力较差，故在羔羊经常发病的羊场，应对怀孕母羊在产前进行两次免疫，第一次在产前 1～1.5 个月，第二次在产前 15～30 d，但在发病季节，羔羊也应接种菌苗。

（十二）羊黑疫

羊黑疫又名传染性坏死性肝炎，是由 B 型诺维氏梭菌引起的一种山羊急性、高度致死性毒血症。其特征是突然发病，病程短促，皮肤发黑，肝实质发生坏死病灶。

1. 流行病学　诺维氏梭菌能使 1 岁以上的羊感染，以 2～4 岁羊只发生最多。发病羊多为营养较好的肥胖羊只。病原体的芽孢广泛存在于土壤中。病羊和带菌羊是该病的主要传染源，食入被该菌污染的饲草、饲料及饮水等，经消化道感染。采食被芽孢污染的饲料后，进入消化道，再由肠壁进入肝脏而致病。与肝片吸虫的感染有密切关系，因此多发于春、夏肝片吸虫流行的低洼潮湿地区。

2. 临床症状　羊黑疫在临床上与羊快疫、肠毒血症等极其类似。病程十分急促，绝大多数情况是未见有病而突然发生死亡。少数病例病程稍长，可拖延 1～2 d，但没有超过 3 d 的。病羊掉群，不食，呼吸困难，体温 41.5 ℃左右，呈昏睡俯卧，突然死去。

3. 病理变化　羊黑疫病死羊尸体皮下静脉显著充血，其皮肤呈暗黑色外观（黑疫之名即由此而来）。胸部皮下组织经常水肿。浆膜腔有液体渗出，暴露于空气易于凝固，液体常呈黄色，但腹腔液略带血色。左心室心内膜下常出血。肝脏充血肿胀，从表面可看到或摸到有一个到多个凝固性坏死灶，坏死灶的界限清晰，灰黄色，不整圆形，周围常为一鲜红色的充血带围绕，坏死灶直径可达 2～3 cm，切面成半圆形。羊黑疫肝脏的这种坏死变化是很特别的，具有很大的诊断意义。真胃幽门部和小肠充血和出血。

4. 诊断要点　在肝片吸虫流行的地区发现急性死亡或昏睡状态下死亡的病羊，剖检见特殊的肝脏坏死变化，有助于诊断。必要时可做细菌学检查和毒素检查。

羊黑疫、羊快疫、羊猝疽、羊肠毒血症等梭菌性疾病由于病程短促，病状相似，在临床上不易互相区别，同时，这一类疾病在临床上与羊炭疽也有相似之处，应注意区别。

5. 治疗措施　发生本病时，应将羊群移牧于高燥地区。对病羊可用抗诺维氏梭菌血清（7 500 IU/ mL）治疗，每次 50～80 mL，一次静脉注射，连用 1～2 次。还可以用 80 万～200 万 IU 的青霉素，溶解到 5 mL 注射用水中，一次肌内注射，2 次/d，连用 5 d。

6. 预防措施　在流行地区，必须控制肝片吸虫的感染。特异性免疫可用羊黑疫菌苗或羊黑疫、羊快疫二联苗或羊厌气五联菌苗或羊厌气菌七联干粉苗进行预防接种，一次 5 mL，一次皮下或肌内注射。

（十三）羊肠毒血症

羊肠毒血症是山羊的一种急性毒血症、急性非接触性传染病，各种年龄段的大足黑山羊均可被感染，以 1 岁左右和肥胖的羊发病较多。由于细菌毒素中毒，可引起迅速死亡。死后肾组织易软化，故又称"软肾病"，与羊快疫相似，又称类快疫。

1. 流行病学　该病病原 D 型产气荚膜梭菌为土壤常在菌，也存在于污水中。羊只采食被病原菌芽孢污染的饲料或饮水后，芽孢进入消化道，其中大部分被真胃里的胃酸杀死，一小部分存活者进入肠道。当细菌获得有利繁殖条件时，在小肠内大量繁殖，产生大量毒素并被吸收后，引起羊只中毒发病。缺乏运动，饲喂精料过量，饲养不合理，破坏肠道的正常活动与分泌机能的饲料，如饲喂大量玉米、大麦或豆类，均易引起发病。

羊肠毒血症有明显的季节性和条件性。大足黑山羊饲养区，常常在收菜季节，羊只食入大量菜根、菜叶，或收了庄稼后羊群抢茬吃了大量谷类的时候发生此病。本病多呈散发。2～12月龄的羊最易发病，且发病的多为膘情较好、采食较多的羊。

2. 临床症状

（1）最急性型　为最常遇到的病型。病羊死亡很快。在个别情况下，呈现疝痛症状，步态不稳，呼吸困难，有时磨牙，流涎，短时间后即倒在地上，痉挛而死。

（2）急性型　病羊食欲消失，表现下痢，粪便有恶臭味，混有血液及黏液。意识不清，常呈昏迷状态，经过1～3 d死亡。成年羊的病程可能延长，其表现为有时兴奋，有时沉郁，黏膜有黄疸或贫血。

特征为突然发病，很少能见到症状，往往症状出现后迅速死亡，可分为两种类型：一类以抽搐为其特征，另一类以昏迷和静静地死去为其特征。前者在倒毙前四肢出现强烈的划动，肌肉搐搦，眼球转动，磨牙，口水过多，随后头颈显著抽搐，往往于2～3 h内死亡。后者的早期症状为步态不稳，向后倒卧，并有感觉过敏，流涎，上下颌"咯咯"作响。继而昏迷，角膜反射消失。有的病羊发生腹泻，排黑色或深绿色稀粪，常在3～4 h内静静地死去。

3. 病理变化　幼年羊的病变比较显著，成年羊则不一致。尸体迅速腐败，幼羊心包腔内的液体较成年羊多，心内膜或心外膜出血，尤以心内膜更为多见。小肠黏膜充血或出血。

羔羊以心包液增多与心内膜下部溢血为特征性病变。肾脏充血，并呈进行性变软，甚至呈血色乳糜状，故有髓样肾病之称，成年羊的肾脏有时变软（成为软肾病），以病羊死亡6 h后最为明显。肝脏显著变性。脾脏常无眼观病变，部分羔羊发生严重肺水肿和大量的胸膜渗出液。

4. 诊断要点　本病的诊断主要以流行病学、临床症状和病理剖检资料为基础，结合临床剖检特征综合判定。应注意个别羔羊突然死亡。最准确方法是进行细菌学检查，产气荚膜梭菌毒素的检查和鉴定，可用小鼠或豚鼠做中和试验。注意与炭疽病、焦虫病和羊快疫等相区别。

5. **治疗措施** 急性发病者，药物治疗通常无效。病程慢者，可用抗生素或磺胺药，结合强心、镇静对症治疗。如12%复方磺胺嘧啶注射液8 mL，一次肌内注射，2次/d，连用5 d，首量加倍。

中药治疗：白茅根9 g，车前草15 g，野菊花15 g，筋骨草12 g。粉碎，水煎后温水灌服。

6. **预防措施** 采取促进肠蠕动增强措施，保证充足运动场地和时间，控制精料饲喂量，不可过多采食青嫩牧草。发病时，增加粗饲料饲喂量，减少或停止精料饲喂，加强运动。

在舍饲管理的后期用三联（快疫、猝疽、肠毒血症）菌苗或五联苗进行预防接种，每次5 mL，肌内注射，共接种2次，间隔为15～21 d，免疫期为6个月。羔羊从5周龄开始接种疫苗。

中药防治：苍术10 g，大黄10 g，贯众5 g，龙胆草5 g，玉片3 g，甘草10 g，雄黄1.5 g（另外单独包）。取前六味药水煎取汁，混入雄黄，一次灌服，灌药后再加服一些食用植物油。

（十四）羊快疫

羊快疫是由腐败梭菌引起的羊急性传染病，以真胃出血性炎症为特征。羊快疫和羊猝疽可混合感染，其特征是发病突然，病程极短，几乎看不到临诊症状即死亡，胃肠道呈出血性、溃疡性炎症变化，肠内容物混有气泡，肝肿大质脆且色多变淡，常伴有腹膜炎。羊快疫单发者居多。

1. **流行病学** 羊快疫发病羊年龄多在6～18个月，且体况多在中等以上。一般经消化道感染，腐败梭菌如经伤口感染则引起羊的恶性水肿。本病常在低洼草地、熟耕地及沼泽地区发生。当存在不良的外界诱因，特别是在秋、冬和初春气候骤变、阴雨连绵之际，羊只受寒感冒或采食了冰冻带霜的草料，机体遭受刺激，抵抗力减弱时，腐败梭菌即大量繁殖，产生外毒素，特别是真胃黏膜发生坏死和炎症，毒素同时经血液循环进入体内，刺激中枢神经系统，引起急性休克，使羊只迅速死亡。

2. **临床症状** 突然发病，病羊往往来不及出现临床症状，就突然死亡。有的病羊离群独处，卧地，不愿走动，强迫行走时表现虚弱和运动失调。腹部膨胀，有疝痛临床症状。体温表现不一，有的正常，有的升高至41.5 ℃左右。病羊最后极度衰竭、昏迷，通常在数小时至1 d内死亡，极少数病例可达2～

3 d，罕有痊愈者。羊快疫及羊猝疽常混合感染，临床有最急性型和急性型。

（1）最急性型　一般见于流行初期。病羊突然停止采食，精神不振。四肢分开，弓腰，头向上。行走时后躯摇摆。喜伏卧，头颈向后弯曲。磨牙，不安，有腹痛表现。眼羞明流泪，结膜潮红，呼吸促迫。从口鼻流出泡沫，有时带有血色。随后呼吸愈加困难，痉挛倒地，四肢做游泳状，迅速死亡。从出现症状到死亡通常为 2～6 h。

（2）急性型　一般见于流行后期。病羊食欲减退，步态不稳，排粪困难，有里急后重表现。喜卧地，牙关紧闭，易惊厥。粪团变大，色黑而软，其中混有黏稠的炎症产物或脱落的黏膜，或排油黑色或深绿色的稀粪，有时带有血丝。一般体温不升高。从出现症状到死亡通常为 1 d 左右，也有少数病例延长到数天的。发病率 6%～25%，发病羊几乎 100% 归于死亡。

3. 病理变化　病死羊胸腔、腹腔、心包有大量积液，暴露于空气中易于凝固。心内膜下（特别是左心室）和心外膜下有多数点状出血。特征性病变主要呈现真胃出血性炎症变化，表现黏膜尤以胃底部及幽门附近的黏膜，有大小不等的出血斑块，表面发生坏死，出血坏死区低于周围的正常黏膜，黏膜下组织常水肿。肠道和肺脏的浆膜下也可见到出血。胆囊多肿胀。病羊死后如未及时剖检，则尸体因迅速腐败而出现其他死后变化。

混合感染羊快疫和羊猝疽死亡羊，营养多在中等以上。尸体迅速腐败，腹围迅速胀大，可视黏膜充血，血液凝固不良，口鼻等处常见有白色或血色泡沫。最急性型的病例，大多数出现腹水，带血色。部分病例胸腔有淡红色混浊液体，心包内充满透明或血染液体，心脏扩大，心外膜有出血斑点。肺呈深红色或紫红色，气管内常有血色泡沫。全身淋巴结水肿，颌下、肩前淋巴结充血、出血及浆液浸润。肌肉出血，肌肉结缔组织积聚血样液体和气泡。胃黏膜皱襞水肿，增厚数倍，黏膜上有紫红斑、溃疡，十二指肠充血、出血。小肠黏膜水肿、充血，尤以前段黏膜为甚，黏膜面常附有糠皮样坏死物，肠壁增厚，结肠和直肠有条状溃疡，并有条、点状出血斑点，肝脏多呈水煮色，混浊，肿大，质脆，被膜下常见有大小不一的出血斑，胆囊胀大，胆汁浓稠呈深绿色。肾脏在病程短促或死后不久的病例，多无肉眼可见变化，病程稍长或死后时间较久的，可见有软化现象，肾盂常储积白色尿液。脾多正常，少数瘀血。膀胱积尿，量多少不等，呈乳白色。

4. 诊断要点　病程急速，生前诊断比较困难。如果羊突然发病死亡，死后又发现第四胃及十二指肠等处有急性炎症，肠内容物中有许多小气泡，肝肿胀而色淡，胸腔、腹腔、心包有积水等变化时，应怀疑为该病。确诊需进行微生物学和毒素检查。

5. 治疗措施

（1）12％复方磺胺嘧啶注射液，用量为 8 mL，肌内注射，2 次/d，连用 5 d。

（2）10％安钠咖注射液 2～4 mL，维生素 C 注射液 0.5～1 g，地塞米松注射液 2～5 mg，5％葡萄糖生理盐水 200～400 mL。混匀，一次静脉注射，连用 3～5 d。

6. 预防措施　由于本病的病程短促，往往来不及治疗，需加强平时防疫措施。

发生本病时，将病羊隔离，对病程较长的病例试行对症治疗，宜抗菌消炎、输液、强心。应将所有未发病羊只，转移到高燥地区放牧，加强饲养管理，防止受寒感冒，避免羊只采食冰冻饲料，早晨出牧不要太早。

用菌苗进行紧急接种。在本病常发地区，每年可定期注射 1～2 次羊快疫、猝疽二联菌苗或快疫、猝疽、肠毒血症三联苗。对怀孕母羊在产前进行两次免疫，第一次在产前 1～1.5 个月，第二次在产前 15～30 d，但在发病季节，羔羊也应接种菌苗。

（十五）口蹄疫

本病俗称"口疮""蹄癀"，由口蹄疫病毒引起的人畜共患的急性、热性、高度接触性传染病。主要侵害偶蹄动物，表现为口腔黏膜、四肢下端及乳房皮肤等出现水疱和溃疡。

1. 流行病学　本病一年四季均可发生，常从秋末流行，冬末加剧，春季减弱，夏季基本平息。流行具有一定周期性，一般每隔 1～2 年或 3～5 年就流行一次。

可感染多种动物，尤以偶蹄目动物最易感。大足黑山羊主要养殖区尚未见发病的报道。患病动物及带毒动物是本病最主要的传染源，发病初期排毒量最多，毒力最强。病畜发热期呼出的气体及其粪、尿、眼泪、唾液和乳汁等排泄物和分泌物中均有病毒。常通过消化道和呼吸道以及损伤的皮肤、黏膜而感染。

2. 临床症状　该病潜伏期 1 周左右，山羊感染率较低。病羊初期出现体温升高，精神不振，食欲减退，反刍减少或停止。山羊的口腔易形成水疱，呈弥漫性口膜炎，水疱破溃后，体温降低至常温，全身症状好转。唇内面、齿龈、舌面及颊部黏膜出现水疱，内含透明液逐渐变混浊，水疱破裂后形成鲜红色烂斑，流出大量泡沫状口涎，蹄部损害常在趾间及蹄冠，皮肤表现红、肿、热、痛，继而发生水疱、烂斑，病羊跛行，常降低重心小步急进，甚至跪地或卧地不起。孕羊流产，羔羊偶尔出现出血性胃肠炎，常因心肌炎而死亡。

3. 病理变化　病羊口腔、蹄部、乳房、咽喉、气管、支气管和胃黏膜可见到溃疡，上面覆盖有黑棕色的痂块；真胃和大小肠黏膜可见出血性炎症。心膜有弥漫性及点状出血。

4. 诊断要点　根据流行病学、临床症状和病理剖检变化可做出初步诊断，确诊需要进行实验室诊断。采取病羊水疱皮或水疱液，送口蹄疫参考实验室检查。应与水疱性口炎等相区别。

5. 治疗措施　发生口蹄疫后，不允许治疗，患病羊及同群羊只全部扑杀销毁。

6. 预防措施　羊舍应保持清洁、通风、干燥。可用 10～20 g/L 的氢氧化钠溶液、10 mL/L 的福尔马林溶液、50～500 g/L 的碳酸盐溶液等消毒。

预防接种：应选用与当地流行毒株同型的疫苗，目前可用口蹄疫 O 型-亚洲 I 型二价灭活疫苗，按照 1 mL/只剂量肌内注射，15～21 d 后加强免疫 1次，每年 2～3 次。

（十六）小反刍兽疫

小反刍兽疫，又名肺肠炎，是由小反刍兽疫病毒引起的一种急性、接触性传染病，主要感染小反刍动物（特别是山羊和绵羊易感染），以发病急剧、发热、眼鼻分泌物增加、口炎、腹泻和肺炎为特征。

1. 流行病学　本病主要感染山羊、绵羊等小反刍动物，但山羊发病时比较严重。主要通过直接和间接接触传染或呼吸道飞沫传染。本病的传染源主要为患病动物和隐性感染动物，处于亚临床型的病羊尤为危险。病畜的分泌物和排泄物均含有病毒。在该病的老疫区常为零星发生。大足黑山羊主要养殖区尚未见该病发生。

2. 临床症状　该病潜伏期为 4～5 d，最长 21 d。自然发病见于山羊和绵羊，以山羊发病严重。发热前 4 d，口腔黏膜充血，颊黏膜进行性广泛性损害，导致多涎，随后出现粉红色坏死性病灶，感染部位包括下唇、下齿龈等处。急性型体温可上升至 41 ℃，并持续 3～5 d。病羊烦躁不安，背毛无光，口鼻干燥，食欲减退。流黏液脓性鼻漏，呼出恶臭气体。严重病例可见坏死病灶波及齿垫、腭、颊部及其乳头、舌头等处。后期出现带血水样腹泻，严重脱水，消瘦，体温下降，咳嗽、呼吸异常。发病率高达 100%，死亡率达 50%～100%。

3. 病理变化　病变从口腔直到瘤、网胃口。病羊可见结膜炎、坏死性口炎等肉眼病变，严重病例可蔓延到硬腭及咽喉部。皱胃常出现有规则、有轮廓的糜烂，创面红色、出血。肠糜烂或出血，特征性出血或斑马条纹常见于大肠，特别在结肠和直肠的结合处。淋巴结肿大，脾有坏死性病变。在鼻甲、喉、气管等处有出血斑，可见支气管肺炎病变。

4. 诊断要点　根据临床症状表现可做出初步诊断，确诊可用棉拭棒沾采结膜及口、鼻腔、直肠等分泌物，以及剖检淋巴结、扁桃体、大肠、肺、脾等组织块进行实验室诊断。

5. 防制措施　限制疫区羊的运输。对来自疫区的山羊要进行严格检疫，限制从疫区进口动物及其产品。

对有传染病动物及时扑杀，尸体要焚烧、深埋。发生疫情的羊舍应彻底清洗和消毒（可使用苯酚、氢氧化钠、酒精、乙醚等）。注射小反刍兽疫疫苗是预防小反刍兽疫的一种有效方法。

（十七）羊痘

本病是由羊痘病毒引起的一种人畜共患的急性、热性、接触性传染病。病羊以发热、皮肤和黏膜上出现丘疹和疱疹为特征。该病死亡率较高，在我国被列为一类动物疫病。

1. 流行病学　最初是由个别山羊发病，以后逐渐蔓延全群。病羊是主要的传染源，多流行于冬末春初气候寒冷的季节，通过含有羊痘病毒的皮屑随风和灰尘吸入呼吸道而感染，也可通过损伤的皮肤或黏膜感染。饲养管理人员、护理用具、皮毛产品、饲料、垫草和外寄生虫等都可成为传播的媒介。

2. 临床症状　山羊痘主要在皮肤和黏膜上形成痘疹，体温升高，全身反应较重。潜伏期平均为 6～8 d，病羊体温升高达 41～42 ℃，食欲减退，精神不振，结膜潮红，有浆液或脓性分泌物从鼻孔流出，呼吸和脉搏增速，1～4 d后发痘。痘疹多发生于皮肤无毛或少毛部分，如眼周围、鼻、唇、颊、四肢和尾内侧、乳房、阴唇、会阴、阴囊和包皮上。头部、背部、腹部有毛丛的地方较少发生，口腔与上呼吸道黏膜、骨骼肌、子宫黏膜和乳腺偶有发生。

痘疹开始为红斑，1～2 d后形成丘疹，突出皮肤表面，随后丘疹逐渐增大，变成灰白色或淡红色，半球状的隆起结节。结节在几天之内变成水疱，水疱内容物起初像淋巴液，后变成脓性液体，如果无继发感染，则在几天内干燥变成棕色痂块。痂块脱落遗留一个红斑，后颜色逐渐变淡。顿挫型病例呈良性经过，病羊通常不发热，不出现或出现少量痘疹，或痘疹出现硬结状，不形成水疱和脓疱，最后干燥脱落而痊愈。

非典型病例的病羊全身症状较轻，有的脓疱融合形成大的融合痘。脓疱伴发出血时形成血痘，伴发坏死则形成坏疽痘。重症病羊常继发肺炎和肠炎，导致败血症而死亡。

3. 病理变化　在咽、支气管、肺和皱胃等部位出现痘疹。气管黏膜及其他实质器官，如心脏、肾脏等黏膜或包膜下则形成灰白色扁平或半球形的结节，特别是肺的病变与腺瘤很相似，多发生在肺的表面，切面质地均匀，但很坚硬，数量不定，性状则一致。在消化道的嘴唇、食管、胃肠等黏膜上出现大小不等的圆形或半圆形白色坚实的结节，其中有些表面破溃形成糜烂和溃疡，特别是唇黏膜与胃黏膜表面更明显。此外，有的可见痘疱内出血，呈黑色痘。还有的则发生化脓和坏疽，形成很深的溃疡且有恶臭味，呈恶性经过，病死率达20%～50%。

4. 诊断要点　主要通过临床症状、流行病学特征进行诊断，如皮肤症状、鼻腔、气管、支气管等黏膜卡他性出血性炎症变化、痘疱和溃疡等可确定。也可通过实验室诊断如病毒鉴定、血清学鉴定等方式进行确诊。

5. 治疗措施　一旦暴发羊痘，应立即对发病羊群进行隔离治疗，并加强护理，注意卫生，防止继发感染。必要时进行封锁，封锁期为2个月。对发病羊群所污染的羊圈、饲料槽及运动草场等要彻底消毒，如0.1%的氢氧化钠溶液，2次/d，连续3 d，以后1次/d，连续消毒1周。

由于该病属于一类传染病，故一般不做药物治疗。对于珍贵种羊，病初可注射免疫血清、免疫羊血清。局部可用碘酊或0.1%高锰酸钾溶液洗涤，干后涂抹龙胆紫、碘甘油或碘酊等。静脉注射5%葡萄糖溶液250 mL、青霉素400万IU、链霉素100万～200万U，安乃近注射液20 mL，地塞米松4 mL的混合液体，2次/d。抗菌药物可防止继发感染，需根据实际情况合理应用。

中药治疗：黄连 100 g，射干 50 g，地骨皮 25 g，柴胡 25 g，加 10 kg 水煎至 3.5 kg，煎煮 3 次，候温灌服，2 次/d，连用 5 d。

6. 预防措施　加强饲养管理，羊圈要求通风良好，阳光充足、干燥、勤打扫，场地周围环境和通道可用 10%～20% 石灰、2% 福尔马林、30% 草木灰水消毒，隔 7 d 消毒一次。

预防接种：采用羊痘弱毒冻干苗，大小羊一律于尾部或股内侧进行皮内注射 0.5 mL，10 d 即可产生免疫力，免疫期可持续 1 年，羔羊应于 7 月龄时再注射一次。

（十八）狂犬病

狂犬病又名"恐水症"，俗称"疯狗病"，是由狂犬病病毒引起的一种人畜共患急性传染病。临床特征是神经兴奋和意识障碍，继而局部或全身麻痹而死亡。流行性广，病死率极高，几乎为 100%，对人类生命及财产安全具有非常严重的威胁。狂犬病通常由病兽以咬伤的方式进行感染。

1. 流行病学　本病多以散发形式出现，无明显季节性。病毒在自然界的主要贮存宿主是犬、野生食肉动物、土拨鼠以及蝙蝠。有时外表健康的猫也是狂犬病的重要传染源。病犬和带毒犬是家畜和人的主要传染源，主要经患病动物咬伤而感染，有时也可由病犬、病猫舔触健康动物伤口而感染。

2. 临床症状　羊狂犬病较少见，一般有被狂犬咬伤病史，潜伏期一般为 20～60 d。主要表现为狂躁不安和意识紊乱、兴奋、攻击、顶撞墙壁，大量流涎、哞叫，之后出现麻痹，表现为伸颈，吞咽困难，口腔流涎，瘤胃鼓气等，最后心力衰竭死亡。临床病例一经发现建议立即扑杀深埋。

3. 病理变化　本病常无特征性肉眼病理变化。一般表现尸体消瘦，有咬伤、撕裂伤等，血液浓稠，凝固不良。口腔黏膜和舌黏膜常见糜烂和溃疡，胃内常有毛发、石块、泥土和玻璃碎片等异物，胃黏膜充血、出血或溃疡。脑水肿，脑膜和脑实质的小血管充血，并常见点状出血。

4. 诊断要点　根据临床症状、被狂犬咬伤史、病理变化可做出初步诊断，一般需要通过实验室诊断做出确诊。

5. 治疗措施　本病尚无特效疗法。在被咬伤后 72 h 之内，可按每千克体重 1.5 mL 在伤口周围分点注射狂犬病免疫血清。

6. 预防措施　避免被携带病毒的病犬等动物咬伤。正常免疫及被病犬或可疑动物咬伤后的紧急接种可皮下注射狂犬病疫苗，10～25 mL/次，间隔3～5 d后注射第二次，免疫期6个月。

对刚被咬伤的羊，应立即扩开伤口使其局部出血，用肥皂水冲洗，以碘酊处理，或进行烧烙；立即注射狂犬病疫苗，使其在病的潜伏期内产生主动免疫。

（十九）伪狂犬病

伪狂犬病俗称"奇痒病""传染性延髓麻痹"，山羊和绵羊都可以被感染。

1. 流行病学　病羊和带毒的动物如猪、鼠是该病的主要传染源，也是该病毒重要的天然宿主。伪狂犬病可以通过呼吸道、消化道、损伤的皮肤黏膜感染，也可以通过交配、胎盘、哺乳等直接传染。一年四季都可发病，通常冬春多发，夏秋发病较少。

2. 临床症状　发病后羊初期体温可达40～42 ℃，精神沉郁，呼吸加快。羊变得兴奋不安，不停咩咩叫，头、唇、颈、胸和背部等身体多处奇痒无比，羊经常用嘴舔、啃咬甚至用蹄搔扒发痒部位，有的羊在墙角、树桩等坚硬的地方摩擦头、颈、背部，造成局部皮肤脱毛、水肿、渗黄水并出血。紧接着病羊运动失调、狂躁跳跃或卧地不起，同时病羊口腔流出泡沫状唾液，全身肌肉痉挛性收缩，呈现背高度强直，头尾向后弯曲如弓状的病症现象，最后病羊全身衰竭麻痹死亡。病程一般2～3 d，死亡率很高。

3. 病理变化　病死羊肉眼可见的病变一般是局部被毛脱落，皮肤水肿、擦伤、充血。气管和支气管处有很多泡沫样液体，肺部水肿、瘀血，切开后有暗红色血水淌出。心内膜有点状出血。瘤胃黏膜被破坏，瓣胃内容物干燥，皱胃、大小肠、脑膜等处充血或出血，胆囊肿大。

组织病理学检查可见化脓性弥漫性脑膜脑脊髓炎和神经炎变化。病变部位有灶性胶质细胞以及周围血管套增生，神经节细胞及胶质细胞大量坏死。

4. 诊断要点　可采集扁桃体、肺脏、淋巴结组织进行病毒分离，进行电镜观察，是否有特征性的伪狂犬病毒粒子。必要时还可以采用分离培养，血清学试验等方法确诊。

5. 治疗措施　用伪狂犬病免疫血清或病愈家畜的血清可获得良好的治疗效果，但必须在潜伏期或前驱期使用。

一次性静脉注射维生素C 1.5 g，5％葡萄糖注射液150 mL。3％石炭酸皮下注射 5～20 mL，2 次/d，配合 10％安钠咖 2～4 mL 皮下注射和维生素 B₁ 肌内注射 500 mg。

6. 预防措施　羊群中发现伪狂犬病后，应立即隔离病羊，进行实验室消毒。整个羊圈舍、用具等可选用 2％的烧碱、2％～3％来苏儿、5％福尔马林彻底消毒。粪便和其他垃圾堆积起来，统一烧毁或者发酵处理。

健康羊可在颈背部皮下注射伪狂犬病疫苗，分两次注射，间隔期是 6～8 d；注射剂量：1～6 月龄羊第一次 2 mL，第二次 3 mL；6 月龄以上的两次均注射 5 mL。

圈舍灭鼠，避免鼠与羊接触，防止病毒散播。

（二十）传染性脓疱

羊传染性脓疱也称为羊传染性脓疱皮炎、羊传染性脓疱口炎，俗称"羊口疮"，是由口疮病毒所致的人兽共患传染病，主要危害羔羊，临床上主要以口唇、齿龈、舌、鼻、乳房、外阴、蹄部等处皮肤形成丘疹、水疱、脓疱及结痂为特征，是大足黑山羊规模化养殖中最常见病之一。

1. 流行病学　羊传染性脓疱病潜伏期一般为 4～8 d，通常在引进羊后 7～21 d 发病，在 15 d 左右集中暴发。3～6 月龄的羔羊和幼羊最易感染，成年羊发病较少。本病主要由外来病羊感染羊群，引起群发，发病无明显季节性，但春夏季相对较多。病羊和带毒羊是主要传染源，主要通过羊与羊接触传播，病毒活性强，羊群被感染后很难彻底清除干净，可持续危害羊群多年。

2. 临床症状　羊传染性脓疱病潜伏期为 3～6 d。病羊体温升高到 41 ℃，食欲和精神不佳。根据病变部位可分为唇型、蹄型、外阴型 3 种，偶尔也见混合型。

（1）唇型　在发病羊的口唇、齿龈、舌、鼻等处皮肤形成丘疹、水疱、脓疱及结痂，病羊精神沉郁、被毛粗乱、食欲下降甚至消失，口腔内不时流出黏性唾液。本病致死率低，但羔羊发病时，会导致羔羊吮乳痛苦，吞咽困难，发生营养不良，严重影响生长发育，经常造成羔羊饥饿衰竭或继发感染死亡。

（2）蹄型　发病羊常在蹄叉、蹄冠或系部皮肤上形成水疱、脓疱、溃疡。病羊行走困难。

（3）外阴型　较少见，阴唇和附近皮肤有溃疡，乳房皮肤形成水疱、溃疡和结痂。公羊阴鞘肿胀，阴茎上发生病变。

3. 病理变化 开始时表皮细胞肿胀、变性和充血；随后增长并发生水疱变性，造成表皮层增厚且向表面隆突，真皮充血，渗出加重；表皮细胞溶解坏死，形成多个小水疱，有些可融合成大水疱。真皮内血管周围有大量单核细胞和中性粒细胞浸润；中性粒细胞移向水疱内，水疱逐渐转变为脓疱，痂皮下产生桑葚状肉芽组织。

4. 诊断要点 根据临床表现，如口唇部、蹄部、外阴部附近皮肤的丘疹、脓疱、溃疡、结痂等，结合羊的体温升高到 41 ℃，精神萎靡，食欲减退，行动艰难等特征可以做现场初步诊断。

实验室诊断可对病变皮肤做切片，染色后镜检，或者分离培养病毒进行确诊。还可用血清学方法，如 ELISA、补体结合、反向间接血凝试验和免疫荧光技术等进行确诊。

5. 治疗措施 口唇型用水杨酸软膏将创面痂垢软化，剥离后再用 0.2% 高锰酸钾溶液冲洗创面，涂 2% 龙胆紫、土霉素软膏或碘甘油溶液，1～2 次/d，直至痊愈。蹄型病羊则将蹄部清洗干净后，置于 5%～10% 的福尔马林溶液中浸泡 1 min，连续浸泡 3 次。

也可用 75% 酒精 100 mL、碘化钾 5 g、碘片 5 g 溶解后，加入 10 mL 甘油涂于疮面，或用 5% 四环素涂于疮面，2 次/d。

每只羊每次内服维生素 B_2 0.6 g，维生素 C 0.6 g，2 次/d，连续服用 5 d。

有体温升高、炎症产生时，可肌内注射青霉素 80 万～160 万 IU，维生素 B_2 2 mL，2 次/d，连续 3 d。为了降低应激，可肌内注射青霉素 80～160 万 IU，5 mg/mL 地塞米松 1 mL、维生素 E 0.5～1.5 g，2 次/d，连续使用 3 d。

中药治疗：黄柏、黄连、青黛、薄荷、儿茶各 10 g，混在一起研成细末，撒在患处，2 次/d。

6. 预防措施 对引入羊进行严格检疫：引入羊必须隔离观察 2～3 周，其间多次清洗蹄部，确证是健康羊后才可混群饲养。

保护羊的皮肤黏膜：剔除饲料和垫草中的芒刺、玻璃碴、铁钉等锐利物。饲料中加入少许食盐，可以有效减少羊只啃土啃墙现象。

预防可选择疫苗株毒类型与当地流行毒株相同的羊脓疱弱毒疫苗免疫接种，或采集当地自然发病羊的痂皮提取病原后，制成弱毒疫苗，对无病羊接种，接种地方在尾部皮肤暴露处，大约 10 d 后产生免疫力，持续作用 1 年。

（二十一）附红细胞体病

山羊附红细胞体病是由附红细胞体寄生于红细胞表面、血浆而引起的一种以血细胞比容降低、血红蛋白浓度下降、白细胞增多、贫血、黄疸、发热和生长缓慢为主要特征的人畜共患病，是严重威胁养羊业健康发展的一种传染病。

1. 流行病学　羊附红细胞体病主要流行于高热、多雨且吸血昆虫滋生的春末至秋初季节，在大足黑山羊养殖区每年5—10月为发病高峰期，蚊、蝇、虱、蜱等吸血昆虫叮咬羊只而引起发病。营养不良、微量元素缺乏易导致本病的发生。不同年龄和性别的大足黑山羊都可感染，其中3个月左右的羔羊、幼羊和孕羊最易感，发病率可达25%～60%。

2. 临床症状　羊附红细胞体病潜伏期为4～21 d，病羊表现体温升高，可达41.5 ℃，精神沉郁，食欲减退或废绝，反刍次数减少，行动缓慢，可视黏膜苍白，有少数可视黏膜黄染或呈蓝紫色。被毛粗乱，病羔生长不良，有时腹泻、流涕并伴有轻微呼吸道症状。该病发展到中期出现贫血、黄疸，个别患羊颌下、胸下和四肢发生水肿，后期眼球下陷，结膜苍白，极度消瘦，精神萎靡，多在数日后死亡。

3. 病理变化　病死羊明显消瘦，血液凝固不良，有的呈酱油色，全身皮下有多量的淡黄色胶冻样渗出物，尤以头部、前躯胸下、后躯腹下为重。全身淋巴结肿胀，切面呈灰白色，多汁。肺的表面有出血点，切开有多量泡沫。心脏质软，心外膜和冠状脂肪出血、黄染或有少量的针尖大小出血点。肝脏肿大变性，呈土黄色，体积缩小，常有出血点。脾脏略肿胀，被膜下有少量的针尖大小的出血点，切面多汁，结构模糊不清。肾脏呈灰色，皮质与髓质界线不清。

4. 诊断要点　根据流行病学调查、临床症状、病理解剖、实验室检验进行综合诊断。实验室诊断可以分别采病羊和临床无症状羊耳静脉血，1滴血加2滴灭菌用水直接镜检，观察羊的红细胞情况：红细胞变成星状、狼牙棒状或多边形，且在镜下见到多量的附红细胞体可确诊。

5. 治疗措施

贝尼尔：按每千克体重10 mg用灭菌用水稀释成5%的溶液行肌内注射，1次/48 h，连用3次。

多西环素：按每千克体重10 mg用灭菌用水稀释成5%的溶液，1次/d，连用 4 d。

复方奎宁：按每千克体重 0.01 mg 复方硫酸阿米卡星，按每千克体重 0.2 mL，同时分别肌内注射，1 次/d，连用 4 d。

6. 预防措施　对已有本病的羊场，全场羊用多西环素预防性治疗 4 d 后，对圈舍、饲具、环境用有效的消毒药在 1 周内进行 2 次消毒。

山羊附红细胞体病隐性感染普遍，传播途径广，预防该病应加强饲养管理，补充精料以增强羊只的抗病力。同时保证羊舍通风干燥，使用有效驱蚊虫药驱蚊和消灭羊舍、羊体的软蜱，目前还没有可靠疫苗预防。

（二十二）放线杆菌病

羊放线杆菌病为放线杆菌引起的一种慢性传染病，病的特征是头部、皮下及皮下淋巴结呈现有脓疡性的结缔组织肿胀。本病为散发性，很少呈流行性。牛与羊可以互相传染，在预防上必须重视。

1. 流行病学　羊放线杆菌病多呈散发性，其病原体平常存在于污染的饲料和饮水中，当健康羊的口腔黏膜被草芒、谷糠或其他粗饲料刺破时，细菌即乘机由伤口侵入柔软组织，如舌、唇、齿龈、腭及附近淋巴结而引起发病。该病在大足黑山羊放牧羊群中时有发生。

2. 临床症状　羊放线杆菌病常见症状为唇部、头下方及颈部肿胀。未破的病灶均为纤维组织，很坚固，含有黏稠的绿黄色脓液，脓液内含有灰黄色小片状物。脓肿破裂后，排出的脓液常使毛粘成团块，形成痂块。

3. 病理变化　羊放线杆菌病病变部位除上述临床所见外，常在病羊肺部形成微小的白色结节，突出表面。病变部位周围淋巴结常肿大，个别会形成化脓灶。

4. 诊断要点　可通过临床症状及实验室镜检确诊。与此病相似的疾病有放线菌病、口疮、干酪样淋巴结炎、结核病以及普通化脓菌所引起的脓肿等，在临床上应注意进行区别诊断。

放线菌病主要危害骨组织，放线杆菌病则只侵害软组织。与口疮区别：本病为结节状或大疙瘩，而口疮形成红疹和脓疱，累积一层厚的痂块。干酪样淋巴结炎最常发生于肩前淋巴结和股前淋巴结，且脓肿的性状与放线杆菌病完全不同。结核病很少发生于头部，且结节较小。普通脓肿一般硬度较小，脓液很少为绿黄色。

5. 治疗措施

（1）碘剂治疗 静脉注射 10％碘化钠溶液，并经常给患病部涂抹碘酒。碘化钠的用量为 20～25 mL，每周一次，直到痊愈为止。由于侵害的是软组织，故静脉注射相当有效，在轻型病例往往 2～3 次即可治愈。

（2）内服碘化钾 每次 1～1.5 g，3 次/d，溶成水液服用，直到肿胀完全消失为止。用碘化钾 2 g 溶于 1 mL 蒸馏水中，再与 5％碘酒 2 mL 混合，一次注射于患部也有较好效果。如果应用碘剂出现流泪、流鼻、食欲消失及皮屑增多等现象，则属于碘中毒，应即停止治疗 5～6 d 或减少用量。

（3）手术治疗 对于较大的脓肿可用手术治疗，先切开排脓，用 0.2％过氧化氢冲洗，然后给伤口内塞入碘酒纱布，1～2 d 更换一次，直到伤口完全愈合为止。

（4）抗生素治疗 给患部周围注射链霉素，1 次/d，连续 5 d 为一疗程。链霉素与碘化钾同时应用，效果更佳。

6. 预防措施 因为粗硬的饲料可以损伤口腔黏膜，促进放线杆菌的侵入，所以为了预防，必须将秸秆、谷糠或其他粗饲料浸软以后再喂。注意饲料及饮水卫生，避免到低湿地区或刺丛林放牧。

（二十三）山羊传染性胸膜肺炎

羊传染性胸膜肺炎又称为羊支原体性肺炎，是由丝状支原体所引起的一种高度接触性传染病，其临床特征为高热、咳嗽，胸和胸膜发生浆液性和纤维素性炎症，取急性和慢性经过，病死率很高。本病在大足黑山羊集中饲养场较为多见。

1. 流行病学 在自然条件下，多发生在山区和草原。羊传染性胸膜肺炎病原只感染山羊，且 3 岁以下的大足黑山羊最易感染。病羊和带菌羊是本病的主要传染源。该病常呈地方流行性，接触传染性很强，主要通过空气、飞沫经呼吸道传染。主要见于冬季和早春枯草季节，羊只营养缺乏，机体抵抗力降低，阴雨连绵，寒冷潮湿，羊群密集、拥挤等因素，都容易促发本病。发病后病死率也较高。一年四季均可发生。

2. 临床症状 潜伏期平均 18～20 d，短者 5～6 d，长者 3～4 周。根据病程和临床症状，可分为最急性、急性和慢性三型。

（1）最急性型 病初体温升高，可达 41～42 ℃，精神极度委顿，食欲废绝，呼吸急促而有痛苦的鸣叫。数小时后出现肺炎症状，呼吸困难，咳嗽，并流浆液带血鼻液，肺部叩诊呈浊音或实音，听诊肺泡呼吸音减弱、消失或呈捻发音。12～36 h内，渗出液充满病肺并进入胸腔。病羊卧地不起，四肢直伸，呼吸极度困难，每次呼吸都会导致全身颤动。黏膜高度充血，发绀、发紫。目光呆滞，呻吟哀鸣，不久窒息而亡。病程一般不超过5 d，有的仅12～24 h。

（2）急性型　该型是临床上患病大足黑山羊最常见的类型。病初体温升高，继之出现短而湿的咳嗽，伴有浆性鼻漏。4～5 d后，咳嗽变干而痛苦，鼻液转为黏液、脓性并呈铁锈色，高热稽留不退，食欲锐减，呼吸困难和痛苦呻吟，眼睑肿胀，流泪，眼有黏液、脓性分泌物。口半开张，流泡沫状唾液。头颈伸直，腰背拱起，腹肋紧缩，最后病羊倒卧，极度衰弱委顿，有的发生臌胀和腹泻，甚至口腔中发生溃疡，唇、乳房等部皮肤发疹，濒死前体温降至常温以下，病期多为7～10 d，有的可达1个月。幸免不死的转为慢性。孕羊可能大批（70%～80%）发生流产。

（3）慢性型　多由急性转变而来。病羊全身症状轻微，体温降至40 ℃左右，病程发展缓慢，病羊间有咳嗽和腹泻，尤其是在天气寒冷或气温骤变时更为严重，鼻涕时有时无，病羊消瘦、身体衰弱，被毛粗乱无光。在此期间，如饲养管理不良，与急性病例接触或机体抵抗力降低时，很容易复发或出现并发症而迅速死亡。

3. 病理变化　羊传染性胸膜肺炎病变多局限于胸部，胸腔常有淡黄色液体，胸膜变厚而粗糙，上有黄白色纤维素层附着，直至胸膜与肋膜，间或两侧有纤维素性肺炎。肺部肝变区凸出于肺表，颜色由红至灰色不等，切面呈大理石样。心包发生粘连，心包积液，心肌松弛、变软。急性病例还可见肝、脾肿大，胆囊肿胀，肾肿大和膜下小点出血。慢性病例，肺脏的肝变区常出现结缔组织增生，形成深褐色、干燥、硬固、有包膜包裹的坏死块。肺膜和胸膜增厚更明显、肺与胸膜粘连更多见。

4. 诊断要点　羊传染性胸膜肺炎可根据流行规律、临床表现和病理变化做出初步诊断。临床上表现高热，连续干咳，严重者喘气，流浆液性鼻涕或脓性铁锈色鼻涕，严重者鼻涕粘满整个口鼻部，减食、停食、反刍停止，若不及时治疗很快死亡。慢性病例则多在早晚气温较低时咳嗽严重。

确诊需进行病原分离鉴定和血清学试验。慢性病例可用补体结合反应。

羊传染性胸膜肺炎在临床上和病理上均与羊巴氏杆菌病相似，应以病料进行细菌学检查加以区别。羊传染性胸膜肺炎也容易与羊流行感冒混淆，二者的共同点是都有高热、咳嗽、减食、流鼻涕等症状，都因圈舍拥挤、空气不流通、营养不良、长途运输等因素而诱发。不同点为：流感的鼻涕不会有铁锈色，而羊传染性胸膜肺炎有铁锈色。从流行病学来看，山羊流感传播迅速，很快蔓延到整个羊群，而羊传染性胸膜肺炎除长途运输的羊只容易全群性发病外，一般为散发。羊传染性胸膜肺炎死后肺与胸腔粘连，有大量疣状分泌物，而流感病死亡羊只有肺炎症状。

5. 治疗措施 对发病羊群应及时全群进行逐头检查，对病羊、可疑病羊和假定健康羊分群隔离和治疗。对被污染的羊舍、场地、用具和病羊的尸体、粪便等，应进行彻底消毒或无害化处理。

酒石酸泰乐菌素注射液每千克体重 2～10 mg，皮下或肌内注射，2 次/d，连用 3 d。

据报道，病初使用足够剂量的土霉素、林可霉素、壮观霉素、四环素或氟甲砜霉素（氟苯尼考）等有治疗效果。

6. 预防措施 除加强饲养管理、做好卫生消毒工作外，关键问题是防止引入或迁入病羊和带菌羊。新引进羊只必须隔离检疫 1 个月以上，确认健康时方可混入大群。

免疫接种：是预防本病的有效措施。我国目前除原有的用丝状支原体山羊亚种制造的山羊传染性胸膜肺炎氢氧化铝苗和鸡胚化弱毒苗以外，最近又研制出绵羊肺炎支原体灭活苗。应根据当地病原体的分离结果，选择使用。如用山羊传染性胸膜肺炎氢氧化铝苗预防，半岁以下山羊皮下或肌内注射 3 mL，半岁以上注射 5 mL，免疫期为 1 年。

（二十四）衣原体病

山羊衣原体病是由鹦鹉热衣原体引起的一种传染病，临床上以发热、流产、死产和产出弱羔为特征，是危害山羊的主要疾病之一。

1. 流行病学 许多野生动物和禽类是本菌的自然宿主，患病羊和带菌羊为主要传染源，可通过粪便、尿液、乳汁、泪液、鼻分泌物以及流产的胎儿、胎衣、羊水排出病原体，污染水源、饲料及环境。本病主要经呼吸道、消化道及损伤的皮肤、黏膜感染，也可通过交配或用患病公羊的精液人工授精发生感染，子宫内感染也有可能，蜱、螨等吸血昆虫叮咬也可能传播本病。羊衣原体性流产多呈地方性流行，该病在每年 2—4 月多发，2 岁左右的母羊发病率最高。密集饲养、营养缺乏、长途运输或迁徙、寄生虫侵袭等应激因素可促进本病的发生和流行。

2. 临床症状　山羊衣原体病潜伏期较长，一般为 50～90 d。感染羊一般观察不到征兆，临诊表现主要为流产、死产或娩出生命力不强的弱羔羊。流产通常发生于妊娠的中后期，绝大多数母羊在产前 1 个月左右发生流产。流产后往往胎衣滞留，流产羊阴道排出分泌物可达数日。有些病羊可因继发感染细菌性子宫内膜炎而死亡。羊群首次流产率可达 25％～35％，以后则流产率下降。在本病流行的羊群中，可见公羊患睾丸炎、附睾炎等。羔羊感染本病后，临床上表现发热、跛行、多发性关节炎、结膜炎等，甚至因败血症死亡。

3. 病理变化　流产母羊的胎膜水肿、增厚，子叶呈黑红色或土黄色。流产胎儿水肿，皮肤、皮下组织、胸腺及淋巴结等处有点状出血，肝脏充血、肿胀，表面可能有针尖大小的灰白色病灶。

4. 诊断要点　对该病的初步诊断可根据流行病学调查、临床症状和病理解剖变化等综合分析，确诊需进行衣原体分离和血清学诊断。临床上应注意与布鲁氏菌病相区别。

5. 治疗措施　盐酸林可霉素注射液：每千克体重 0.03 mL，1 次/d，连用 3 d。

氟苯尼考注射液：每千克体重 0.05 mL，2 次/d，连用 3～4 d。

中药治疗：党参 25 g，白术 20 g，当归 15 g，川芎 10 g，白芍 20 g，黄芩 10 g，杜仲 10 g，续断 10 g，熟地 25 g，阿胶 20 g，紫苏 15 g，陈皮 10 g，炙甘草 15 g，生姜 10 g，水煎服。

6. 预防措施　平时加强饲养管理，控制由管理不当如拥挤、缺水、采食毒草、霜草、冰凌水、受冷等因素诱发的流产。同时要补喂常规元素（Ca、P、Na、K）等和微量元素（Cu、Mn、Zn、S、Se）等，增强羊只抵抗力。

用 2％氢氧化钠溶液对疑似病羊的分泌物、排泄物及被污染的土壤、场地、圈舍等进行消毒处理，或应用聚氯铜碘消毒液进行圈舍、场地消毒，每周 1 次，可有效预防羊衣原体病的发生。

用羊衣原体灭活苗免疫接种有较好预防效果。每年定期注射卵黄囊油佐剂甲醛灭活苗，每只皮下注射 3 mL，有效期为 1～2 年。

（二十五）传染性角膜结膜炎

羊传染性角膜结膜炎又称为流行性眼炎、红眼病，是由嗜血杆菌、结膜炎立克次体等多病原引起的主要侵害反刍动物的一种急性、地方流行性传染病。其特征是眼结膜与角膜发生炎症，伴有大量流泪，角膜混浊，呈乳白色。

1. 流行病学　主要侵害山羊，大足黑山羊感染本病无性别、年龄差别，但幼年羔羊发病较多。已感染羊只或病羊是传染源，通过接触感染，蝇类或蚊虫可机械传递本病，患病羊的分泌物（如鼻涕、泪、乳汁）及尿的污染物，均能散播本病。本病常发生于温度较高、蚊蝇较多的夏秋季，一般在5—10月发病。本病一旦发生，传播迅速，多呈地方性流行。

2. 临床症状　羊传染性角膜结膜炎主要表现为结膜炎和角膜炎。一般无全身症状。多数病羊病初一侧眼感染，然后波及另一眼，有时一侧发病较重，另一侧较轻。发病初期呈结膜炎症状，流泪、羞明，眼睑肿胀、疼痛，结膜潮红，并有树枝状充血。眼内角流出浆液或黏液性分泌物，不久则变成脓性。其后发生角膜炎，严重者角膜混浊和角膜溃疡，眼前房积脓或角膜破裂，晶状体可能脱落，造成永久性失明。

3. 病理变化　羊传染性角膜结膜炎主要病变为结膜和角膜充血，少数角膜云翳、混浊、角膜白斑和失明。

4. 诊断要点　根据眼的临床症状、传播速度和发生的季节性等特点可做出诊断。必要时可做微生物学检查或应用荧光抗体技术确诊。应注意与眼的外伤、传染性鼻气管炎、恶性卡他热等相区别。眼的外伤常为一侧性，且常限于个别羊只；传染性鼻气管炎表现为颗粒性结膜炎而无角膜炎，且伴有呼吸道症状；恶性卡他热除眼的病变外，还伴有高温、口腔黏膜和呼吸道的炎症变化。

5. 治疗措施　病羊若无全身症状，又没有发生继发感染，可在半个月内自愈。发病后应尽早治疗，越快越好。

病初可用利福平和氯霉素滴眼液交替点眼。对患眼也可用2%～4%硼酸液洗眼，拭干后再用3%～5%弱蛋白银溶液滴入结膜囊中，2～3次/d，也可用0.025%硝酸银液滴眼，2次/d，或涂以青霉素、四环素软膏。如有角膜混浊或角膜翳时，可涂以1%～2%黄降汞软膏，1～2次/d，可用0.1%新洁尔灭，或用4%硼酸水溶液逐头洗眼后，再滴以5 000 IU/mL普鲁卡因青霉素（用时摇匀），2次/d，重症病羊加滴醋酸可的松眼药水。角膜混浊者，滴视明露眼药水效果很好。

中药治疗：

方1：用柏树枝和明矾熬水，凉后洗眼。

方2：硼砂6g，白矾6g，荆芥6g，防风6g，郁金3g，水煎去渣，趁温洗病眼。

方3：青葙子50g，草决明40g，胆草55g，黄连、菊花各50g，石决明35g，郁金35g，黄芩、苍术各50g，木贼25g，防风50g，甘草25g，共为末，开水冲泡后灌服。

6. 预防措施　对病羊采取舍饲喂养，避免强烈阳光照射，以利患眼康复。有条件的羊场，应建立健康群，立即隔离病羊，对羊圈定时清扫消毒。新购买的羊只，至少需隔离60d，方能与健康者合群。

（二十六）钩端螺旋体病

羊钩端螺旋体病又称为黄疸血红蛋白尿病、钩体病，是由致病性钩端螺旋体引起的一种人、畜共患的急性传染病和自然疫源性疾病。其临床特征为发热、黄疸、血红蛋白尿、出血性素质、流产、皮肤黏膜坏死、水肿等。

1. 流行病学　羊钩端螺旋体病一般呈散发，在夏、秋季多见，每年以7—10月为流行的高峰期。各种年龄山羊均可感染发病，但羔羊发病较多，且病情严重。传染源主要是病羊和鼠类，病原主要由尿中排出，污染周围土壤、水源、饲料、圈舍、用具等，经消化道黏膜或皮肤引起传播。

饲养管理与本病的发生和流行有密切关系，饥饿、饲养不合理或其他疾病使机体抵抗力下降时，可促进本病的发生。圈舍、运动场的粪尿、污水不及时清理，常常是造成本病暴发的重要原因。

2. 临床症状　本病潜伏期4～5d。羊通常表现为隐性感染，少数羊出现短暂的体温升高后很快恢复，部分病羊表现体温升高，呼吸和心跳加速，食欲减退，反刍停止，可视黏膜、结膜发黄，黏膜和皮肤坏死，消瘦、黄疸、血红蛋白尿，迅速衰竭而死；孕羊可发生流产。

3. 病理变化　尸体消瘦，口腔黏膜有溃疡，剖检病变可见皮肤和黏膜坏死或溃疡，黏膜和皮下组织发黄，淋巴结肿大，胸腹腔内有黄色液体。内脏（肺、心、肾、脾）广泛发生出血点，肾脏表面有多处散在的红棕色或灰白色小病灶，肝肿大，呈黄褐色，质脆弱或柔软有坏死灶。膀胱内有红色或黄褐色尿液。

4. 诊断要点　根据发病特点、发病症状、病理变化，结合实验室检查，做出确诊。在病羊发热初期，采取血液，在无热期采取尿液，死后立即取肾和肝，送实验室进行钩端螺旋体检查。用姬姆萨或镀银染色或暗视野直接镜检，可见到菌体呈螺旋状、两端弯曲成钩状的病原体。

5. 治疗措施　链霉素和四环素族抗生素对本病有一定疗效。链霉素按每千克体重 15～25 mg，肌内注射，2 次/d，连用 3～5 d；土霉素按每千克体重 10～20 mg，肌内注射，1 次/d，连用 3～5 d。使用大剂量青霉素也有一定疗效，按每千克体重 5 万～10 万 IU，注射用水 5～10 mL，2 次/d，连用 3～5 d。

6. 预防措施　严防病畜尿液污染周围环境，对污染的场地、用具、栏舍可用 1% 石炭酸或 2% 氢氧化钠或 0.5% 甲醛液消毒。常发地区应提前预防，可接种钩端螺旋体菌苗或接种多价苗。避免去低洼草地、死水塘、水田、淤泥沼泽等有水的地方和被带菌鼠类、家畜的尿液污染的草地放牧。

二、主要寄生虫病防控

（一）山羊肝片吸虫病

山羊的片形吸虫病主要是由肝片吸虫和大片吸虫寄生于肝脏胆管中，引起急性或慢性肝炎和胆管炎，并伴发全身性中毒和营养障碍，其危害相当严重。

1. 流行病学　羊的肝片吸虫病流行一般在多雨季节发生较重，因为雨水多，虫卵易落入水中孵化并钻入中间宿主——淡水螺体内发育繁殖，且雨水利于螺类繁殖，使囊蚴广泛散布，严重污染水草，容易致使羊感染。

一般在河流、湖沼和低湿地等水草丰盛地区放牧的羊或收割水草直接饲喂的羊容易感染肝片吸虫病。

2. 临床症状　急性型病羊，初期发热，衰弱，易疲劳，离群落后。叩诊肝区半浊音界扩大，压痛明显。很快出现贫血、黏膜苍白，红细胞及血红素显著降低，严重者多在几天内死亡。慢性型症状较多见于患羊耐过急性期或轻度感染后，在冬春转为慢性，病羊主要表现消瘦，贫血，食欲不振，异嗜，被毛粗乱无光泽，且易脱落，步行缓慢，眼睑、颌下、胸前及腹下出现水肿，便秘与下痢交替发生，病情逐渐恶化，最终因极度衰竭而死亡。

3. 病理变化　该病的病理变化主要在肝脏，其变化程度与感染虫体的数量及病程长短有关。

在大量感染、急性死亡的病例中，可见到急性肝炎和大出血后的贫血现象，肝肿大，肝包膜有纤维沉积，有暗红色虫道，虫道内有凝固的血液和少量幼虫。腹腔中有血红色的液体，有腹膜炎病变。

慢性病例病尸出现消瘦、贫血和水肿现象，胸腹腔及心包内蓄积有透明的液体。肝脏主要表现为慢性增生性肝炎，在肝组织被破坏的部位出现淡白色索状瘢痕，肝实质萎缩、褪色、变硬、边缘钝圆，小叶间结缔组织增生。胆管肥厚、扩张呈绳索样突出于肝表面，胆管内有磷酸钙和磷酸镁等盐类的沉积使内膜粗糙，刀切时有"沙沙"声，胆管内有虫体和污浊稠厚的液体。

4. 诊断要点　本病主要根据山羊肝片吸虫病的临床症状、流行病学特征进行初步诊断，以粪便检查检出虫卵或免疫学方法检测抗体或死后剖检肝脏的特征性病理变化及查出虫体做出确诊。

虫卵检查法采用直接涂片或沉淀法或尼龙筛集卵法，可以检查羊粪便有无虫卵，在显微镜下肝片吸虫的虫卵较大，长卵圆形，黄色或黄褐色，卵内充满卵黄细胞和一个胚细胞。应注意将本病虫卵与前后盘吸虫的虫卵相区别。

病羊死后剖检查出虫体，感染羊的主要是肝片吸虫和大片吸虫两种虫体。

肝片吸虫：背腹扁平，外观呈宽树叶状。虫体前端有一呈三角形的锥状突，其底部有一对"肩"。口吸盘呈圆形，位于锥状突的前端。腹吸盘较口吸盘稍大，位于其稍后方。生殖孔位于口吸盘、腹吸盘之间。雄性生殖器官的两个睾丸呈分枝状，前后排列于虫体的中后部。雌性生殖器官的卵巢，呈鹿角状，位于腹吸盘后的右侧。

大片吸虫：虫体呈长树叶状。体长与体宽之比约为 5：1，虫体两侧缘比较平行，后端钝圆。"肩"部不明显。腹吸盘较口吸盘约大 1.5 倍。肠管和睾丸的分枝更多且复杂。

5. 治疗药物

吡喹酮：按每千克体重 10～80 mg 剂量，一次内服。

丙硫咪唑：又名抗蠕敏，按每千克体重 10～20 mg 剂量，一次内服。

氯氰碘柳胺钠：按每千克体重 10 mg 剂量，一次内服；也可按每千克体重 5 mg 的剂量，皮下注射。

三氯苯咪唑：又名肝蛭净，按每千克体重 10～15 mg，一次内服。

硫双二氯酚：又名别丁，按每千克体重 75～100 mg，一次内服。但对幼虫无效。用药后 1 d 有时出现减食和下痢等反应，一般经 3 d 左右可以恢复正常。

中药治疗：宜用"肝蛭散"：茯苓、肉蔻、苏木、槟榔、龙胆各 30 g，木通、甘草、厚朴、泽泻各 20 g，贯众 45 g，共研末，开水冲灌。

6. 预防措施　预防羊肝片吸虫病，必须采取综合性防治措施，才能取得较好的效果。主要措施如下。

定期驱虫：在进行预防性驱虫时，驱虫的次数和时间必须与当地的具体情况及条件相结合。通常每年如进行一次驱虫，可在秋末冬初进行；如进行两次驱虫，另一次驱虫可在翌年的春季进行。

粪便处理：及时对羊舍内的粪便进行堆肥发酵，以便利用生物热杀死虫卵。

饮水及饲草卫生：尽可能避免在沼泽、低洼地区放牧，以免感染囊蚴。给羊的饮水最好用自来水、井水或流动的河水，保持水源清洁卫生。有条件的地区可采用轮牧方式，以减少感染机会。

消灭中间宿主：肝片吸虫的中间宿主椎实螺生活在低洼阴湿地区，可结合水土改造，破坏椎实螺的生活条件。流行地区应用药物灭螺时，可选用 1∶50 000 的硫酸铜溶液或 25∶1 000 000 的血防 846（六氯对二甲苯）对椎实螺进行浸杀或喷杀。

（二）山羊双腔吸虫病

山羊的双腔吸虫病是由双腔科、双腔属的矛形双腔吸虫、东方双腔吸虫或中华双腔吸虫寄生于胆管和胆囊内引起的一种以胆管炎、肝硬化、代谢障碍和营养不良为特点的寄生虫病。

1. 流行病学　该病的分布遍及世界各地，多呈地方性流行，其流行与陆地螺和蚂蚁的广泛存在有关。陆地螺和蚂蚁分布很广，且可全年出现，在我国的分布极其广泛。因此，山羊几乎全年都可感染。

2. 临床症状　病羊初期精神不振，离群掉队，尚有食欲，表现为进行性消瘦；后期可视黏膜、皮肤苍白，高度贫血。部分病羊腹泻，最后衰竭死亡。以断奶羔羊病情较重，死亡率较高；成年羊病程稍长，部分羊出现下颌水肿。

3. 病理变化　病死羊尸体极度消瘦，全身苍白，血液稀薄如水，不凝固，腹腔有数量不等的淡黄色腹水，肝脏稍肿或肿大，切开肝脏用手挤压，从胆管内流出大量黑色或深褐色点状和小絮状虫体，胆汁中也存在大量虫体。其他内脏一般无明显病理变化。

4. 诊断要点　诊断本病可用水洗沉淀法进行粪便虫卵检查，结合症状和尸体剖检发现虫体即可确诊。

5. 治疗措施

三氯苯丙酰嗪：按每千克体重 40～50 mg，经口灌服。

吡喹酮、丙硫咪唑：用法及用量详见羊肝片形吸虫病。

中药治疗：苏木 15 g，槟榔 12 g，贯众 9 g，煎水取汁，一次灌服。

6. 预防措施　该病的预防主要涉及定期驱虫，粪便处理，消灭中间宿主，饮水及饲草卫生等。具体措施请参照羊肝片形吸虫病预防措施。

（三）山羊阔盘吸虫病

山羊阔盘吸虫病是由歧腔科、阔盘属中的胰阔盘吸虫、腔阔盘吸虫和枝睾阔盘吸虫寄生在羊的胰管引起的疾病。患羊呈现下痢、贫血、消瘦、水肿等症状，严重时可引起死亡。

1. 流行病学　山羊阔盘吸虫病流行的地区及受感染的情况，均与本类吸虫的中间宿主的分布，以及羊放牧习惯等密切相关。一般在夏、秋季，该病多发。在大足黑山羊饲养地区，感染季节有 5—6 月及 9—10 月两个高峰期。

2. 临床症状　病羊出现营养不良、消瘦、贫血、水肿、腹泻、生长发育受阻等临床症状，严重的甚至造成死亡。

3. 病理变化　胰阔盘吸虫寄生在羊的胰管中，由于虫体的机械性刺激和毒性物质的作用，使胰管发生慢性增生性炎症，致使胰管增厚，管腔狭小。感染严重时，引起管腔闭塞，可使山羊胰脏功能异常，引起消化不良。胰管高度扩张，管壁增厚，管腔缩小，黏膜不平呈小结节状，也有出血、溃疡。严重时整个胰脏结缔组织增生，呈慢性增生性胰腺炎，从而使胰腺小叶及胰岛的结构变化，胰液和胰岛素的生成、分泌发生改变，机能紊乱。

4. 诊断要点　用水洗沉淀法进行粪便检查，一般难以检出虫卵，最好结合尸体剖检检查胰脏病变和检出虫体，进行诊断。

粪检虫卵时，可用直接涂片法或水洗沉淀法，结合剖检时发现大量虫体进行确诊。感染羊的主要是胰阔盘吸虫、腔阔盘吸虫和枝睾阔盘吸虫。

胰阔盘吸虫：虫体扁平、半透明状，长卵圆形。口吸盘较腹吸盘大。食管短，睾丸两个，圆形或略分叶，左右排列在腹吸盘的稍后方。生殖孔开口于肠

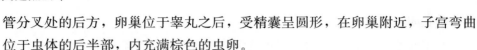

管分叉处的后方，卵巢位于睾丸之后，受精囊呈圆形，在卵巢附近，子宫弯曲位于虫体的后半部，内充满棕色的虫卵。

腔阔盘吸虫：虫体呈短椭圆形，体后端具一明显的尾突。卵巢圆形，大多数边缘完整，少数有缺刻或分叶。睾丸呈圆形或边缘有缺刻。

枝睾阔盘吸虫：呈前端尖、后端钝的瓜子形。腹吸盘小于口吸盘，睾丸大而分枝。

5. 治疗措施　吡喹酮、丙硫咪唑、氯氰碘柳胺钠、三氯苯咪唑，用法及用量详见羊肝片形吸虫病。

6. 预防措施　该病的预防主要涉及定期驱虫、粪便处理、消灭中间宿主、饮水及饲草卫生等方面。具体措施请参照羊肝片形吸虫病预防措施。

（四）山羊前后盘吸虫病

山羊前后盘吸虫病是由前后盘科的多种前后盘吸虫寄生于羊的瘤胃、真胃、小肠和胆管壁上引起的疾病。大量童虫寄生在真胃、小肠、胆管和胆囊时，可引起严重的疾病，甚至导致死亡。成虫一般寄生数量极大，导致寄主羊严重贫血。

1. 流行病学　山羊前后盘吸虫病在大足黑山羊养殖区分布广泛，感染率较高。本病多发于夏秋两季，特别是在多雨季节，易造成本病的流行。长期在湖滩地放牧，羊采食水淹过的青草后最易感染该病。其中食量大的青壮龄羊发病严重，甚至死亡。

2. 临床症状　成虫寄生于瘤胃，危害轻微。多为慢性消耗性的症状，如食欲减退、消瘦、贫血、颌下水肿、腹泻等。

当童虫移行于小肠、胆管、胆囊、真胃中时，危害严重，呈现高度消耗性恶病质状态。病羊呈现顽固性腹泻，粪便成粥样有腥臭，消瘦，高度贫血，黏膜苍白，血液稀薄，颌下水肿。后期卧地不起，衰竭而死亡。

3. 病理变化　病死羊真胃黏膜水肿，有出血点及童虫附着。肠内充满水样内容物，肠壁严重水肿，黏膜表面有充血区或出血斑，或肠黏膜发生坏死和纤维素性炎症，肠内充满腥臭味稀粪，小肠内有很多童虫。肝稍肿或萎缩，胆囊显著膨大，内有童虫，胆管中也有童虫。

4. 诊断要点　该病流行广泛，感染率高，感染强度大，多为混合感染。通常通过对临床症状的观察，粪便学检查以及死后病理剖检，便可确诊。

根据检查粪便中的虫卵，以及死后剖检在瘤胃等处发现大量成虫、幼虫，以及相应的病理变化，可以确诊。

前后盘吸虫：呈圆柱状，或梨形、圆锥形等，有两个吸盘，口吸盘位于虫体的前端，腹吸盘位于虫体的末端或亚末端，故名前后盘吸虫；口吸盘小于腹吸盘，两者之比1∶2，虫体多呈深红或呈乳白色。有的种类具有腹袋。有食管，及两条肠管。睾丸分叶，常位于卵巢之前。卵黄腺发达，位于虫体两侧。虫卵呈椭圆形，淡灰色，较大。

5. 治疗措施　氯氰碘柳胺钠、硫双二氯酚、吡喹酮、丙硫咪唑，用法及用量详见肝片吸虫病和双腔吸虫病。

中药治疗：贯众 62 g，蜂蜜 500 g，先将贯众研成细末，拌入蜂蜜加水 500 mL 搅匀，空腹灌服。

6. 预防措施　该病的预防主要涉及定期驱虫、粪便处理、改良土壤、消灭中间宿主、饮水及饲草卫生等方面。具体措施请参照羊肝片形吸虫病预防措施。

（五）山羊莫尼茨绦虫病

山羊莫尼茨绦虫病是由裸头科、莫尼茨属的两种莫尼茨绦虫，即扩展莫尼茨绦虫和贝氏莫尼茨绦虫寄生于山羊的小肠引起的一种蠕虫病。

1. 流行病学　本病常呈地方性流行，多发于夏、秋季节。莫尼茨绦虫常引起幼畜发病，成年动物一般不表现出临床症状。本病严重感染时，可引起山羊大批死亡。

2. 临床症状　幼羊病初表现精神不振、消瘦、粪便变软，随后腹泻、粪中含黏液和孕节。有时有神经症状，如步样蹒跚，时有转圈，神经型的莫尼茨绦虫病羊往往以死亡告终。

3. 病理变化　尸体消瘦，黏膜苍白，贫血。胸腹腔渗出液增多。肠有时发生阻塞或扭转。肠系膜淋巴结、肠黏膜和脾增生。肠黏膜出血，有时大脑出血，浸润，肠内有绦虫。

4. 诊断要点　根据流行病学、临床症状，结合进行粪便检查，发现大量虫卵或孕节便可确诊。

如在患羊粪中发现黄白色的节片，形似煮熟的米粒，将孕节做涂片检查或用饱和盐水浮集法检查粪便，发现特征性的虫卵（有六钩蚴）可确诊，或剖检病死羊发现虫体可确诊。

莫尼茨绦虫为大型绦虫，虫体头节细小、近似球形。成节内有两组生殖器官，睾丸分布在节片两侧纵排泄管之间，雌性生殖器官包括两个扇形分叶的卵巢和两个块状的卵黄腺，卵黄腺成环形将卵巢围在中间。节间腺位于节片后缘，扩展莫尼茨绦虫的节间腺为一列小圆囊状物，沿节片后缘分布，而贝氏莫尼茨绦虫的呈带状，位于节片后缘中央。虫卵为三角形、四角形，虫卵内有特殊的梨形器，内含六钩蚴。

5. 治疗措施

甲苯咪唑：每千克体重 15 mg 的剂量，一次内服。

吡喹酮、丙硫咪唑：用法及用量详见羊肝片形吸虫病。

中药治疗：宜用"驱虫消积散"：槟榔 120 g，鹤虱 120 g，榧子 60 g，鸭胆子 60 g，南瓜子 240 g，生山楂 60 g。共研细末，分成两剂，每日一剂，用温水冲调，食草前服用。

6. 预防措施　以采取综合性防治措施的效果较好。其主要措施包括：

定期驱虫：在进行预防性驱虫时，驱虫的次数和时间必须与当地的具体情况及条件相结合。通常情况下，每年如进行一次驱虫，可在秋末冬初进行；如进行两次驱虫，另一次驱虫可在翌年的春季进行。

粪便处理：将羊粪集中处理，进行堆肥发酵，以利用生物热杀死其中的虫卵，避免污染草场。

饮水及饲草卫生：尽可能避免在沼泽、低洼地区放牧，以免感染囊蚴。给羊饮水最好用自来水、井水或流动的河水，保持水源清洁卫生。有条件的地区可采用轮牧方式。

（六）山羊血矛线虫病

羊血矛线虫病主要是由捻转血矛线虫、柏氏血矛线虫寄生于山羊第四胃和小肠引起的线虫病。寄生于消化道的捻转血矛线虫的致病力最强，危害最严重。

1. 流行病学　捻转血矛线虫病在春季发病率较高，土壤是捻转血矛线虫的隐蔽场所，当年春季感染后，其感染性幼虫在土壤中隐蔽越冬，在温度、湿度和光照适宜时，幼虫就从土壤中爬到草上。在冬末春初，天气寒冷，羊营养缺乏，抵抗力明显下降，其幼虫在外界的生长发育又达到高峰，春季羊由舍饲转到牧场上，就会被大量感染。

2. 临床症状 本病最重要的特征是贫血和衰弱。

（1）急性型 以肥羔羊突然死亡为特征。死羊眼结膜苍白，高度贫血。

（2）亚急性型 表现显著贫血，患羊眼结膜苍白，下颌间和下腹部水肿，身体逐渐衰弱，被毛粗乱，放牧时落群，甚至卧地不起，下痢与便秘交替，最后可因衰竭死亡，死亡多发生在春季。

（3）慢性型 症状不太明显，病程可达 1 年以上。

3. 病理变化 病死羊剖检可见羊黏膜和皮肤苍白，血液稀薄如水，有胸水、心包积液和腹水，腹腔内脂肪组织呈胶冻状。内部各脏器色淡，在真胃和小肠前段内见到有大量的粉红色线状虫体，真胃和小肠黏膜出现不同程度的卡他性炎症。肝脂肪变性、呈淡棕色。

4. 诊断要点 本病可根据流行病学、临床症状进行初步诊断，结合病理剖检，及在羊的第四胃、小肠发现线虫，或在粪便中检出虫卵，综合判定，进行确诊。

病原诊断采取粪便中虫卵的检查常用饱和盐水漂浮法，可以发现大量血矛线虫卵。虫卵呈椭圆形，卵壳薄、光滑，稍带黄色。

病羊死后剖检可在羊的第四胃、小肠发现大量血矛线虫的成虫或幼虫。虫体呈毛发状，淡红色，雄虫长 15～19 mm，表皮上有横纹和纵嵴，颈乳突显著，头端尖细，口囊小，内有一称背矛的角质齿，交合伞有由细长的肋支持着的长侧叶和偏于左侧的由一个 Y 形背肋支持着的小背叶。雌虫长 27～30 mm，因白色的生殖器官环绕于红色含血的肠道周围，形成了红白线条相间的外观。阴门位于虫体后半部，有一个显著的瓣状阴门盖。

5. 治疗措施

左旋咪唑：按每千克体重 6～10 mg，内服，奶羊的休药期不得少于 3 d。

丙硫咪唑：按每千克体重 10～15 mg，灌服。

甲苯咪唑：按每千克体重 10～15 mg，灌服。

伊维菌素：按每千克体重 0.2 mg，灌服或皮下注射。

中药治疗：化虫汤：鹤虱 30 g，使君子 30 g，槟榔 30 g，芜荑 30 g，雷丸 30 g，贯众 60 g，炒干姜 15 g，附子 15 g，乌梅 30 g，柯子肉 30 g，大黄 60 g，百部 30 g，木香 15 g，榧子 30 g，共为末，蜂蜜 250 g 为引，开水冲调，候温空腹灌服。

6. 预防措施

有计划地进行驱虫：可根据此病的流行特点，于春、秋两季各进行一次驱虫。

科学饲养管理：合理补充精料，增强羊的抗病能力。实行小区轮牧和注意饮水卫生，应避免在低温潮湿的地方放牧，不在清晨、傍晚或雨后放牧。不让羊饮死水、积水，应饮干净的井水或流水，饮水的地点要固定，以减少虫体的感染机会。

加强粪便管理：及时清理圈舍内的粪便，并将粪便集中在适当地点进行堆积发酵处理，特别注意不要让冲洗圈舍后的污水混入饮水。

（七）山羊仰口线虫病（钩虫病）

山羊仰口线虫病是羊仰口线虫寄生于羊的小肠引起的以贫血为主要特征的寄生虫病。本病在我国各地普遍流行，对家畜危害很大，并可以引起死亡。

1. 流行病学　在比较潮湿的草场放牧的羊流行仰口线虫病更严重。多呈地方性流行，一般秋季感染，春季发病。感染性幼虫在夏季牧场能存活2～3个月，在春季和秋季存活时间稍长一些。严冬的寒冷气候对幼虫有杀灭作用。

2. 临床症状　患羊表现进行性贫血，严重消瘦，下颌水肿，顽固性下痢，粪带黑色，羔羊发育受阻，还有神经症状，如后躯萎缩和进行性麻痹等，死亡率很高。

3. 病理变化　尸体消瘦，贫血，水肿，皮下有浆液性浸润。血液色淡，水样，凝固不全。心包腔、胸腔、腹腔有异常浆液。肺有瘀血性出血和小点出血。心肌松软，冠状沟有水肿。肝呈淡炙色，松软，质脆。肾呈棕黄色。肠黏膜发炎，有出血点。肠内容物呈褐色或血红色。

4. 诊断要点　本病主要根据羊仰口线虫病的临床症状表现和流行病学特征进行初步诊断，以粪便检查检出虫卵或死后剖检可以在十二指肠和空肠找到大量虫体及相应病理变化，即可确诊。

采用饱和盐水漂浮法，检查羊粪便有无虫卵。该虫卵形态特殊，容易辨认，其大小为（79～97）$\mu m \times$（47～50）μm，两端钝圆，胚细胞大而数少，内含暗黑色颗粒。

病羊死后剖检可以在十二指肠和空肠找到大量虫体。羊仰口线虫的头端向背面弯曲，口囊大，口缘有一对半月形的角质切板，雄虫交合伞的背叶不对称，雌虫阴门在虫体中部之前。口囊底部的背侧有一个大背齿，底部腹侧有一对小的亚腹侧齿。雄虫体长 12.5～17 mm。交合伞发达。背叶不对称，右外背肋比左面的长，并且由背干的高处伸出。交合刺等长，褐色。无引器。雌虫长 15.5～21 mm，尾端钝圆。阴门位于虫体中部前不远处。

5. 治疗措施　除参照山羊血矛线虫病进行治疗外，还可用中药化虫丸加减进行治疗。

化虫丸加减：鹤虱 50 g，槟榔 50 g，苦楝根皮 25 g，雷丸 50 g，共为末，开水冲调，候温灌服。

6. 预防措施　参照山羊血矛线虫病。

（八）山羊毛首线虫病

山羊毛首线虫病是由羊毛首线虫、球鞘毛首（尾）线虫寄生于羊的大肠（主要是盲肠）引起的。在我国各地都有报道，主要危害羔羊。

1. 流行病学　毛首线虫为土源性线虫，其虫卵的抵抗力强，以感染性虫卵经口感染。毛首线虫遍布全国各地，夏、秋季感染较多，大足黑山羊放养的羔羊寄生较多，发病较严重。

2. 临床症状　轻者无明显症状，重者消瘦、贫血、腹泻甚至水样血便，发育缓慢，羔羊因衰竭而死亡。

3. 病理变化　慢性盲肠及结肠卡他性炎症，重者盲肠黏膜出血性坏死、水肿和溃疡。

4. 诊断要点　本病主要根据临床症状表现和流行病学特征进行初步诊断，结合粪便检查检出大量虫卵或死后在大肠查到虫体可以确诊。

采用粪便直接涂片法或漂浮法检查羊粪便中有无特征性虫卵。其虫卵呈黄褐色，纺锤形，卵壳厚，两端有透明盖塞，内含卵细胞，虫卵大小在（50～54）$\mu m \times$（22～23）μm。

病羊死后在大肠查到虫体。其虫体呈乳白色，整个外形像鞭子，前部细，后部粗，故又称鞭虫。前为食管部，内含由一串单细胞围绕着的食管，后为体部，内有肠和生殖器官。雄虫后部弯曲，泄殖腔在尾端，有一根交合刺，包藏在有刺的交合刺鞘内。雌虫后端钝圆，阴门位于粗细部交界处。

5. 防治措施　参照山羊血矛线虫病。

（九）山羊球虫病

羊的球虫病是由多种艾美尔球虫感染所致，主要引起下痢或血性腹泻，故又称出血性腹泻或球虫性痢疾。其特征是以下痢为主，病羊发生渐进性贫血和消瘦。

1. 流行病学　羊球虫病呈世界性分布，各种品种的羊均有易感性。成年羊一般为带虫者，以 1～2 月龄羔羊极易感染。

羊球虫病流行的季节性不强，但气温较低的季节不易发生。羊感染发病还与体况差和饲养管理条件不好有关，也因感染球虫的种类、感染强度不同而取急性或慢性过程。

2. 临床症状　病初羊出现软便，粪不成形，但精神、食欲正常。3～5 d 后开始下痢，粪便由粥样到水样，黄褐色或黑色，粪中混有坏死黏膜、血液及大量的球虫卵囊，食欲减退或废绝，渴欲增加。随之被毛粗乱，迅速消瘦，可视黏膜苍白，急性经过 1 周左右，慢性病程长达数周，严重感染的最后衰竭而死，耐过的则长期生长发育不良。

3. 病理变化　剖检时，主要病变见于消化道，表现为十二指肠炎和结肠炎。在肠黏膜上有淡白、黄色圆形或卵圆形结节，粟粒至豌豆大，常成簇分布。同样病变也见于回肠和结肠，在回盲瓣、盲肠、结肠和直肠可能出现糜烂或溃疡，黏膜下可能有出血、溃疡和坏死。

4. 诊断要点　根据临床表现、病理变化和流行病学可做出初步诊断。确诊需在粪便中检出大量的卵囊。

卵囊大小的形状极为相似，呈椭圆形，平均大小为 21.8 mm×18.3 mm。采用直接涂片或沉淀法或尼龙筛集卵法，可以检查羊粪便有无虫卵，确诊需在粪便中检出大量的圆形或椭圆形的卵囊。

5. 治疗措施

磺胺二甲基嘧啶：按每天每千克体重 50 mg，混料投服，连用 20 d。

氨丙啉：按每天每千克体重 20 mg，连用 5 d。

磺胺六甲氧嘧啶：按每天每千克体重 100 mg，连用 3～4 d，效果好。

中药治疗：常山 60 g，连翘 40 g，柴胡 40 g，生石膏 100 g，水煎服，1 次/d，连用 3 d。

6. 预防措施　在流行地区，可用以上药物治疗量的半量作预防用，连续用药 10 d。

加强羊舍清洁卫生，及时清除粪便，圈舍应保持清洁和干燥，饮水和饲料要卫生。

放牧的羊群应定期更换草场。

（十）山羊肺线虫病

山羊肺线虫病是由网尾科和原圆科的线虫寄生在气管、支气管、细支气管乃至肺实质引起的以支气管炎和肺炎为主要症状的疾病。

1. 流行病学　该病分布很广，广泛流行于大足黑山羊养殖区。对羊的感染率高，感染强度大。

网尾线虫为土源性线虫，经口感染。原圆线虫的发育需要多种陆地螺类或蛞蝓作为中间宿主。一般在河流、湖沼和低湿地等水草丰盛地区放牧的羊或收割水草直接饲喂的羊容易感染该病。

2. 临床症状　羊群遭受感染时，首先个别羊干咳，继而成群咳嗽，运动时和夜间更为明显，此时呼吸声亦明显粗重，如拉风箱。在频繁而痛苦的咳嗽时，常咳出含有成虫、幼虫及虫卵的黏液团块，咳嗽时伴发啰音和呼吸急促，鼻孔中排出黏稠分泌物，干涸后形成鼻痂，从而使呼吸更加困难。病羊常打喷嚏，逐渐消瘦，贫血，头、胸及四肢水肿，被毛粗乱。

3. 病理变化　虫体寄生和刺激引起局部炎性细胞浸润、肺萎陷和实变，继之其周围的肺泡和末梢支气管发生代偿性气肿和膨大，当肺泡和毛细支气管膨大到破裂时，发生支气管肺炎，受害的肺泡和支气管脱落的表皮阻塞管道，发展为小叶性肺炎。在肺脏边缘病灶切面的涂片上，可见到成虫和幼虫。

4. 诊断要点　本病可根据临床症状和流行情况做初步判断，然后以幼虫分离法检查病畜粪便，看是否有第一期幼虫，并结合对死亡羊只的剖检，在肺中发现成虫即可确诊。

剖检时应注意发现呼吸道线虫所致的典型病理变化，如肺膈叶背缘的灰黄色圆锥形病灶和散在性肉芽肿结节，组织上可见呼吸道线虫的虫卵、幼虫、成虫及其炎症反应变化。

网尾线虫：网尾线虫有胎生网尾线虫、丝状网尾线虫、骆驼网尾线虫。由于虫体较大，又称为大型肺线虫。本病常呈地方性流行，主要危害羔羊，严重时可引起患羊大批死亡。丝状网尾线虫虫体细线状，乳白色，肠管好像一条黑

线穿行体内。

原圆线虫：原圆线虫是由原圆科、原圆属、缪勒属等几个属的多种线虫组成。此类线虫多系混合感染，虫体细小，有的肉眼刚能看到，故又称小型肺线虫。雄虫交合伞不发达，雌虫阴门靠近体后端。卵胎生。

5. 治疗措施

左旋咪唑：每千克体重 8～10 mg，内服。

丙硫咪唑：每千克体重 25 mg，内服。

阿维菌素或伊维菌素：每千克体重 0.2 mg，内服或皮下注射。

中药治疗：白矾 200 g，溶在 2 L 开水中，口服，1 次/d，连续 7 d。

复方红花杜鹃液：鲜红花、杜鹃叶各 1 500 g，白花、刺参、地胆草各 350 g，分别蒸馏和煎煮制备成每毫升含生药 1 g 的注射液，羊按每千克体重 1 mL，分成两份在气管两侧注射或颈部肌内注射。

6. 预防措施　同羊血矛线虫病的预防措施，主要根据肺线虫的生活史和流行特点，应重视预防工作，主要采取以定期驱虫、加强饲养、注重饲养环境卫生，处理粪便（尿液）等排泄物等综合防制措施。

（十一）山羊弓形虫病

山羊弓形虫病是由刚地弓形虫寄生于山羊的组织细胞内引起羊的严重疾病。弓形虫病是一种世界性分布的人兽共患原虫病。弓形虫病流行于世界各地，在人畜等多种动物间广泛传播，且有多样的传播途径，因而造成多数动物呈隐性感染。

1. 流行病学　猫是弓形虫病的最重要的散布源，猪及人等中间宿主也是本病的主要传染来源，它们的排泄物及肉、内脏淋巴结、腹水等都带有大量的速殖子和包囊（假包囊）。在虫体的不同阶段，羊食入含有这些阶段虫体（如卵囊、速殖子和包囊）的饲草、水等均可引起感染。

羊弓形虫病的流行没有严格的季节性，但夏季多发，可能与温度、温度适宜于卵囊的发育有关。

2. 临床症状　病羊趴卧饲槽边或羊舍一侧，不愿走动；精神萎靡，食欲减退，少数废绝。体温升高达 41 ℃以上，腹泻、有时带有血液，呼吸困难、咳嗽，流浆液性鼻液。羔羊体表淋巴结高度肿大，可视黏膜黄染、苍白贫血。个别病羊出现四肢抽搐、共济失调等神经症状。

3. 病理变化　病死羔羊剖检，可见腹部皮下黄染，结膜苍白，胸腔、腹腔积液，全身淋巴结肿胀，切面多汁、出血。肺脏膨胀，间质增宽，有点状坏死状，切面流出大量带泡沫的液体。肝脏呈灰黄色或灰白色，肿大，硬度增大，表面有出血点和灶死坏。肾脏呈土黄色，被膜下有出血点。脾脏肿大、出血，呈黑紫色。胃肠黏膜充血、出血，脑膜和小脑充血，有出血点。

4. 诊断要点　本病可根据流行病学调查和临床症状做出初步诊断，但确诊必须进行病原学的诊断。

采用脏器、腹水涂片染色法，集虫法，检出病羊体内不同阶段的虫体（滋养体和包囊及假包囊）。

滋养体：主要见于羊急性病例的组织内，如脾、淋巴结、腹水、脑脊髓液中，虫体呈香蕉形，或新月形，一端较尖，另一端钝圆，长 4～7 μm，最宽处 2～4 μm，以姬姆萨或瑞氏染色可见核呈紫红色，位于虫体中部稍后，胞浆呈蓝色。

包囊：在羊急性病例中，滋养体进入宿主网状细胞内进行繁殖，形成"虫体集落"，被寄生的细胞膨大并形成"假包囊"，"假包囊"很容易破裂并迅速释放出速殖子。在慢性病例中，多在眼、骨骼肌、心肌、脑、肺、肝中形成包被有数千个虫体的椭圆形或圆形的包囊，这种包囊中的虫体称为慢殖子。

还可采用动物和鸡胚接种以及血清学方法，如色素试验、间接血凝试验、间接荧光抗体试验、ELISA 试验等方法对羊的弓形虫病进行确诊。

5. 治疗措施

磺胺-6-甲氧嘧啶：按首次用量每千克体重 60～100 mg，维持用量每千克体重 30～40 mg，肌内注射，2 次/d，连用 3～5 d。或配合甲氧苄啶，按每千克体重 14 mg，内服，1 次/d，连用 4 d。

磺胺嘧啶：按剂量为每千克体重 70 mg，配合甲氧苄啶，按每千克体重 14 mg，内服，2 次/d，连用 3～4 d。

磺胺甲氧吡嗪：按每千克体重 30 mg，配合甲氧苄啶，按每千克体重 10 mg，内服，1 次/d，连用 3～4 d。

中药治疗：常山 20 g，槟榔 12 g，双花、连翘、蒲公英各 15 g，柴胡、麻黄、桔梗、甘草各 8 g，先将常山、槟榔用文火煮 20～30 min，再加入柴胡、桔梗、甘草同煮 15 min，最后放入麻黄煎 5 min，去渣候温，灌服。可根据病情连服 3～5 d。

蟾蜍2~3只（大者2只，小者3只，鲜品、干品均可），苦参、大青叶、连翘各20 g，蒲公英、金银花各40 g，甘草15 g，水煎温服。

6. 预防措施　加强羊的饲养管理，禁止在牧场内养猫，扑灭场内老鼠。禁止用屠宰废弃物作饲料，防止饲料、饮水被猫粪污染。

病死羊尸体、流产胎儿及排出物严格处理，如深埋、焚烧，以防治污染环境或被猫及其他动物吞食。定期对羊群进行血清学检查，对检出阳性种羊隔离饲养或有计划淘汰。

加强环境卫生与消毒，经常对圈舍、场地、用具进行消毒：如常用热水（60 ℃以上）、1%来苏儿、0.5%氨水、双季铵盐碘1∶800喷洒场地消毒（杀灭卵囊）。

本病可用长效磺胺定期用药预防。疫苗可采用灭活疫苗预防羊弓形虫病。

（十二）山羊螨病

山羊螨病是由疥螨科和痒螨科的螨类寄生于山羊的表皮内或体表所引起的慢性皮肤病。以接触感染、能引起患畜发生剧烈的痒觉以及各种类型的皮肤炎为特征。疥螨主要寄生于羊表皮下，痒螨主要寄生于羊体表毛密集部位。羊螨病的危害较大，常可引起大面积发病，严重时可引起大批死亡。

1. 流行病学　螨病多发生在秋末、冬季和初春季节。这些季节，日光照射不足、家畜被毛增厚，绒毛增生，皮肤温度较高，这些因素适合螨的发育繁殖。螨的生长发育期较短，疥螨为8~22 d，痒螨为2~3周，因此，螨病的发生较为迅猛，常引起病羊死亡。

羔羊和体质瘦弱、抵抗力差的羊易受感染，发病较为严重，成年羊体质健壮、抵抗力强的羊则不易感染。但成年体质健壮的羊的"带螨现象"为该病主要的传染源。疥螨的宿主特异性不强，可造成人羊之间，羊和其他动物之间的相互感染。

2. 临床症状　山羊感染螨病后，主要表现出奇痒症状。病变部皮肤损伤、发炎、溃烂、感染化脓、结痂，并伴有局部皮肤增厚，被毛脱落。剧痒使患羊终日啃咬、擦痒，严重影响采食和休息，病羊日渐消瘦，有时继发感染，严重时可引起死亡。

疥螨病严重时口唇皮肤皲裂，采食困难，病变可波及全身，死亡率高。羊疥螨病主要发生于嘴唇四周、眼圈，鼻背和耳根部，可蔓延到腋下、腹下和四肢等皮肤薄、被毛短而稀少部位。

羊痒螨病主要发生在耳壳内面等被毛长而稠密处，在耳内生成黄色痂，将耳道堵塞，使羊变聋，食欲不振甚至死亡。

3. 病理变化　疥螨引起的螨病，病变部皮肤先出现丘疹、水疱和脓疮，以后形成坚硬的灰白色象皮样痂皮。痒螨引起的螨病，病变部皮肤先出现浅红色或浅黄色粟粒大或扁豆大的小结节以及充满液体的小水疱，继而出现鳞屑和脂肪样浅黄色的痂皮。

4. 诊断要点　对有明显症状的螨病，根据发病季节、剧痒、患部位置及皮肤病变等做出初步诊断。但最后的确诊需在病羊的表皮内和体表分别找到疥螨和痒螨。

疥螨：查找应在病、健皮肤的交界处，用消毒的外科刀刮取该处，直到见血为止。将刮取的皮屑放到培养皿中，加盖之后放到装有 70 ℃ 左右热水的杯口上，热熏 15 min 左右，在培养皿的底部可见到移动的疥螨。成虫身体呈圆形，微黄白色。大小不超过 0.5 mm，体表多皱纹。

痒螨：查找应在被毛密集的瘙痒部位，可发现灰白色不断活动的痒螨。在寒冷的冬季清晨，拔下几十根结霜明显处的羊毛，用手抖动，会有大量的痒螨落下。可用器皿将其接住，进行检查。虫体呈长圆形，体长 0.5~0.9 mm，肉眼可见。体表有细皱纹。雄虫体末端有尾突，腹面后端两侧有两个吸盘。雄性生殖器居第四足之间，雌虫腹部前面正中有产卵孔，后端有纵裂的阴道，阴道背侧有肛孔。

5. 治疗措施

伊维菌素或阿维菌素：用法同羊血矛线虫病。

溴氰菊酯：按每千克体重 500 mg，喷淋或药浴。

二嗪农（螨净）：每千克体重 250 mg，喷淋或药浴。

中药治疗：

方1：枫杨树叶、米醋各等份，将枫杨树叶捣烂，煎米醋至沸，加入枫杨树叶，候温取汁，涂患处。

方2：苦参 250 g，花椒 100 g，地肤子 150 g，煎水洗患部。

方3：大枫子、蛇床子、木鳖子、花椒各 100 g，雄黄 50 g，硫黄 150 g，共研细末，以棉籽油或猪油调涂患处。

方4：灭疥灵：百部、大枫子、马钱子、苦参、白芷各 10 g，狼毒、苦楝根皮、紫草、当归各 15 g，黄蜡 30～60 g，植物油 0.5 kg。除黄蜡外，各药入油内炸至红赤色，滤去药渣，乘热加入黄蜡，冷却即为膏状。用时将药膏抹于患部，隔 5～7 d 可重复使用一次。如果受损皮肤面积较大，应分片涂抹。一般用药后 7～14 d，即可见新毛长出，皮肤光润而痊愈。

6. 预防措施　房舍要宽敞，干燥，透光，通风良好，不要使羊群过于密集。羊房舍应经常清扫，定期消毒（至少每两周一次），饲养管理用具亦应定期消毒。

经常注意羊群中有无发痒、掉毛现象，及时挑出可疑患病羊，隔离饲养，迅速查明原因。发现患病羊及时隔离治疗。

（十三）山羊蠕形螨病

山羊蠕形螨病是由蠕形螨科中各种蠕形螨寄生于羊的毛囊或皮脂腺而引起的皮肤病，该病又称为毛囊虫病或脂螨病。

1. 流行病学　本病的发生主要是由于病羊与健康羊互相接触，或健羊与被患羊污染的物体相接触，通过皮肤感染。虫体离开宿主后在阴暗潮湿的环境中可生存 21 d 左右。

2. 临床症状　常寄生于羊的眼部、耳部及其他部位，病羊消瘦，被毛粗乱，生长发育缓慢，精神沉郁，用手触摸在头颈部、四肢内侧、体两侧、背部、臀部及尾部等部位皮下发现有坚硬的结节。

3. 病理变化　蠕形螨主要寄生于山羊皮肤毛囊和皮脂腺内，剖检发现毛囊和皮脂腺呈袋状扩大和延伸，增生肥大，引起毛干脱落。腺口扩大，虫体进出活动，易使化脓性细菌侵入而继发毛脂腺炎、脓疱。

4. 诊断要点　山羊蠕形螨病可根据临床症状及流行病学进行初步诊断。确诊需采取患部皮肤上的痂皮或皮肤上的结节或脓疱，镜检有无虫体。

虫体大小为 （0.22～0.24）mm×（0.04～0.057）mm，虫体细长如蠕虫样，呈半透明乳白色。外形上可分为前、中、后三个部分。口器位于前部，呈膜状突出。中部有四对短粗的足，各足基节与躯体腹壁愈合成扁平的基节片。后部细长，表面密布横纹。雄虫的生殖孔开口于中部的背面，雌虫的生殖孔在腹面第四对足之间。

5. 治疗措施

伊维菌素或阿维菌素：用法同羊血矛线虫病。

溴氰菊酯：按每千克体重 500 mg，喷淋或药浴。

二嗪农（螨净）：按每千克体重 250 mg，喷淋或药浴。

中药治疗：

方 1：枫杨树叶、米醋各等份，将枫杨树叶捣烂，煎米醋至沸，加入枫杨树叶，候温取汁，涂患处。

方 2：苦参 250 g，花椒 100 g，地肤子 150 g，煎水洗患部。

方 3：大枫子、蛇床子、木鳖子、花椒各 100 g，雄黄 50 g，硫黄 150 g，共研细末，以棉籽油或猪油调涂患处。

6. 预防措施　房舍要宽敞，干燥，透光，通风良好，不要使羊群过于密集。羊房舍应经常清扫，定期消毒（至少每两周一次），饲养管理用具亦应定期消毒。

经常注意羊群中有无发痒、掉毛现象，及时挑出可疑患病羊，隔离饲养，迅速查明原因。发现患病羊及时隔离治疗。

（十四）山羊脑多头蚴病（脑包虫病）

山羊脑多头蚴病是由带科的多头绦虫的幼虫——脑多头蚴（俗称脑包虫）所引起的。多寄生在羊的大脑、肌肉、延脑、脊髓等处，是危害大足黑山羊比较多见的寄生虫病，尤以两岁以下的羊易感。

1. 流行病学　成虫多头绦虫在终宿主犬、豺、狼、狐狸等的小肠内寄生，其孕节脱落后随宿主粪便排出体外，孕节或虫卵被中间宿主羊吞食，六钩蚴在胃肠道内逸出，随血流被带到脑脊髓中，经 2～3 个月发育为多头蚴。终末宿主吞食了含有多头蚴的脑脊髓，原头节附着在小肠壁上逐渐发育，经 47～73 d 发育为成熟虫体。

2. 临床症状　有前期与后期的区别，前期症状一般表现为急性型，后期为慢性型。后期症状又因病原体寄生部位的不同且其体积增大程度的不同而异。

前期症状：以羔羊的急性型最为明显，表现为体温升高，患羊做回旋、前冲或后退运动，有时沉郁，长期躺卧，脱离羊群。

后期症状：典型症状为"转圈运动"，所以通常又将多头蚴病的后期症状称为"回旋病"。其转圈运动的方向与寄生部位是一致的，即头偏向病侧，并且向病侧做转圈运动。一般多头蚴囊体越大，病羊转圈越小。

3. 病理变化　剖开病死羊脑部，在前期急性死亡的病羊见有脑膜炎及脑炎病变，还可能见到六钩蚴在脑膜中移动时留下的弯曲伤痕。在后期病程中剖检时可以找到一个或更多的囊体，有的在大脑、小脑或脊髓表面，有时嵌入脑组织中。与病变或虫体接触的头骨，骨质变薄，松软，致使皮肤向表面隆起。在多头蚴寄生的部位常有脑的炎性变化。还可扩展到脑的另一半球，靠近多头蚴的脑组织，有时出现坏死，其附近血管发生外膜细胞增生，有的多头蚴死亡，萎缩变性并钙化。

4. 诊断要点　根据流行病学及临床症状可做出初步诊断。剖检病死羊，根据其脑部的特征性病理变化及查出多头蚴即可确诊。

多头绦虫的虫体较小，体长 40～80 cm、节片 200～250 个，头有 4 个吸盘，顶端有 22～32 个小沟，分 2 圈排列。多头蚴呈囊泡状，囊内充满透明的液体。外层为角质膜，囊的内膜上生出许多头节（100～250 个入囊泡由豌豆大到鸡蛋大）。孕节片长 8～10 mm，内含充满虫卵的子宫，子宫每侧有 18～26 个侧枝。卵为圆形。

5. 治疗药物

吡喹酮：按每千克体重 100～150 mg 内服，连用 3 d 为一个疗程。

丙硫咪唑：按每千克体重 25～30 mg 拌料喂服或投服，1 次/d，连服 5 d。

甲苯咪唑：按每千克体重 50 mg 拌料喂服，1 次/d，连服 2 d。

6. 预防措施　防止犬吃到含脑多头蚴的病死羊的脑及脊髓。对牧羊犬进行定期驱虫。粪便应深埋、烧毁或利用堆积发酵等方法杀死其中的虫卵，避免虫卵污染环境。

（十五）山羊细颈囊尾蚴病

山羊细颈囊尾蚴病是由带科的泡状带绦虫的幼虫——细颈囊尾蚴所引起的，细颈囊尾蚴俗称"水铃铛"。细颈囊尾蚴寄生于羊的肝脏浆膜、网膜及肠系膜等处，严重感染时还可进入胸腔，寄生于肺部。

1. 流行病学　细颈囊尾蚴病呈世界性分布，我国各地普遍流行，尤其是猪、羊，感染率为 50% 左右，个别地区高达 70%。除主要影响羊的生长发育和增重外，对肉类加工业更可因屠宰失重和胴体品质降低而导致巨大的经济损失。

2. 临床症状　病羊一般无临床表现，感染初期因幼虫到达腹腔、肝脏，引起急性肝炎和腹膜炎，表现体温升高。病情严重时，患羊精神不振，采食和饮水减少，喜卧，生长发育缓慢，在寒冷季节和饲料单一而营养不足的情况下，容易发生死亡。

3. 病理变化　病死羊剖检可见皮下脂肪减少，肌肉颜色变淡，血液稀薄，在皮下或肌间往往出现胶样浸润。有的病羊肝脏稍肿大，肝叶呈灰褐色或暗紫红色，肝脏表面往往有细小的出血点、小结节或灰白色的瘢痕。虫体附着部位的组织往往褪色与萎缩。腹腔出现弥漫性腹膜炎，用手术刀轻刮脾脏，往往见其表面附有灰白色绒毛样纤维素性渗出物，脾之切面干燥，脾小梁明显。

4. 诊断要点　根据流行病学、临床症状做出初步诊断，结合粪便检查发现大量虫卵或孕节便可确诊。

通过尸体剖检，发现细颈囊尾蚴，虫体呈囊泡状，豆大或鸡蛋大，囊壁乳白色，囊内含透明液体和一个白色的头节，囊体大小不一，最大可至小儿头大。囊壁外层厚而坚韧，是由宿主结缔组织形成的包膜。虫体的囊壁薄而透明，结合临床症状得以确诊。

5. 治疗措施　参照山羊脑多头蚴病。

6. 预防措施　禁止乱扔病死羊尸体、内脏及其他废弃物。用羊内脏等喂犬时，应进行高温处理。

对羊群应有针对性地用药物驱虫，每年春、秋两季，预防措施参照羊脑多头蚴病。

（十六）山羊囊尾蚴病

山羊囊尾蚴病是囊尾蚴寄生于山羊的心肌、膈肌或咬肌、舌肌等处所引起的一种寄生虫病。病原体属羊囊尾蚴，羊囊尾蚴被犬、狼等动物吞食后，在小肠内约经 7 周变为成虫。孕节随粪便排出，被羊吞食后，六钩蚴于小肠经血流到达肌肉，需 2～3 个月发育为羊囊尾蚴。

1. 流行病学　该病呈世界性分布，我国的分布几乎遍及全国各地，羊囊尾蚴被终末宿主犬、狼等吞食后，在其小肠约经 7 周发育为成虫，孕节或虫卵随粪便排出，被羊吞食后，六钩蚴钻入肠壁，随血流到达肌肉或其他组织，经2.5～3 个月囊尾蚴发育成熟。

2. 临床症状　幼羊被大量寄生时，可能造成生长迟缓，发育不良。寄生于舌部表层时，可见豆状肿胀，寄生于肌肉中时，在一个短时期内引起寄生部位肌肉发生疼痛、跛行和食欲不振等，但不久就消失。

3. 病理变化　肝脏肿大呈暗红色，有山鸡蛋大小，被膜粗糙，覆有大量灰白色纤维素性渗出物，局部有出血性坏死灶。有的虫体裸露在肝表面，用镊子取出虫体，可见肝表面留有卵圆形压迹。有的虫体附着在肠系膜上，外面有一层结缔组织包裹。

4. 诊断要点　根据流行病学及临床症状进行初步诊断，以解剖病死羊肌肉组织发现囊虫进行确诊。还可应用间接血球凝集试验和酶联免疫吸附试验做生前诊断。

虫体呈囊泡状，内含透明液体。囊体大小不一，最大可至小儿头大。囊壁外层厚而坚韧，是由宿主羊结缔组织形成的包膜。虫体的囊壁薄而透明。肉眼观察时，可见囊壁上有一个不透明的乳白色结节，为其颈部和内陷的头节，如将头节翻转出来，则见头节与囊体之间具有一个细长的颈部。

5. 防治措施　参照山羊脑多头蚴病。

（十七）无浆体病

无浆体病又称为边虫病，是由山羊无浆体引起的一种慢性和急性传染病，其特征为高热、贫血、消瘦、黄疸和胆囊肿大。本病分布广泛，大足黑山羊抽查感染率在 5%～23%。

1. 流行病学　不同年龄、性别和品种的山羊均可感染，羔羊的抵抗力较强。耐过感染的羔羊可成为带菌者。病羊和带病原羊是本病主要的传染源。山羊感染后，可长期带病原。本病不能通过羊与羊间的直接接触传播。本病多发生于夏秋季节，本病的传播媒介主要是蜱，约 20 余种。多数是机械性传播。虻、蝇和蚊类等多种吸血昆虫及消毒不彻底的手术、注射器、针头等也可以机械性传播本病。

2. 临床症状　无浆体病感染后的潜伏期 20～30 d。最常见的症状是体温升高，精神沉郁，食欲减退，可视黏膜苍白、贫血和黄疸。死亡率较低，也有混合感染或继发感染可增加其死亡率。饲养良好的山羊多为隐性感染，不出现本病的临床症状。

3. 病理变化　尸体消瘦，可视黏膜苍白或黄染，血液稀薄，皮下组织有胶样浸润。淋巴结肿大。心包积液，心内、外膜和冠状沟有出血斑点。脾肿大，质脆如泥。

4. 诊断要点　根据症状、剖检变化和血片检查即可做出临床诊断。在病羊体表发现有传染媒介寄生，发热，贫血，黄疸，尿液清亮但常起泡沫，对诊断具有重要价值。血液检查发现红细胞总数、血红蛋白和血细胞比容均减少。在染色的血片中，可见到许多红细胞中存在无浆体，感染后 20～60 d，即可辨认出这种病原。

5. 治疗措施　病羊应隔离治疗，加强护理，供给足够的饮水和饲料。每天喷药驱杀吸血昆虫。用四环素、金霉素或土霉素等药物治疗有效，而青霉素或链霉素则无效。

6. 预防措施　灭蜱是防制本病的关键。经常用杀虫药消灭羊体表寄生的蜱。保持圈舍及周围环境的卫生，常做灭蜱处理，以防经饲草和用具将蜱带入圈舍。

第三节　常见病的防治

一、羔羊低血糖症

羔羊低糖血症亦称新生羔体温过低，俗称"新生羔羊发抖""羔羊软脚病"。本病常见于哺乳期的羔羊，近年在圈饲大足黑山羊群的羔羊中较多发生。其特征是羔羊表现寒战，腿无力，不能站立，如不急救，会很快发生昏迷而死亡。

1. 发病原因　初生羔羊的血液中含有少量右旋葡萄糖，这是生后初期热能的主要来源。但由于以下各种原因常可使血糖迅速耗尽而发生本病：羔羊出生时过弱；对初生羔羊喂奶延迟，如果气温太低，而不及早喂奶供给能量，就容易引起体温下降，而发生寒战；母羊缺奶或拒绝羔羊吃奶，特别是大足黑山羊多羔的情况下，极容易出现母羊奶水不够的情况；部分患有消化不良或肝脏疾病或由于内分泌紊乱的羔羊也易发生本病。

2. 临床症状　由于血糖下降，病初羔羊全身发抖、毛立、拱背、盲目走动、步态僵硬。继而卧地、翻滚，四肢无力，经 15～30 min 自行终止，也可能维持较长时间不能恢复，一般多为阵发性发作。

早期症状较轻者，体温降至 37 ℃左右，呼吸急促，心跳加快。重者身体发软，四肢痉挛，站立困难。耳梢、鼻端和四肢下部发凉，排尿失禁。躺卧蜷曲，安静昏迷，如不抢救，会很快死亡。

3. 治疗措施　对发病羔羊若及时采取治疗措施，大部分可以恢复健康。

（1）首先注意保暖，将羔羊放到温暖的地方，用热毛巾摩擦羔羊全身，有条件的羊舍，可设置保温箱，里面安装电灯泡和风扇。

（2）及早提供能量。可灌服 5% 葡萄糖溶液，每次 30 mL，2 次/d。亦可每日给葡萄糖粉 10～25 g，分 2 次内服。

（3）对于重症昏迷羔羊，内服法非常危险，应予缓慢静脉注射 25% 葡萄糖溶液 20 mL，然后继续注射葡萄糖盐水 20～30 mL，维持其含量。也可用 5% 葡萄糖溶液深部灌肠。待羔羊苏醒后，即用胃管投服温的初乳或让羔羊哺乳。人工喂给初乳时，初乳温度极为重要，如果温度不够，羔羊会表现急躁不安或拒绝吃奶。初乳用量在最初 24 h 以内争取达到 1 kg 左右。

4. 预防措施　加强怀孕母羊的饲养管理，给予丰富的碳水化合物，给缺奶羔羊进行人工哺乳，做到定时、适量。及时治疗消化不良和肝脏疾病。对于发病的羔羊群，可普遍补充葡萄糖。对 3 日龄以下的羔羊可以注射右旋糖酐铁，每只 1～2 mL，肌内注射，以预防该病发生。

二、营养性贫血

贫血是指循环血液中的血红蛋白浓度降低或红细胞数量减少所引起的一种疾病。多种病因可引起贫血，由于营养不足引起的贫血为营养不良性贫血。

1. 发病原因

（1）营养缺乏　长期饲料营养不足或饲喂量不够，使羊逐渐消瘦，发生贫血。常发于冬末、春初。

（2）铁等微量元素缺乏　某些地区的土壤内缺乏铜、铁和钴时，使饲料中这些微量元素缺乏，不能满足羊的生长需求，引起贫血。

（3）维生素缺乏　如饲草料中缺乏维生素 B_{12} 可引起贫血。

2. 临床症状　病羊可视黏膜苍白，阴门、乳房等少毛或无毛部位的皮肤也显著发白，羊体消瘦，精神沉郁，衰弱无力，轻微的运动便使呼吸和脉搏加快。严重时，食欲明显下降，消化不良，腹泻。

3. 病理变化　血液颜色变淡、变稀薄，凝固不良，严重时稀薄如水。各组织器官出现明显萎缩，且颜色变淡。在心包、胸腔、腹腔液体增多。

4. 诊断要点　根据饲喂情况、临床表现和病理变化可做出初步诊断。通过测出血红蛋白的浓度降低或红细胞的数量减少进行确诊。

5. 治疗措施　改善饲料，增加营养成分，尤其是蛋白质、微量元素和维生素。如增加精料，补充铜、铁（硫酸亚铁）、钴等微量元素，以及各种维生素。

6. 预防措施　加强饲养管理，保证饲料营养全面，提供充足的微量元素和维生素，做好各种疾病的预防和保健，定期驱虫。

三、口炎

口炎是羊的口腔黏膜表层和深层组织的炎症，在饲养管理不良的情况下容易发生。临床上以采食、咀嚼障碍，流涎，口腔黏膜充血、肿胀或有水疱、溃疡为特征。

1. 发病原因　原发性口炎多因吃了粗糙和尖锐的饲料或异物，以及误食了高浓度的刺激性药物、有毒植物、霉败饲料或维生素缺乏等原因所致。继发性口炎多发生于某些传染病，如口蹄疫、羊痘、羊口疮和霉菌感染等。

2. 临床症状　临床上按口炎发生的性质，可分为卡他性口炎、水疱性口炎和溃疡性口炎等。在临床上各类型口炎可单独出现，也可相继或交错发生，但以卡他性口炎较为多见。

病羊表现食欲减少，流涎，咀嚼缓慢，欲吃而不敢吃，当继发细菌感染时有口臭。卡他性口炎，表现口腔黏膜发红、充血、肿胀、疼痛，特别在唇内、齿龈、颊部明显。水疱性口炎，在上下唇内有很多大小不等的充满透明或黄色液体的水疱。溃疡性口炎，在黏膜上有溃疡性病灶，口内恶臭，体温升高。

3. 诊断要点　原发性单纯性口炎，根据病性和口腔黏膜炎症变化易于诊断。但应注意与口蹄疫、羊痘等相鉴别。患口蹄疫时，除口腔黏膜发生水疱及烂斑外，蹄部及皮肤也有类似病变。患羊痘时，除口腔黏膜有典型的痘疹外，在乳房、眼角、头部、腹下皮肤处也有痘疹。

4. 治疗措施　轻度口炎可用0.1%利凡诺溶液或0.1%高锰酸钾溶液冲洗，亦可用20%盐水冲洗。发生糜烂及渗出时，用2%明矾溶液冲洗。口腔黏膜有溃疡时，可用碘甘油、5%碘酊、龙胆紫溶液、磺胺软膏、四环素软膏等涂擦患部。如继发细菌感染，病羊体温升高时，用青霉素40万～80万IU、链霉素100万U，肌内注射，2次/d，连用3～5d，也可服用或注射磺胺类药物。

中药可用青黛散（青黛9g、黄连6g、薄荷3g、桔梗6g、儿茶6g研为细末）或冰硼散，装入长形布袋内口衔或直接撒布于口腔，效果也很好。

对于口炎并发肺炎时，可用：花粉、黄芩、栀子、连翘各30g；黄柏、牛蒡子、木通各15g，大黄24g，芒硝60g，将前八种药共研为末，加入芒硝，用开水冲开，候温，供10只羔羊灌服。

5. 预防措施　预防本病的关键在于加强饲养管理，防止化学、机械及草料内异物对口腔的损伤。提高羔羊饲料品质，饲喂富含维生素的柔软饲料。不要喂给发霉腐烂的草料，饲槽应经常使用2％的碱水消毒。

四、异嗜癖

异嗜癖是指羊喜欢舔食不正常的非饲料性物质的一种疾病。本病常发生于过度放牧地区和长期干旱时期。异嗜癖中的啃骨症和食塑料薄膜症最常发生，危害也最大。

1. 发病原因　饲料不足，营养不良。尤其在冬末、春初季节或长久干旱地区，牧草缺乏，且其中的维生素、微量元素和蛋白质含量低，难消化，易引起消化功能和代谢紊乱，使羊味觉异常而发生异嗜癖。也伴发于患慢性消化不良、软骨症和某些微量元素缺乏症等慢性疾病过程。

2. 临床症状

（1）啃骨症　病羊食欲极差，身体消瘦，眼球下陷，被毛粗糙，精神沉郁。喜欢吞食骨块或木片等异物。时间长则羊极度贫血，最终死亡。

（2）食塑料薄膜症　病羊爱吃塑料薄膜，疾病初期症状不明显，后期表现为低头拱腰，腹泻，有时回头看腹部。严重时食欲废绝，反刍停止，可视黏膜苍白，心跳和呼吸加快，显著消瘦，病程较长，可达3个月左右，最后死亡。

3. 病理变化

（1）啃骨症　前胃及皱胃内都可能有骨块或木片存在，其他脏器无明显变化。

（2）食塑料薄膜症　在瘤胃中有大小不等的塑料薄膜团块，有的团块阻塞胃通道。

4. 诊断要点　根据临床症状和病变可进行诊断。

5. 治疗措施　改善饲养管理，供给多样化饲料，尤其要重视供给蛋白质和矿物质，加强放牧，病羊可在短期内恢复。

6. 预防措施　加强饲养管理，饲喂多样化的饲料，保证营养均衡是预防本病发生的关键。

五、前胃弛缓

前胃弛缓是由各种原因导致的前胃兴奋性降低、收缩力减弱，瘤胃内容物运转缓慢，菌群失调，产生大量腐败和酵解的有毒物质，引起消化障碍，食欲、反刍减退以及全身机能紊乱现象的一种疾病。本病在冬末、春初饲料缺乏时最为常见。

1. 发病原因　羊发生前胃弛缓的病因比较复杂，一般可分为原发性和继发性两种。

（1）原发性前胃弛缓　也叫单纯性消化不良，其病因与饲养管理和自然气候的变化有关。

① 饲料过于单纯：长期饲喂粗纤维多、营养成分少的饲草，消化机能陷于单调和贫乏，一旦变换饲料，即引起消化不良。

② 草料质量低劣：冬末、春初因饲草饲料缺乏，常饲喂一些粗硬、刺激性强、难于消化的饲料，也可导致前胃弛缓。

③ 饲料变质：受过热的青饲料、冻结的块根、腐败的酒糟以及豆饼、花生饼等，都易导致消化障碍而发生本病。

④ 矿物质和维生素缺乏：特别是缺钙，引起低血钙症，影响到神经体液调节机能，为本病主要致病因素之一。

另外，饲养失调、管理不当、应激反应等因素，也可导致本病的发生。

（2）继发性前胃弛缓　当羊患有瘤胃积食、瘤胃臌气、胃肠炎和其他多种内科、产科和某些寄生虫病时，也可继发前胃弛缓。

2. 临床症状　前胃弛缓按其病情发展过程，可分为急性和慢性两种类型。

（1）急性前胃弛缓　表现食欲废绝，反刍和瘤胃蠕动次数减少或消失，瘤胃内容物腐败发酵，产生多量气体，左腹增大，叩诊和触诊不坚实。

（2）慢性前胃弛缓　病羊表现精神沉郁，倦怠无力，喜卧，被毛粗乱，体温、呼吸、脉搏无变化，食欲减退，瘤胃蠕动力量减弱，次数减少，反刍缓慢。有时便秘与下痢交替发生，粪便中常有未消化的饲料颗粒。若为继发性的前胃弛缓，常伴有原发病的特征性症状，在诊断时应加以区别。

3. 病理变化　原发性前胃弛缓病情轻，很少死亡。重剧病例，发生自体中毒和脱水时，多数死亡，死亡羊只剖检可见瘤胃和瓣胃胀满，皱胃下垂，其中瓣胃容积可增大 3 倍，内容物干燥，可捻成粉末状，瓣叶间内容物干涸，其上覆盖脱落上皮或成块的瓣叶。瘤胃和瓣胃黏膜潮红，有出血斑，瓣叶组织坏死、溃疡和穿孔。有的病例有局限性或弥漫性腹膜炎以及全身败血症等病变。

4. 诊断要点　在诊断时，可根据病因、症状等进行综合判定。有饲料单纯且突然更换、饲料变质或缺乏矿物质和维生素的饲养史，病羊表现食欲减少或废绝，反刍和瘤胃蠕动次数减少或消失，有时表现瘤胃臌气，便秘与腹泻交替出现等可做出诊断。另外，测定瘤胃液 pH（瘤胃液 pH 降至 5.5 以下）也可帮助诊断。

山羊前胃弛缓应与创伤性网胃腹膜炎和瘤胃积食相鉴别。创伤性网胃腹膜炎时，母羊泌乳量下降，姿势异常，体温升高，触诊网胃区腹壁有疼痛反应。瘤胃积食，瘤胃内容物充满、坚硬。

5. 治疗措施　治疗羊前胃弛缓的原则是消除病因、缓泻止酵、兴奋瘤胃、促进蠕动。

病初先禁食 1～2 d，每天人工按摩瘤胃数次，每次 10～20 min，并给予少量易消化的多汁饲料。当瘤胃内容物过多时，可灌服石蜡油 100～200 mL 或硫酸镁 20～30 g，也可用 10%氯化钠 20 mL、生理盐水 100 mL、10%氯化钙 10 mL，混合后一次静脉注射。

取酵母粉 10 g，红糖 10 g，酒精 10 mL，陈皮酊 5 mL，混合加水适量灌服。

取大蒜酊 20 mL，龙胆末 10 g，豆蔻酊 10 mL，加水适量一次内服。

为防止酸中毒，可灌服碳酸氢钠 10～15 g。

6. 预防措施　加强饲养管理，注意饲料的配合，防止长期饲喂过硬、难消化或单一劣质的饲料，对可口的精料要限制给量，切勿突然改变饲料或饲喂方式与顺序。应给予充足的饮水，并创造条件供给温水。防止过劳或运动不足，避免各种应激因素的刺激。及时治疗继发本病的其他疾病。

六、瘤胃积食

羊瘤胃积食是瘤胃内充满过量的饲料，致使瘤胃容积扩大，胃壁过度伸张，食物滞留于胃内的严重消化不良性疾病。多在夏收及秋收时节发病。临床上以病羊反刍、嗳气停止，瘤胃坚实，腹痛，瘤胃蠕动极弱或消失为特征。

1. 发病原因　主要是采食过量的粗硬易膨胀的干性饲料如大豆、豌豆、麸皮、玉米和霉败性饲料等，加之饮水不足，缺乏运动时极易发病。也可继发于前胃弛缓、真胃炎、瓣胃阻塞、创伤性网胃炎、腹膜炎、真胃阻塞等疾病。

2. 临床症状　临床上病羊因病因及胃内容物分解毒物被吸收的多少而表现不同症状。通常病初不断嗳气，随后嗳气停止，表现精神沉郁，食欲不振，反刍停止，腹痛摇尾，弓背，回头顾腹，用后肢踢腹，呻吟哞叫。病羊鼻镜干燥，耳根发凉，口出臭气，排粪量少而干黑。听诊瘤胃蠕动音减弱或消失，触诊瘤胃胀满、坚实，似面团感觉，指压有压痕。呼吸迫促，脉搏增数，黏膜呈深紫色。

当过食引起瘤胃积食发生酸中毒和胃炎时，病羊精神极度沉郁，瘤胃壁松软，内有积液，手拍击有拍水感。后期病羊卧地，有时可能表现视觉扰乱，盲目运动。全身症状加剧时，可呈现昏迷状态。

3. 诊断要点　瘤胃积食根据发生原因，过食后发病，瘤胃内容物充满且硬实，食欲不振，反刍停止等特征，基本可以确诊。

羊瘤胃积食应与下列疾病相鉴别：前胃弛缓表现食欲、反刍减退，瘤胃内容物呈粥状，不断嗳气，并呈现瘤胃间歇性臌胀；急性瘤胃臌胀病程发展急剧，腹部显著膨胀，瘤胃壁紧张而有弹性，叩诊呈鼓音，血液循环障碍，呼吸困难。

4. 治疗措施　瘤胃积食的治疗原则是以排出瘤胃内容物为主，辅以止酵防腐、消导泻下、缓解酸中毒和健胃补液。

用手或鞋底按摩左肷窝部，刺激瘤胃收缩，促进反刍，然后用木棍横衔嘴里，两头拴于病羊耳朵上，并适当牵遛，有促进反刍之功效。

止酵防腐：液体石蜡200 mL，番木鳖酊7 g，陈皮酊10 g，芳香氨醑10 g，加水200 mL，灌服。

消导泻下：硫酸镁或硫酸铜成年羊50～80 g，配成10％溶液，一次内服，或石蜡油100～200 mL，一次灌服。

缓解酸中毒：5％碳酸氢钠100 mL，5％葡萄糖200 mL，混合静脉一次滴注，或用2％乳酸钠30 mL，静脉注射。为防止酸中毒继续恶化，可用2％石灰水洗胃。

强心补液及对症治疗：心脏衰弱时，可用10％樟脑磺酸钠或0.5％樟脑水4～6 mL，一次皮下或肌内注射。呼吸系统和血液循环系统衰竭时，可用尼可刹米注射液2 mL，肌内注射。

人工盐50 g，大黄末10 g，龙胆末10 g，复方维生素B 50片，一次灌服。

10％高渗盐水 40～60 mL，一次静脉注射。

5. 防治措施　预防本病的关键是加强饲养管理，避免大量饲喂纤维多、干硬而不易消化的饲料，对可口喜吃的精料要限制给量，尤其是饱食以后不要给大量冷水。

七、急性瘤胃臌气

急性瘤胃臌气，是因羊采食了容易发酵的饲料，在瘤胃内菌群作用下，异常发酵，产生大量气体，引起瘤胃和网胃急剧膨胀，膈与胸腔脏器受到压迫，呼吸与血液循环障碍，甚至发生窒息现象的一种疾病。本病多发于春末夏初放牧的羊群。

1. 发病原因　主要因为采食大量容易发酵的饲料如幼嫩的豆苗、三叶草、紫花苜蓿等，或者饲喂大量的白菜叶、胡萝卜、过多的精料及采食霜冻饲料、酒糟或霉败变质的饲料而致病。秋季山羊易发生肠毒血症，也可出现急性瘤胃臌气。另外，本病可继发于食管阻塞、食管麻痹、前胃弛缓、慢性腹膜炎及某些中毒性疾病等。

2. 临床症状　急性瘤胃臌气一般呈急性发作，病羊初期表现不安，回顾腹部、拱背伸腰、努责、呻吟、疼痛不安。反刍、嗳气减少或停止，食欲减退或废绝。发病后很快出现腹围增大，左肷部显著隆起。触诊腹部紧张性增加，叩诊呈鼓音，听诊瘤胃蠕动音初增强，后减弱或消失。黏膜发绀，心率较快而弱，呼吸困难，严重者张口呼吸。时间久后会导致羊虚弱无力，四肢颤抖，站立不稳，不久昏迷倒地，呻吟、痉挛，因胃破裂、窒息或心脏衰竭而死亡。

3. 病理变化　病羊死后立即剖检，表现胃内充满大量气体及含有泡沫的内容物，瘤胃壁过度扩张。死后数小时剖检，瘤胃内容物无泡沫，间或有瘤胃或膈肌破裂。瘤胃腹囊黏膜有出血斑，甚至黏膜下瘀血，角化上皮脱落。肺脏充血，肝脏和脾脏被压迫呈贫血状态、浆膜下出血等。

4. 诊断要点　根据羊采食了大量易发酵的饲料而发病，病情急剧，腹部膨胀，左侧腰窝突出，叩诊呈鼓音，呼吸极度困难等症状和发病史可以做出诊断。急性瘤胃臌气应与前胃弛缓、瘤胃积食、创伤性网胃腹膜炎、食管阻塞和破伤风等疾病鉴别诊断。

5. 治疗措施　治疗急性瘤胃臌气的原则是进行穿刺放气或以胃管放气，同时进行止酵防腐和清理胃肠。

对初发病例或病情较轻者，可立即单独灌服来苏儿 2.5 mL 或福尔马林 1～3 mL 或石蜡油 100 mL，鱼石脂 2 g，酒精 10 mL，加水适量，一次灌服；或氧化镁 30 g，加水 300 mL，灌服；也可用大蒜 200 g 捣碎后加食用油 150 mL，一次灌服。

对病情严重者，应迅速施行瘤胃穿刺术。首先在左侧隆起最高处剪毛消毒，然后将套管针或 16 号针头由后上方向下方朝向对侧（右侧）肘部刺入，使瘤胃内气体慢慢放出，在放气过程中要紧压腹壁，使之与瘤胃壁紧贴，边放气边下压，以防胃液漏入腹腔内而引起腹膜炎。气体停止大量排出时，向瘤胃内注入来苏儿 5～10 mL。

放牧过程中，发现羊发病时，可把臭椿、山桃、山楂、柳树等枝条衔在羊口内，将羊头抬起，利用咀嚼枝条以咽下唾液，促进嗳气发生，排出瘤胃内的气体。也可用中药疗法：干姜 6 g，陈皮 9 g，香附 9 g，肉豆蔻 3 g，砂仁 3 g，木香 3 g，神曲 6 g，萝卜子 3 g，麦芽 6 g，山楂 6 g，水煎，去渣后灌服。

6. 预防措施　预防急性瘤胃臌气的关键是加强饲养管理，增强前胃神经反应性，促进消化机能。防止羊采食过多的豆科牧草，不喂霉烂或易发酵的饲料，不喂露水草，少喂难以消化和易臌胀的饲料。

八、瘤胃酸中毒

瘤胃酸中毒又称为乳酸酸中毒、急性碳水化合物过食、谷物过食、消化性酸中毒或过食豆谷综合征。

1. 发病原因　羊吃入过量富含碳水化合物的精料（如玉米、水稻、稻谷、豆类和豆制品等）或者突然增加精料饲喂量，都会诱发本病。圈饲大足黑山羊在冬季特别是春节等节假日期间，往往缺乏青饲料或草料，喂给大量甘薯藤发酵料，也易发生瘤胃酸中毒。

2. 临床症状　急性病例常在食入大量精料后 4～6 h 内死亡，而一般病例在食入过多精料 4～8 h 后发病，病羊精神沉郁，反应迟钝，无食欲，反刍停止，体温正常或升高。腹部显著膨大，发生瘤胃臌气，右侧卧，站立困难。病程稍长的病羊眼球下陷，瞳孔散大，严重脱水，呼吸增快，发出呻吟声。后期出现神经症状，步态不稳，卧地不起，头颈侧弯或后仰呈角弓反张，最后昏迷而死亡。

3. 病理变化　剖检病死羊见心肌柔软，心脏扩张，瘤胃内充满有酸臭味的稀软粥状精料，严重时瘤胃黏膜脱落，有出血斑或出血区，真胃出血，病程长时，肝脏出现坏死灶。

4. 诊断要点　根据有过量食入谷物、豆类等精料的病史，或有连续饲喂较多发酵薯藤等未经调节 pH 的饲草料，结合临床症状和剖检变化可初步诊断，也可抽取瘤胃液，测定 pH 在 4 左右为瘤胃酸中毒。

5. 治疗措施　如病情严重，应立即穿刺放气，用穿刺针或大针头进行瘤胃穿刺，缓慢间断放出瘤胃内的气体。

用瘤胃冲洗疗法排出胃内容物：用内直径 1 cm 的胃管经口腔插入胃内，排除瘤胃内容物，并用 1% 的石灰水 1~2 L 反复冲洗，直至胃液呈近中性为止，最后再灌入 1% 的石灰水 0.5~1 L，这种疗法操作方便，疗效高。

纠正酸中毒和补充液体：可颈静脉滴注 500 mL 5% 葡萄糖生理盐水、200 mL 5% 碳酸氢钠溶液和 5 mL 安钠咖的混合液，30 min 内输完。补液量应根据脱水程度而定，必要时一日补液多次。

轻症病例：可内服氢氧化镁 100 g 或稀释的石灰水 1~2 L 或小苏打 25~50 g，并适当补液。也可适当肌内注射广谱抗生素来消炎和控制继发感染。

6. 预防措施　控制羊对谷物、豆类等精料的摄入量，并分次喂给，育肥羊或泌乳羊饲喂精料要少量多次。保管好精料，避免羊偷吃。对食入过多精料还没发病的羊，可在吃食后 4~6 h 内灌服土霉素 0.5 g 或青霉素 50 万 IU，可抑制产酸菌，有一定的预防效果。

对于发酵饲料，一定要在饲喂前用小苏打调整 pH 至中性。

九、胃肠炎

胃肠炎是胃肠表层黏膜及其深层组织的重创炎症过程。由于胃和肠的解剖结构和生理机能紧密相关，胃或肠的器质损伤和机能紊乱，容易相互影响。因此，胃和肠的炎症多同时发生或相继发生。临床上以严重的胃肠功能障碍和不同程度的自体中毒为特征。

1. 发病原因　引发胃肠炎的病因可分为原发性和继发性两种。

（1）原发性胃肠炎　其原因是多种多样的，但主要与饲养管理有关，羊采食品质不良的草料，如霉败的干草、冷冻腐烂块根、青草和青贮、发霉变质的玉米、大麦和豆饼等，以及有毒植物、化学药品或误食农药处理过的种子等都可引发羊的胃肠炎。

（2）继发性胃肠炎　由于营养不良、长途车船运输等因素降低了羊只机体的防御能力，导致大肠杆菌、坏死杆菌等微生物毒力增强而起致病作用。此外，抗生素的滥用造成肠道菌群失调引起感染。

2. 临床症状　羊胃肠炎临床主要表现为消化机能紊乱、腹痛、发热、腹泻、脱水和毒血症等，病羊食欲废绝，口腔干燥发臭，舌面覆有白苔，常伴有腹痛。肠音初期增强，以后减弱或消失，不断排气味腥臭或恶臭的稀粪便或水样粪便，严重者粪中混有血液及坏死的组织碎片，可引起脱水，脱水严重时，尿少色浓，眼球下陷，皮肤弹性降低，迅速消瘦，腹围紧缩。当虚脱时，病羊不能站立而卧地，呈衰竭状态。随着病情发展，体温升高，四肢冷凉，昏睡，继而抽搐而死。慢性胃肠炎病程长，病势缓慢，主要症状与急性相似，可引起恶病质。

3. 病理变化　肠内容物常混有血液，恶臭，黏膜呈现出血斑。由于肠黏膜的坏死，在黏膜表面形成霜样或麸皮状覆盖物，坏死组织剥落后，遗留下烂斑或溃疡。病程时间过长，肠壁可能增厚发硬。肠系膜淋巴结肿胀，常并发腹膜炎。

4. 诊断要点　根据病羊出现消化机能紊乱、腹痛、发热、腹泻、脱水和毒血症，即可做出诊断。

通过流行病学调查，血、粪、尿的化验，对单纯性胃肠炎、传染病、寄生虫病的继发性胃肠炎可进行鉴别诊断。当怀疑中毒时，应检查草料和其他可疑物质。若口臭显著，食欲废绝，主要病变可能在胃；若黄染及腹痛明显，初期便秘并伴发轻度腹痛，腹泻出现较晚，主要病变可能在小肠；若脱水迅速，腹泻出现早并有里急后重症状，主要病变在大肠。

5. 治疗措施　胃肠炎治疗的原则是抗菌消炎、制止发酵、清理胃肠、保护肠黏膜，强心补液、防止脱水和自体中毒。

常用药物：磺胺脒 4～8 g，碳酸氢钠 3～5 g，加水适量，一次灌服。肠道消炎可选用土霉素 0.5 g 或氟苯尼考 0.5 g，内服，2 次/d。也可选用庆大霉素 20 万 U，肌内注射，2 次/d。

脱水严重时，可用复方生理盐水或 5％葡萄糖溶液 200～300 mL，10％樟脑磺酸钠 4 mL、维生素 C 100 mg，混合后静脉注射，1～2 次/d。腹泻严重者，可用 1％硫酸阿托品注射液 2 mL 皮下注射。

中药治疗：可用黄连 4 g，黄芩 10 g，黄柏 10 g，白头翁 6 g，枳壳 9 g，砂仁 6 g, 猪苓 9 g, 泽泻 9 g, 水煎去渣, 候温灌服。

对急性胃肠炎可用下列药物治疗: 白头翁 12 g, 黄连 2 g, 黄芩 3, 大黄 3 g, 茯苓 6 g, 泽泻 6 g, 秦皮 9 g, 山枝 3 g, 玉金 9 g, 木香 2 g, 山楂 6 g, 水煎候温灌服。

6. 预防措施　改善和加强饲养管理，注意饲料质量、饲养方法，建立合理的饲养管理制度，提高科学的饲养管理水平，做好经常性的饲养管理工作，对防止胃肠炎的发生有重要的意义。同时，注意饲料保管和调配工作，不使饲料霉败。饲喂要做到定时定量，少喂勤添，先草后料。检查饮水质量，禁止饮用污秽不洁饮水，久渴失饮时，注意防止暴饮，严寒季节，给予温水。当发现羊只采食、饮水及排粪异常时，应及时诊治，加强护理。

十、感冒

感冒是以上呼吸道黏膜炎症为主的一种急性全身性疾病。一年四季均发，气候多变季节多发，常多发于早春、晚秋气候剧变时，没有传染性。以流清涕、羞明流泪、呼吸增快、皮温不均为特征。

1. 发病原因　当羊由于营养不良、过劳、出汗和受寒等因素，使机体抵抗力下降时，微生物大量繁殖而发病，山羊受寒冷侵袭容易患感冒。

2. 临床症状　病羊精神不振，低头耷耳，初期耳尖、鼻端和四肢末端发凉，继而体温升高，浑身发抖，呼吸、脉搏加快。鼻黏膜充血、肿胀，鼻塞不通，流清涕。患羊鼻黏膜发痒，不断喷鼻，并在墙壁、饲槽上擦鼻，羔羊还有磨牙现象，成年羊常发出鼾声。食欲减退或废绝，反刍减少或停止，鼻镜干燥，肠音不整或减弱，粪便干燥。

3. 诊断要点　根据羊受寒冷刺激后突然发病，出现咳嗽、打喷嚏、体温升高等临床症状，即可做出诊断。

4. 治疗措施　治疗羊感冒，以解热镇痛、祛风散寒为主。

肌内注射复方氨基比林 5～10 mL，也可使用柴胡、鱼腥草注射液等药剂。为防止继发感染，同时使用抗生素。用复方氨基比林 4～6 mL、青霉素 100 万 IU、硫酸链霉素 50 万 U，加蒸馏水 10 mL，肌内注射，2 次/d。病情严重时静脉注射青霉素 140 万 IU，同时配以地塞米松 20 mg 等肌内注射治疗。

也可内服氨基比林 2～5 g。当高热不退时，应及时应用抗生素或磺胺类药物，如青霉素，2 次/d，每次 50 万～100 万 IU，肌内注射。

中药治疗可用荆芥 10 g，紫苏 10 g，薄荷 10 g，煎后灌服，2 次/d。羔羊用量减半。

5. 预防措施　应加强饲养管理，注意羔羊避风保暖，饮水充足，并喂饲易消化的饲料。注意天气变化，做好御寒保温工作，冬季羊舍门窗、墙壁要封严，防止冷风侵袭。夏季要防汗后风吹雨淋。

十一、支气管炎

支气管炎是支气管黏膜表层或深层的炎症。本病以咳嗽、流鼻液与不定型热为特征。以羔羊和老龄羊易发，通常在早春和晚秋羊只受到气温剧烈变化的影响而患病。根据炎症发生部位，可分为支气管炎和细支气管炎，按病程可分急性和慢性两种。

1. 发病原因　临床上分原发性和继发性病因。

（1）原发性　受寒感冒是引起支气管炎的主要原因。其次是吸入刺激性较强的气体，患吞咽障碍病将液体或固体咽入气管中，强制灌药或灌食物时，误入气管中。某些传染因素和寄生虫的侵袭，圈舍卫生条件差，通风不良，闷热潮湿以及营养价值不全的饲料和维生素 A 缺乏等，均为支气管炎的发生病因和诱因。

（2）继发性　可见于流行性感冒等疾病的过程中。邻近器官炎症的蔓延，如喉炎、肺炎以及胸膜炎等，由于炎症蔓延的结果，从而继发支气管炎。

本病也常继发于支气管炎、胃肠炎、乳腺炎、子宫炎，以及外伤引起的肋骨骨折、创伤性心包炎，也可继发于某些传染病如口蹄疫、巴氏杆菌病等和寄生虫病如肺丝虫、羊鼻蝇等。

2. 临床症状　急性支气管炎主要症状是咳嗽。病初咳嗽为短、干并带有疼痛的表现，3～4 d 后咳嗽变为湿咳而连续咳嗽，并经常发作，有时咳出痰液，痰液为黏液性或黏脓性，呈灰白色，有时带有黄色，从两侧鼻孔流出。听诊肺部，病初肺泡呼吸音增强。2～3 d 后可听到啰音。病的前几天为干啰音，以后则可听到湿啰音。在气管和较大的支气管，常可听到呼噜音。全身症状一般轻微，体温正常或略升高 0.5～1 ℃，呼吸增数。重剧性的支气管炎，病羊表现精神萎靡、嗜睡、食欲不振，且有重剧性全身症状。

3. 诊断要点　根据临床特征，体温为弛张热，短钝的痛咳，胸部叩诊呈局灶性浊音区，听诊有捻发音等可确诊。

但在诊断时，还应与下列疾病相鉴别。细支气管炎：热型不定，胸部叩诊呈现过清音甚至鼓音，听诊肺泡音亢盛并有各种啰音。大叶性肺炎：呈稽留热型，病程发展迅速，在典型病例常呈定型经过。肺部叩诊浊音区扩大，听诊肝变区有较明显的支气管呼吸音。

4. 治疗措施　加强护理、消除炎症、祛痰止咳。

消炎：青霉素、链霉素加鱼腥草注射液混合肌内注射，普鲁卡因青霉素行气管注射，10％磺胺噻唑钠注射液 10～20 mL 肌内或静脉注射，2 次/d。

祛痰镇咳：可用氯化铵 1～5 g，杏仁水 2 mL，复方甘草合剂 5 mL，复方咳必清 5 mL，混合加水适量，灌服。

解热强心，对症治疗：当体温升高时，可使用安乃近、复方氨基比林等解热镇痛药物。对心脏衰弱者，可以用樟脑、安钠咖等强心药物，也可用 10％或 25％的葡萄糖做静脉注射，补液强心。

中药治疗：初期用银翘散加减：银花、连翘、牛蒡子、杏仁、前胡、桔梗、薄荷各 8～10 g，水煎去渣，灌服。肺炎严重时可用清热山栀散加减：栀子、黄连、黄芩、黄柏、桔梗、知母、葶苈子、连翘、玄参、贝母、天冬、麦冬各 8 g，石膏 25～30 g，甘草 5 g，杏仁 10 g，水煎去渣，灌服。

5. 预防措施　平时要加强饲养管理，喂以蛋白质、矿物质、维生素含量丰富的饲料，增强机体抗病能力。保持羊舍的清洁、干燥、通风，避免羊受寒感冒，严防传染病感染，坚持春、秋驱虫。

十二、蛇毒中毒

蛇毒中毒是羊被毒蛇咬伤而引起的一种中毒病，常发生在放牧羊群。毒蛇有毒腺和毒牙，当毒蛇咬伤放牧羊时，毒液通过牙管注入机体而中毒。

1. 发病原因　羊只在夏天放牧时，被躲于草丛、刺笼、灌木丛内的毒蛇咬伤，放牧时往往突然发生羊只惨叫，应注意可能发生了毒蛇咬伤。蛇毒分神经毒、血液循环毒和混合毒。神经毒主要抑制呼吸中枢；血液循环毒主要侵害心血管系统和溶血作用；混合毒兼有神经毒和血液循环毒的毒性。

2. 临床症状

（1）全身症状　神经毒引起羊四肢麻痹，呼吸困难，血压下降，昏迷，最后因呼吸麻痹和循环衰竭而死亡。血液循环毒引起羊全身战栗，心跳加快，血压下降，体温升高，皮肤出血，排血尿和血便，最后因心脏停搏而死亡。

（2）局部症状　被蛇咬伤头部时，病羊口、唇、鼻端及面部肿胀，有热痛感，表现精神不安，无食欲。针刺肿胀部位，流出淡红色或黄色液体。严重时，上下唇不能闭合，鼻肿胀，呼吸困难，呼吸音明显。有的病羊垂头站立不动或卧地不起，全身出汗，肌肉震颤。咬伤四肢时，被咬部位肿胀、热痛，羊跛行，严重时，肿胀到达臂部，有时卧地不起。有时因咬伤四肢的大静脉而迅速死亡。

3. 治疗措施　发现羊只被毒蛇咬伤后，首先应抑制蛇毒吸收和促使蛇毒排除，把病羊放在安静、凉爽的地方，在伤口的上部（近心端）绑上带子，肿胀处剪毛，涂以碘酒。用针进行深部乱刺，促进血液排出，然后用3％～5％高锰酸钾溶液进行冷湿敷，乱刺以后，患部涂搽氨水，然后以0.25％普鲁卡因溶液在咬伤部周围进行封闭。经过以上处理，轻者经12～24 h可见愈，重者需再重复处理一次。

其次破坏蛇毒：静脉注射2％高锰酸钾溶液，50 mL/次，中和蛇毒，注射速度要缓慢，一般在5～10 min内注射完毕。同时，在咬伤部位的周围局部注射1％高锰酸钾溶液或2％漂白粉或过氧化氢。还可静脉注射5％～10％硫代硫酸钠30～50 mL，加速蛇毒氧化分解。

当有全身症状时，可内服或皮下注射咖啡因，也可注射复方氯化钠溶液进行强心。

草药治疗：用鬼臼（独脚莲）的根部加醋涂擦到伤口周围，每天早晚各涂擦1次，连涂3 d，具有特效。

十三、流产

流产是指母羊在怀孕期间，因胎儿与母体的正常关系受到破坏而使怀孕中断的病理现象。流产可发生在怀孕的各个阶段，但以怀孕早期较多见。

1. 发病原因　根据发病原因不同，流产可分为两类：一类是由于传染性因素引起，多见于布鲁氏菌病、弯曲杆菌病、沙门氏菌病、支原体病、衣原体病、毛滴虫病、弓形虫病以及某些病毒性疾病等。另一类是非传染性因素引起，可见于子宫疾病，如子宫畸形、胎盘坏死、慢性子宫内膜炎和胎水过多等，内科病如肺炎、肾炎、有毒植物中毒、霉菌中毒、农药中毒，营养代谢障碍病如无机盐缺乏、微量元素不足或过剩、维生素A或维生素E不足等，以及饲料发霉或冰冻等也可致病。外科病如外伤、蜂窝织炎、败血症，以及运输拥挤等也能导致流产。

2. 临床症状　一般可分为四种即隐性流产、排出不足月的活胎儿、排出死亡而未变化的胎儿和延期流产。

（1）隐性流产　主要在怀孕第一个月内发生，胚胎还没形成胎儿，故临床上难以看到母羊有什么症状表现。

（2）排出不足月的活胎儿　这类流产的预兆和过程与正常分娩相似，胎儿是活的，因未足月即产出，故又称为早产。

（3）排出死亡而未变化的胎儿　这是流产中最常见的一种，通常又称之为小产。病羊表现精神不振，食欲减退或废绝，腹痛，起卧不安，努责，阴门流出羊水，胎儿流出后逐渐变安静。若在同一群中病因相同，则陆续出现流产，直至受害母羊流产完毕，方能稳定下来。

（4）延期流产　又称死胎停滞，是指胎儿在母体内死亡后，由于子宫收缩无力，子宫颈不开张或开张不全，死亡的胎儿可长期留在子宫内。此时胎儿可形成木乃伊，或者其软组织自行溶解后被排出体外，胎骨残留于子宫内。此时，病羊由阴道内排出红褐色或棕褐色有异味的黏稠液体，有时混有小的骨片。后期排出脓汁。

3. 诊断要点　根据病史和临床症状即可做出诊断。确诊可采取流产胎儿的胃内容物和胎衣做细菌学镜检和培养，或做血清学反应检查。

4. 治疗措施　应首先确定是何种原因流产以及怀孕能否继续进行，然后再确定治疗方法。

对有流产征兆如胎动不安、腹痛起卧，呼吸、脉搏加快等而胎儿未被排出时，应全力保胎，使用抑制子宫收缩药物。可用黄体酮注射液 30 mg，一次肌内注射。每日或隔日一次，连用数日。对习惯性流产，可在妊娠的一定时间试用此药。

对早产儿，如果能吃奶，应尽量加以挽救，帮助吮乳或进行人工喂奶，并注意保暖。

对延期流产、死胎停滞，应采用引产或助产措施。胎儿死亡，子宫颈未开张时，应先肌内注射前列腺素 F2α15 mg 或催产素 30IU，溶解黄体并使子宫颈开张，并向产道内灌注润滑剂：灭菌液状石蜡油 100 mL，然后从产道拉出胎儿。

当母羊出现全身症状时应进行对症治疗：先兆性流产以安胎、抑制子宫收缩为治疗原则，可肌内注射孕酮 10～30 mg，1 次/d，连用数次，同时适当加强运动，减轻和抑制努责。流产无可挽回时，应尽快促使子宫内容物排出，以免胎儿死亡后腐败分解引起子宫内膜炎，影响以后受孕。胎儿如已干尸化可先注射前列腺素 F2α15 mg，连用 3 d，第二天注射氯前列烯醇 0.1 mg，第三天注射催产素 20IU，在产道及子宫灌入润滑剂后进行助产。有时需要截胎，甚至剖腹产才能解除。胎儿浸溶可注射催产素，促进子宫颈开张和子宫收缩，可助产或使羊自行将残留的胎儿骨骼排出，之后用 10％盐水或 0.1％高锰酸钾冲洗子宫，并向宫内注入抗生素。

5. 预防措施　预防本病主要是加强饲养管理，对怀孕母羊要适当运动，防止挤压碰撞、跌摔、踢跳、鞭打惊吓或追赶猛跑，应给以充足的优质饲料，日粮中所含的营养成分，应满足母体和胎儿的需要。严禁饲喂冰冻、腐败变质或有毒饲料，防止饥饿、过渴、过食、暴饮。

加强管理，合理选配，以防偷配、乱配。母羊的配种、生产都要记录。妊娠诊断、直肠和阴道检查，要严格遵守操作规程，严防粗暴从事。

对羊群要定期检疫、预防接种、驱虫和消毒。凡遇疾病，要及时诊治，谨慎用药。

当羊群发生流产时，首先进行隔离消毒，边查原因，边进行处理，以防传染性流产的发生。

十四、难产

难产是由于各种原因使母羊分娩过程发生困难，如不进行人工助产，母羊不能顺利产出胎儿的疾病。一般初产羊难产的发病率比经产母羊高。大足黑山羊的发病率为 5％左右。

1. 发病原因　引起大足黑山羊难产的原因很多，胎儿姿势异常、胎向和胎位不正、胎儿过大、三胎及多胎、胎儿畸形、死胎，或由于母羊阵缩及努责无力或过强、子宫扭转、阴门狭窄、子宫颈管狭窄、骨盆畸形或狭窄等均可导致难产的发生。

2. 临床症状　难产多发于超过预产期，怀孕羊表现不安，不时徘徊，阵缩或努责，呕吐，时而回顾腹部和阴部，阴唇松弛湿润，阴道流出胎水、污血，但经 1～2 d 不见产羔。有的外阴部夹着胎儿的头或腿，长时间不能产出。

随着难产时间延长，妊娠母羊精神变差，痛苦加重，表现呻吟、爬动、精神沉郁、心率增加、呼吸加快、阵缩减弱，后期阵缩消失，卧地不起，甚至昏迷。

3. 诊断要点　羊有分娩的预兆，若分娩期超过 6～12 h，或在胎儿产出期超过 2～3 h，胎儿仍未产出，即可诊断为难产。

在诊断时，还应向畜主了解难产羊的预产期、年龄、胎次、分娩过程处理情况，然后对母体、产道和胎儿进行临床检查，掌握母体全身状况、产道的松紧和润滑程度、子宫颈的扩张程度、骨盆腔的大小、胎儿的大小、数量、进入产道的深浅、是否存活、胎儿的胎向、胎位和胎势等情况。

4. 治疗措施　难产的处理主要是助产，而关键应早发现，早助产。为了保证母仔安全，对难产的羊必须进行全面检查，以便采取相应的措施，及时进行人工助产。

5. 预防措施　预防母羊难产的关键是加强对母羊的饲养管理。保证青年母羊生长发育的营养需要，以免其生长发育受阻而引起难产，但也不要使母羊过于肥胖，而影响全身肌肉的紧张性。

对母羊要适时配种，即使营养和生长都良好的母羊，也不宜配种过早，否则易形成骨盆狭窄而造成难产。

对怀孕母羊要适当运动，以提高母畜对营养物质的利用，胎儿活力旺盛，全身和子宫的紧张性提高，从而降低难产的发病率。

接近预产期的母羊，应在产前 1 周至半个月送入产房，适应环境，以避免因改变环境造成的惊恐和不适。

在分娩过程中，要保持环境安静，并配备专人护理和接产。接产人员不要过多干扰和高声喧哗，对于分娩过程中出现的异常要留心观察，并注意进行临产检查，以免使比较简单的难产变得复杂。

十五、乳腺炎

大足黑山羊乳腺炎是由多种病因引起的乳房的炎症，多见于泌乳期。其特征为乳腺发生各种不同性质的炎症，乳房发热、红肿、疼痛，影响泌乳机能和产乳量及组织坏死，甚至造成羊只死亡。

1. 发病原因　主要是因为乳房不清洁引起的感染，一般为链球菌及葡萄球菌感染，间或有大肠杆菌、巴氏杆菌等，这些细菌可在乳房中生成脓疡，损坏乳腺功能。分娩后奶水过多，羔羊未吮吸完乳汁，乳汁积存过多等原因也可导致乳腺炎的发生。也常见于感冒、结核病、口蹄疫、子宫炎和脓毒败血症等疾病诱发本病。

2. 临床症状　轻者不表现临床症状，仅乳汁有变化，称之为隐性乳腺炎。临床型乳腺炎一般呈急性经过，乳房有红、肿、热、痛，产乳量减少，乳汁变性，常混有血液、脓汁和絮状物，呈淡红色或黄褐色。患病母羊拒绝哺乳，后肢叉开，不愿行走。严重时可出现体温升高，食欲减退等全身症状。如不及时治疗，可引起败血症或转为慢性。如转为慢性，乳房内常有大小不等的硬块，挤不出乳汁，甚至出现化脓或穿透皮肤形成瘘管。

3. 诊断要点　根据乳房出现红肿热痛或硬块，乳汁变性，混有血液、脓汁和絮状物等临床症状即可做出诊断。乳汁检查，在乳腺炎的早期诊断和确定病性上有着重要意义。

4. 治疗措施　治疗乳腺炎可采取乳头注入抗生素，同时进行对症治疗。病初可选用青霉素80万IU、链霉素40万U，用注射用水5 mL溶解后经乳头管注入乳腺内。注射前应挤净乳汁，注射后轻揉乳房腺体部，使药液均匀分布于乳腺内，1次/d，连用3 d。或采用青霉素普鲁卡因溶液5 mL，在乳房基部进行分点封闭注射。

为促进炎症吸收消散，除在炎症初期可应用冷敷外，2～3 d后可采用热敷疗法。常用10%硫酸镁溶液100 mL，加热至45 ℃左右，热敷1～2次/d，连用2～4 d，每天5～10 min。也可用10%鱼石脂酒精或10%鱼石脂软膏外敷。除化脓性乳腺炎外，外敷前可配合乳房按摩。对化脓性乳腺炎及开口于深部的脓肿，宜先排脓再用3%过氧化氢或0.1%高锰酸钾溶液冲洗，消毒脓腔，再以0.1%～0.2%利凡诺溶液纱布条引流，同时用庆大霉素、卡那霉素、红霉素、青霉素等抗生素配合全身治疗。

中药疗法：急性期可试用金银花8 g，蒲公英9 g，紫花地丁8 g，连翘6 g，陈皮4 g，青皮4 g，甘草3 g，水煎候温加黄酒10～20 mL，一次灌服，1剂/d。

5. 预防措施　预防乳腺炎的关键是注意羊舍清洁，定期清除羊粪，并经常洗刷羊体，尤其是乳房。平时要注意防止乳房受伤，如有损伤要及时治疗。乳头干裂者，可涂抹凡士林。

十六、胎衣不下

本病是羊产出胎儿以后，在正常的时间内胎衣未排出的一种疾病。在正常情况下，母羊排出胎衣的正常时间为 2.5 h，如果羊在产出胎儿后超过 5 h，胎衣仍未排出，称为胎衣不下。

1. 发病原因　引起胎衣不下的原因很多，主要可分为以下两个方面：产后子宫收缩力不足，如饲料中缺乏钙盐及其他矿物质使机体过瘦，胎水过多，子宫损伤，难产和助产耽误等原因都可造成子宫收缩无力而发生胎衣不下，怀孕后期缺乏运动往往也是原因之一。胎儿胎盘和母体胎盘的粘连，由于生殖道感染，使绒毛膜与子宫内膜发生病理性变化造成胎儿胎盘和母体胎盘粘连而胎衣不下。

2. 临床症状　临床上胎衣不下常见到两种情况，一种是胎衣全部停留在子宫腔和产道内。如子宫弛缓时，胎衣全部停留在子宫内，或部分停留于阴道内。另一种是部分胎衣残留在子宫内，停滞胎衣往往部分悬垂于阴门外，另一部分停留在子宫内。胎衣垂于阴道外的部分多呈红色或暗红色，多数患羊没有不安表现，有的羊则表现努责。至于阴道外的胎衣，由于时间过长往往被粪污染，在高温天气，发出恶臭气味。体内胎衣腐败分解，分解后以恶露流出体外，时间久之，腐败产物和毒素被子宫黏膜吸收后则表现中毒症状，出现体温升高，食欲废绝，反刍停止。

本病往往并发败血病、破伤风或气肿疽，或者造成子宫或阴道的慢性炎症。如果羊只不死，一般在 5～10 d 内全部胎衣发生腐烂而脱落。山羊对胎衣不下的敏感性比绵羊大。

3. 治疗措施　治疗本病可先使用药物治疗，若不奏效，应立即采用人工剥离胎衣，也可采用自然剥离法。药物治疗：羊分娩后不超过 24 h，可用马来酸麦角新碱注射液 0.5 mg，一次肌内注射，或用催产素 0.8～1 mL，一次肌内注射。

手术疗法：用药物治疗已达 48～72 h 仍不奏效，应立即进行手术疗法。先保定好病羊，按常规准备及消毒后，进行人工剥离。术者一手握住阴门外的胎衣并拉紧，稍向外牵拉，另一只手沿胎衣表面伸入子宫内膜和胎衣之间，用食指和中指夹住胎盘周围绒毛呈一束，以拇指剥离开母仔胎盘相结合的周围边缘，与母体胎盘分离。剥离后，子宫内灌注抗生素或防腐消毒药，如土霉素 2 g，溶于 100 mL 生理盐水中，注入子宫腔内；也可灌注 0.2%普鲁卡因溶液 30～50 mL。

4. 预防措施　预防本病主要是加强饲养管理，给怀孕母羊饲喂含钙及维生素丰富的饲料。舍饲时要适当增加运动时间，临产前一周减少精料，分娩后让母羊自行舔干羔羊身体上的羊水，并尽早让羔羊吮乳。分娩后，特别是难产后给母羊立即注射催产素或钙制剂（10%葡萄糖酸钙、氯化钙），避免给母羊饮冷水。

第八章
羊场建设与环境控制

大足黑山羊养殖场是大足黑山羊集中饲养和生产的场所，设计建设大足黑山羊养殖场必须根据大足黑山羊的生物学特点、生活习性、当地的土地规划和环境保护要求来考虑。羊场设计包括建筑设计和技术设计，羊场设计必须满足工艺设计要求，即满足大足黑山羊对环境的要求及饲养管理工作的技术要求等，并考虑当地气候、建材、施工习惯等。羊场建筑设计的任务，在于确定羊舍的形式、结构类型、各部尺寸、材料性能等，设计合理与否，对舍内小气候状况具有决定性影响。羊舍技术设计，包括结构设计及给排水、采暖、通风、电气的设计，均需按建筑设计要求进行。因此，大足黑山羊养殖场的设计建设要从选址、场内规划布局、羊舍建筑、设施设备和卫生防疫等方面进行考虑。

第一节　羊场建设

一、场址选择

羊场选址非常重要，除考虑饲养规模外，场址不得位于《中华人民共和国畜牧法》明令禁止区域，并符合相关法律法规及当地土地利用规划和环保的要求；要充分考虑拟建场区域的地质状况，要避免建在易发生泥石流或洪涝灾害等地质和气象灾害的区域内，要充分考虑羊场的饲草料条件和交通电力等资源状况，还要符合大足黑山羊的生活习性及当地的社会条件和自然条件。所以，场址的选择要统筹考虑，较为理想的场址应具备以下基本条件。

（一）地势

建设羊场的地势应比较高燥。羊喜欢干燥清洁的环境，在低洼潮湿的环境中，羊容易产生体外和体内寄生虫病或者发生腐蹄病等。因此建设羊场的场地应选择地势较高、透水透气性强、通风干燥的地方，不能在低洼涝地、河道、山谷、垭口及冬季风口等地建场，建场的地下水位一般在 2 m 以下。场区地势要平坦而稍有坡度（不超过 5%），山区地势变化大，面积小，坡度大，可结合实际情况确定。场区土质应坚实。在寒冷地区和山区应背风向阳。

（二）水质

羊场用水包括羊的饮用水、场内职工生活用水、消毒用水和消防用水。羊的需水量一般舍饲大于放牧，夏季大于冬季。舍饲条件下，成年母羊和羔羊每天的需水量分别为 10 L/只和 5 L/只，而放牧状态分别为 5 L/只和 3 L/只。

羊场附近要有充足清洁的水源，不宜在严重缺水或水源严重污染的地区建场。选择场址前，应考虑当地有关地表水、地下水资源的情况，了解是否有因水质问题而出现过某种地方性疾病。另外，在羊场附近是否有屠宰场和排放废水的工厂，尽可能建场于工厂上游，以保持水质洁净。水中的大肠杆菌数、有机物含量、硝酸盐和亚硝酸盐的总含量都要符合卫生标准。羊场要建在居民区和水源的下风头，距离居民区和水源至少 500 m。

（三）交通和电力

为了保证饲草饲料和羊只进出运输方便，减少运输成本，同时考虑通讯和能源供应条件，羊场建设要求交通便捷，选择在养羊中心产区建场，距离市区又不太远，但同时又不能在车站码头或交通要道的旁边建场。羊场距离公路干线、铁路、城镇居民区和公共场所要在 500 m 以上。

电力负荷和电力设施要达到羊场要求。

（四）饲草料供应

大足黑山羊以产肉为主，体格较大、生长速度较快，规模化养殖所需饲草饲料总量较多，因此要有充足的饲草饲料来源，饲料基地的建设要考虑羊群发展的规模，特别要注意准备足够的越冬干草和青贮饲料，本着尽可能多的原则解决好饲草料供应问题。

（五）防疫

不在传染病和寄生虫流行的疫区建场，羊场周围的居民和牲畜应尽量少些，以便一旦发生疫情时方便进行隔离封锁。羊场周围 3 km 以内无大型化工厂、采矿厂、皮革厂、肉品加工厂、屠宰场等污染源。羊场周围有围墙或防疫沟，并建立绿化隔离带。场址大小和圈舍间隔距离等都应该遵守卫生防疫要求。

二、羊场基本设施

羊场基本设施包括羊舍、运动场、消毒设施、供水设施、供电设施、饲草基地、饲草料加工及贮藏设施、粪污处理设施。

三、羊场布局规划

（一）羊场规划布局原则

羊场布局不仅要符合防疫卫生和消防要求，而且要节约投资，方便管理，有利于提高劳动生产率。具体而言，羊场规划布局应遵循以下原则。

第一，根据羊场生产工艺要求，结合当地气候条件、地形地势及周围环境特点，因地制宜地做好功能分区规划，合理布置各种建设物的布局，既要方便管理和提高整体工作效率，又要符合长远规划发展。

第二，充分利用场内原有的自然地形地势，合理布局各种建筑物和设施设备，充分利用自然资源，尽量减少基础设施建设费用。

第三，羊场的布局要符合生产工艺流程，包括羊的饲养管理与繁殖，羔羊的培育，育肥羊群的饲养管理，饲料的运输、贮存、加工、调制和分发，羊舍清扫、粪尿清除、疫病防治等环节流转顺畅，创造出经济合理的生产环境。

第四，保证建筑物具有良好的朝向，满足采光和自然通风条件，并有足够的消防和防疫间距。

第五，要利于场内粪尿、污水及其他废弃物的处理和利用，确保场内环境卫生。

（二）羊场功能分区

羊场功能分区是否合理，各区建筑物布局是否恰当，这不仅关系基建投资、经营管理、生产组织、劳动生产率和经济效益，而且影响场内的环境状况和卫生防疫。因此，需要认真做好羊场功能分区。

1. 羊场分区规划　通常将羊场分为三个功能区，即生活管理区、生产区、粪污处理及隔离区（图8-1）。分区规划时，首先从家畜保健角度出发，以建立最佳的生产联系和卫生防疫条件，来安排各区位置，一般按主风向和坡度的走向依次排列顺序为：生活管理区→生产区→粪污处理及隔离区。要求净道、污道分开，羊舍布局符合生产工艺流程，即公羊舍、空怀及后备母羊舍、妊娠母羊舍、育成羊舍、育肥舍分开，除育肥羊舍外，其他羊舍都应设置运动场。

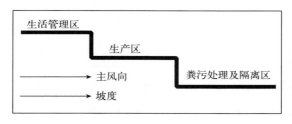

图8-1　羊场功能分区

（1）生活管理区　应建设在场区常年主导风向上风处，生活区主要包括职工住宅、餐饮、娱乐、保健等设施。生活区应在羊场最上风方向和地势较高处，管理区主要包括办公室、生产业务用房（更衣室、消毒室、药浴池）、接待室、会议室、资料室、化验室、门卫值班室、活动室等。管理区应与生产区严格分开，并与生产区有一定的缓冲地带。

（2）生产区　应设在场区的下风位置，应建设羊舍［种公羊舍、空怀母羊舍、妊娠母羊舍、分娩羊舍、哺乳羊舍、育成羊（羔羊）舍、育肥舍等］和运动场，以及生产辅助设施设备（饲料库、饲料加工车间、青贮池、机械车辆库、采精授精室、草料棚等）。粗饲料库应建在地势较高处，与其他建筑物保持一定防火距离。饲料库、草料棚、饲料加工车间和青贮池离羊舍要近一些，位置要适中，便于运送草料，减小劳动强度。生产区内的各种羊舍，可根据实际情况进行合并或调整，以方便生产管理为原则。羊舍建筑面积占全场总建筑面积的70%～80%。

（3）粪污处理及隔离区　主要包括隔离羊舍、病死羊处理及粪污储存与处理设施，应位于全场常年主导风向的下风处和全场场区最低处，与生产区的间距应满足兽医卫生防疫要求。粪污堆放和处理应安排专门场地，设在羊场下风向、地势低洼处。病羊隔离区应建在羊舍的下风、低洼、偏僻处,与生产区保持 500 m 以上的间距;粪污处理房、尸坑或焚尸炉距羊舍 100 m 以上。绿化隔离带、隔离区内部的粪便污水处理设施与生产区有专用道路相连,与场区外有专用大门和道路相通。

2. 羊场建筑布局 羊的生产过程包括种羊的饲养管理与繁殖、羔羊培育、育成羊的饲养管理与肥育、饲草饲料的运送与贮存、疫病防治等,这些过程均在不同的建筑物中进行,彼此间发生功能联系。建筑布局必须将彼此间的功能联系统筹安排,尽量做到配置紧凑、占地少,又能达到卫生、防火安全要求,保证最短的运输、供电、供水线路,便于组成流水作业线,实现生产过程的专业化有序生产(图 8-2)。

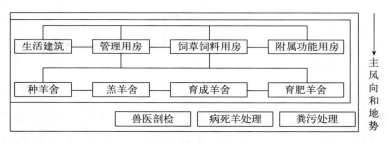

图 8-2 羊场建筑功能布局示意图

3. 羊用运动场与场内道路设置 运动场应选在背风向阳、稍有坡度,以便排水和保持干燥。一般设在羊舍南面,低于羊舍地面 60 cm 以下,向南缓缓倾斜,以砖或沙质土壤为好,便于排水和保持干燥,四周设置 1.2~1.5 m 高的围栏或围墙,围栏外侧应设排水沟,运动场两侧应设遮阳棚或种植树木,以减少夏季烈日曝晒,运动场面积为成年羊 4 m²/只;羊场内道路根据实际确定宽窄,既要方便运输,又要符合防疫条件。一般要做到:运送草料、畜产品的路不与运送羊粪的路通用或交叉,兽医室有单独道路,不与其他道路通用或交叉。

4. 羊舍分类 羊舍分类方式多种多样,但都要以管理方便为原则。大足黑山羊羊舍常分为成年羊舍、分娩羊舍、青年羊舍和羔羊舍四类。

(1) 成年羊舍 成年羊舍是饲喂基础母羊和种公羊的场所,多为头对头双列式,中间为饲喂通道。种公羊单圈;青年羊、成年母羊一列,同一运动场;怀孕前期一列,一个运动场。敞开、半敞开、封闭式都可,尽量采用封闭式。

(2) 分娩羊舍 怀孕后期进入分娩舍单栏饲养,分娩栏 4 m²,每百只成年羊舍准备 15 个分娩栏，羊床厚垫褥草，并设有羔羊补饲栏。一般采用双列式饲养，怀孕后期母羊一列、同一运动场，分娩羊一列、一个运动场，敞开、半敞开、封闭式都可，尽量采用封闭式。

（3）青年羊舍　青年羊舍用于饲养断奶后至分娩前的青年羊。这种羊舍设备简单，没有生产上的特殊要求，功能与成年羊舍一致。

（4）羔羊舍　羔羊断奶后进入羔羊舍，合格的母羔羊 6 月龄进入后备羊舍，公羔至育肥后出栏，应根据年龄段、强弱大小进行分群饲养管理。关键在于保暖，采取封闭式，双列、单列都可。

羊舍分类不是绝对的，也可分为：羔羊舍、育肥羊舍、配种舍（种公羊、后备羊、空怀母羊）、怀孕前期羊舍、怀孕后期羊舍。设计时可单列或双列饲养，羊舍尽量不要那么复杂，管理方便即可。

四、羊场建筑物

主要包括羊场办公及生活用房、羊舍、隔离舍、运动场、草料贮藏及加工房、青贮窖、兽医室及人工授精室等。

第二节　羊舍建筑

不同的养殖区域，羊舍的建筑要求与结构有所不同，对羊舍内环境要求总的原则是：能保温、无贼风、保持干燥。

一、羊舍建筑基本要求

（一）建筑地点要开阔干燥

大足黑山羊舍必须建筑在干燥、排水良好的地方，南面有较为宽而平坦的运动场，羊舍要求处在生活办公区的下方，羊舍侧面对着冬春季的主风方向。

（二）布局要合理

养羊区要与办公、生活区分开，圈舍应建在办公室或住房的下方。公羊舍建在下风处，距母羊舍 200 m 以上；羔羊和育成羊舍建在上风处；成年羊舍建在中间；病羊隔离舍要远离健康羊 300 m 处。

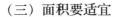

（三）面积要适宜

羊舍建筑面积以羊的性别、年龄和气候条件不同而加以区别。羊舍建筑面积一般占整个羊场面积的 10%～20%，面积过小会导致舍内拥挤、潮湿、空气混浊，过大不利于冬季保温并造成不必要的浪费。一般每只羊对舍内面积的要求是：种公羊 2.0～3.0 m²，成年母羊 1.0～1.5 m²，育成羊 0.6～0.8 m²，羔羊 0.5～0.6 m²，羯羊 0.6～0.8 m²，妊娠后期或哺乳母羊 2.0～2.5 m²。产羔舍一般可按基础母羊总数的 25% 计算，房内应有保温取暖设备，保持产房有一定温度。

（四）高度要适中

羊舍高度根据羊舍类型及养羊数量决定。羊数多时，羊舍应适当高些，以保持空气新鲜，但过高不利于保温，且建筑费用大。一般羊舍高度为 2.5 m 左右。南方地区的羊舍以防暑防湿为重点，羊舍可适当高些。一般农户羊只较少，圈舍高度可略低些，但不得低于 2 m 以下。

（五）门窗面积要适中

大足黑山羊合群性强，出入圈舍易拥挤。圈门：一般门高 1 m，圈门面积按照圈舍面积的 5%～6% 计算。舍门：没有严格规定，保证人员能方便出入即可，高山及寒冷地区的羊舍，最好在大门外加设套门，以防冷风直接侵入。窗户：羊舍应有足够的光线，窗户面积一般占地面面积的 1/15，以保证羊舍内的采光及卫生，窗应向阳，距地面 1.5 m 以上，防止贼风直接吹袭羊体。南方气候高温、多雨、潮湿，门窗应大开为好，羊舍南面或南北两面可加修高 0.9～1.0 m 的草墙，上半部敞开，以保证羊舍干燥通风。

（六）地面要干燥

羊舍地面应高出舍外地面 20～30 cm，铺成斜坡以利排水。北方羊舍地面可用石灰和土按 1：1 比例混合夯实，饲料室地面宜用水泥铺成，并做防潮处理。南方的羊舍一般采用高床漏缝式，楼台常用木条构筑，也可采用复合材料制成，木条间隙为 1.0～1.5 cm，以便漏下粪尿，楼台与地面距离 1.5～1.8 m，便于清扫粪便。

（七）要防潮保温、通风换气和采光

羊舍要做到冬季保温，夏季防潮。一般羊舍冬季应保持在 0 ℃以上，羔羊舍及产房在 10 ℃左右，夏季舍温应控制在 30 ℃以下为宜。

在湿度方面，羊舍应保持干燥，地面不能太潮湿，空气相对湿度应在 50%～70%为宜。

在通风换气方面，应保持羊舍内空气新鲜，在夏季应保持较大通风量，在冬季应在通风适宜的条件下尽量保温。

在采光方面，羊舍要求有充足的光线。

（八）建筑材料就地取材

建造羊舍的材料，以经济耐用、就地取材为原则。土坯、石头、砖瓦及木材等都可用来做羊舍建筑材料，要因地制宜，就地取材，降低成本，提高效益。

二、羊舍类型

大足黑山羊羊舍类型依所在地区气候条件、饲养方式等不同而异（图 8-3）。羊舍的形式按羊床在舍内的排列可划分为单列式、双列式，在单列式羊舍中为

图 8-3　大足黑山羊羊舍适宜的建筑结构类型

使管理人员操作方便，又有带走廊和无走廊的形式，大型羊场多采用带走廊的双列式羊舍。按屋顶样式分为单坡式、双坡式和拱形等，单坡式羊舍跨度小，自然采光好，适于小型羊场和农户；双坡式羊舍跨度大，保温力强，占地面积少，但采光和通风差。按羊舍墙体封闭程度划分为封闭式、敞开式和半敞开式。封闭式羊舍具有保温性能强的特点，适合寒冷北方地区采用，塑膜暖棚羊舍亦属此类；半敞开式羊舍具有采光和通风好，但保温性能差，我国南北方普遍应用；敞开式棚舍可防太阳辐射，但保温性能差，适合炎热地区，温带地区在放牧草地也设有，属凉棚作用。

（一）封闭式羊舍

封闭式羊舍，在我国分布较少，在规模化养殖地区可选择此类型羊舍。大足黑山羊养殖不宜采用此类型羊舍。

（二）敞开式羊舍

敞开式羊舍三面有墙，一面无墙，有顶盖，无墙的一面向运动场敞开。无墙对侧面的墙上留有通风窗口，以利于夏季炎热气候时的防暑降温。运动场内靠围栏设置饲草料饲喂槽架和饮水设施。为了防止夏季强烈的太阳辐射，影响羊采食饲草料，在饲槽的上方搭建遮阳棚。并建造羊运动走道，以便于人工驱赶羊适当的运动，增强羊的体质和健康。在羊场内饲养的羊必须有足够时间的运动，才能保证其体质的健康。在运动场内，羊在饲养员的驱赶下自动地围绕着花木坛运动。羊舍及运动场地面最好为砖地面，有利于清洁和羊蹄的保护。羊平时采食和活动时在舍外运动场内，休息时在羊舍内。

（三）楼式羊舍

在我国南方气候炎热、多雨潮湿地区主要推广的羊舍建筑。建筑材料可用砖、木板、木条、竹竿、竹片或金属材料等。羊舍为半敞开式，双坡式屋顶，双列式，南北两面（或四面）墙高 1.5 m，冬季寒冷时用草帘、竹篱笆、塑料布或编织布将上墙面围住保暖。圈底距地面高 1.3~1.8 m，采用漏缝地板，缝隙1.5~2.0 cm，以便粪尿漏下，清洁卫生，无粪尿污染，且通风良好，防暑、防潮性能好。漏缝地板下做成斜坡形的积粪面和排尿水沟，有利于粪尿的清洁和收集，节约用水。运动场在羊舍的南面，面积为羊舍的 2~2.5 倍，运动场围栏高 1.3～1.5 m。楼梯设在南面或侧面的山墙处，双列式羊舍中间的走廊设食槽和饮水槽。

（四）吊楼式羊舍

南方草山草坡较多，为了方便羊群采食，可就近修建羊舍，主要用于小规模饲养。可因地制宜地借助缓坡，山坡坡度以 20°左右为宜，羊舍距地面高度为 1.2 m。建成吊楼，双坡式屋顶，单列或双列式，羊舍南面或南北面做成 1 m 左右高的墙，舍门宽 1.5～2.0 m。铺设木条漏缝地板，缝隙 1.5～2.0 cm，便于粪尿漏下。羊舍南面设运动场，用于羊补饲和活动。

三、羊舍基本结构

（一）地基与地面

承受整个建筑物的土层称为地基。一般羊舍多用天然地基（直接利用天然土层），通常以一定厚度的沙壤土层或碎石土层较好。黏土、黄土和富含有机质的土层不宜用作地基。基础是指墙壁埋入地下的部分，它直接承受墙壁、门窗等建筑物的重量。基础应坚固、耐火、防潮，比墙宽，并成梯形或阶梯形，以减少建筑物对地基的压力。深度一般为 50～70 cm。为防止地下水通过毛细管作用浸湿墙体，应在地平部位铺设防潮层，如沥青等。

圈舍和运动场地面是羊只活动、采食、休息和排粪尿的主要场所，尤其在北方。因其与土层直接接触，易传热并且被水渗透，因此，要求地面坚实平整，不滑，便于清扫和消毒，并具有较高的保温性能。舍内地面比舍外地面应高 40 cm，地面一般应保持一定坡度（1%～1.5%），以利于保持地面干燥。土质地面、三合土地面和砖地面保温性能好，但不坚固、易渗水，不便于清洗和清毒。水泥地面坚固耐用、平整，易于清洗消毒，但保温性能差，可在地表下层用孔隙较大的材料增强地面的保温性能，如炉灰渣、空心砖等。

（二）羊床

除了地面以外，羊床也是非常重要的环境因子，极大地影响着大足黑山羊的健康和生产力。为解决一般水泥羊床冷、硬、潮的问题，可选用下述方法：

（1）按功能要求的差异选用不同材料用导热性小的陶粒粉水泥、加气混凝土、高强度的空心砖修建羊床，走道等处用普通水泥，但应有防滑表面。

（2）分层次使用不同材料在夯实素土上，铺垫厚的炉渣拌废石灰作为羊床的垫层，再在此基础上铺一层聚乙烯薄膜作为防潮层，薄膜靠墙的边缘向上卷起，然后铺上导热性小的加气混凝土、陶粒粉水泥、高强度空心砖。

（3）使用漏缝地板尤其在南方等炎热潮湿地区，漏缝地板具有保持圈舍内清洁不污染饲料和减少腐蹄病等优点。漏缝地板条间距 1.5～2.0 cm，专门的羔羊舍可在 1～1.5 cm，过窄不利于漏粪，过宽易夹住羊蹄。离地面高度为1.5～2 m，以利通风、防潮、防腐、防虫和除粪。一般使用的材料有木材、竹子和复合型板材等（图 8-4），木材和竹子建设成本低但使用年限较短，使用1～2 年后强度下降，羊只踩踏后容易折断。而复合型板材漏缝地板采用树脂、纤维、石粉等天然材料通过高压压制而成，具有高强度，耐腐蚀，抗老化，便于清洗，边缘光滑不伤羊蹄，保温性能好等特点，使用寿命可达 20 年，但建设成本较高。

楠竹漏缝地板

复合型板材漏缝地板

竹块漏缝地板

木条漏缝地板

图 8-4　大足黑山羊羊舍地板类型

（三）墙壁

墙壁是羊舍建筑结构的重要部分，羊舍的保温、防潮、防贼风等性能的优劣在很大程度上取决于墙壁的材料和结构。据研究，羊舍总热量的 30％～40％都是通过墙壁散失的。因此，对墙壁的要求是坚固，承载墙的承载力和稳定性必须满足结构设计的要求，保温性能好，墙内表面要便于清洗和消毒，地面或羊床以上 1.0～1.5 m 高的墙面应有水泥墙裙。

我国常用的墙体材料是黏土砖，优点是坚固耐用、传热慢、消毒方便；缺点是毛细作用较强、吸水能力也强、造价高，所以为了保温和防潮，同时为了提高舍内照度和便于消毒等，砖墙内表面要用水泥沙浆粉刷。至于墙壁的厚度应根据当地的气候条件和所选墙体材料的传热特性来确定，既要满足墙的保温和承载力要求，又要尽量降低成本和投资。

在有些地方，还可以使用土墙，其特点是造价低、保温性能好，但防水性能差、容易倒塌，只适用于临时羊舍。

近年来建筑材料发展很快，许多新型建筑材料如金属铝板、钢构件、胶合板、玻璃纤维板、隔热材料等，已经用于羊舍建筑中。用这些材料建造的畜舍，不仅外形美观，性能好，而且造价也不比传统的砖瓦结构建筑高多少，是未来大型集约化羊场建筑的发展方向。

（四）门窗

羊舍的门窗要求坚固结实，能保持舍内温度和易于出入，并向外开。门是供人和羊出入的地方，以大群放牧为主的圈舍，圈门宽 1.5～2 m、高度 1 m 为宜，分栏饲养的圈门宽度 1～1.5 m。门外设坡道，便于羊只的出入，门的设置应避开冬季主导风向。饲养管理走廊门宽度 2.0 m、高度 2.0 m 为宜，便于饲养人员和饲料推车的进出。

窗户主要是为了采光和通风换气。窗户的大小、数量、形状、位置应根据当地气候条件合理设计。面积大的窗户采光多、换气好，但冬季散热和夏季向舍内传热也多。窗户距地面 1.5 m，高 1 m，宽度 1～2 m，一般窗户的大小以采光面积对地面面积之比来计算，种羊舍为 （1∶8）～（1∶10），育肥羊舍为（1∶15）～（1∶20），产羔舍或育成羊舍应小些，窗户的大小和数量，应根据当地气候条件确定。

（五）屋顶和天棚

屋顶和天棚是羊舍顶部的承重构件和围护结构，主要作用是承重、保温隔热、防太阳辐射和雨雪侵袭。羊舍屋顶材料基本上应具有以下特色：防雨、耐用、隔热效果好。良好的羊舍绝缘设施可减少羊舍外的热量传导到羊舍内，隔热可由两方面着手，其一为屋顶面具有反光好的表面和色泽，如此可减少辐射热；其二是屋顶材料具有良好的绝缘（亦即隔热）效果，可减少热量传导入羊舍。常用的屋顶有以下几种形式：

1. 草顶　优点是造价低、冬暖夏凉；缺点是使用年限短，不易防火，还要年年维修。

2. 瓦顶　优点是坚固、防寒、防暑；缺点是造价太高。

3. 水泥顶或石板顶　优点是结实、不透水；缺点是导热性高，夏季过热，冬季阴冷潮湿。

4. 泥灰顶　优点是造价低、防寒、防暑，能避风雨；缺点是不坚固，要经常维修。

目前最常使用烤漆钢板加上良好的绝缘材料。

（六）通风

通风可排除羊舍多余的水汽，降低舍内湿度，防止围护结构内表面结露，同时可排除空气中的尘埃、微生物、有毒有害气体，改善羊舍空气的卫生状况。另外，适当的通风还可缓解夏季高温对羊的不良影响。

1. 自然通风　自然通风的动力是靠自然界风力造成的风压和舍内外温差形成的热力，使空气流动，进行舍内外空气交换。当舍内有羊只时，热空气上升，舍内上部气压高于舍外，而下部气压低于舍外。由于存在压力差，羊舍上部的热空气就从上部开口排出，舍外冷空气从羊舍下部开口流入，这就形成了热压通风。热压通风量的大小取决于舍内外温差、进排风口的面积和进排风口间的垂直距离。温差越大，通风量越大；进排风口的面积及其之间垂直距离越大，通风量越大。当外界有风时，羊舍迎风面气压大，背风面气压小，则空气从迎风面的开口流入羊舍。舍内空气从背风面的开口流出，这样就形成了风压通风。自然界风是随机的，时有时无，在自然通风设计中，一般是考虑无风时的不利情况。

2. 机械通风　密闭式羊舍且跨度较大时，仅靠自然通风不能满足其需求，需辅以机械通风。机械通风的通风量、空气流动速度和方向都可以控制。机械通风可分为两种形式，一种为负压通风（图8-5、图8-6），即用轴流式风机将舍内污浊空气抽出，使舍内气压低，则舍外空气由进风口流入，从而达到通风换气的目的；另一种是正压通风（图8-7），即将舍外空气由离心式或抽流式风机通过风管压入舍内，使舍内气压高于舍外，在舍内外压力差的作用下，舍内空气由排气口排出。正压通风可以对进入舍内的空气进行加热、降温、除尘、消毒等预处理，但需设风管，设计难度大，在我国较少采用。负压通风设备简单，投资少，通风效率高，在我国被广泛采用。其缺点是对进入舍内的空气不能进行预处理。

无论正压通风还是负压通风都可分为纵向通风和横向通风。在纵向通风中，即风机设在羊舍山墙上或靠近该山墙的两纵墙上，进风口则设在另一端山墙上或远离风机的纵墙上。横向通风有多种形式：负压风机可设在屋顶上，两纵墙上设进风口或风机设在两纵墙上，屋顶风管进风；也可在两纵墙一侧设风机，另一侧设进风口。纵向通风口舍内气流分布均匀，通风死角少，其通风效果明显优于横向通风。无论采用什么样的通风方式，都必须考虑羊舍的排污要求，使舍内气流分布均匀，通风无死角，无涡风区，避免产生通风短路。此外，还要有利于夏季防暑和冬季保暖。

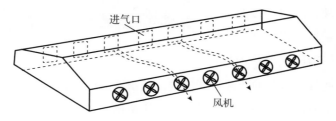

图8-5　横向负压通风示意图

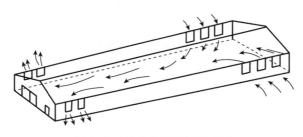

图8-6　纵向负压通风示意图

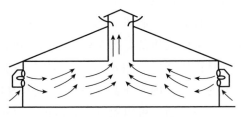

图 8-7　正压通风示意图

第三节　羊场设施与设备

一、羊场设施

(一) 消毒设施

1. 药浴设施　在羊场内选择适当地点修建药浴池 (图 8-8)。药浴池一般深 1 m，长 10 m，池底宽 0.6 m，上宽 0.8 m，以一只羊能通过而转不过身为度，入口一端是陡坡，出口一端筑成台阶以便羊只攀登，出口端并设有滴流台，羊出浴后在羊栏内停留

图 8-8　简易药浴池

一段时间，使身上多余的药液流回池内。药浴池一般为长方形，似一条狭而深的水沟，用水泥筑成。小型羊场或农户可用浴槽、浴缸、浴桶代替，以达到预防体外寄生虫的目的。另外大型羊场还可以采用淋浴式，修建密闭的淋浴通道，上下左右分别安装 4 排喷淋管，使羊从通道过去全身能均匀地被药液浸透。

2. 场区入口车辆消毒设施　车辆消毒设施分为全自动车辆消毒通道和消毒池，在简易羊场，通常在大门口通道处建一个大的消毒池，供进出养殖场的车辆消毒使用，要求消毒池长度、宽度和深度应分别大于允许进入车辆轮胎的周径、车辆轴距和轮胎橡胶宽度，以确保消毒效果。此种车辆消毒方式也暴露出很多问题，比如消毒药单一，主要以生石灰为主，消毒池大部分属露天的性质，池内的消毒液夏季污染、挥发、下雨冲淡药液等，无法保证消毒效果；进出羊场的运输车辆，特别是运羊车辆，车轮、车厢内外都需要人工进行全面的喷洒消毒，所以对规模化羊场采用此方式会带来诸多不变。

在规模化和现代化羊场，目前可以采用车辆专用智能消毒通道，对整个车辆进行全面消毒处理，让消毒更彻底。

3. 更衣与消毒室　凡进场人员，必须经门卫第一消毒室，先用消毒液洗手，然后更衣换鞋方可入场，因此在人员入场消毒通道旁需要设置更衣室。进入消毒通道后，地面需铺上防滑垫并用消毒药液浸泡 1 cm 深。人员消毒一般采用紫外线、喷雾、臭氧这三种方法进行，但因为紫外线和臭氧对人体健康有较强的危害，所以现在一般都采用喷雾消毒的方法。

（二）饮水设施

一般羊场可用水桶、水槽、水缸给羊饮水，大型集约化羊场一般采用自动饮水器，以防止致病微生物污染。

饮水槽一般固定在羊舍或运动场上，可用镀锌铁皮制成，也可用砖、水泥制成。在其一侧下部设置排水口，以便清洗水槽，保证饮水卫生。水槽高度以方便羊只饮水为宜。

羊场采用自动化饮水器（图 8-9），能适应集约化生产的需要，有浮子式和真空泵式两种，其原理是通过浮子的升降或真空调节器来控制饮水器中的水位，达到自动饮水的效果。目前，市场上销售的自动饮水器多为浮子式饮水器。浮子式自动饮水器，具有一个饮水槽，在饮水槽的侧壁后上部安装有一个前端带浮子的球阀调整器。使用中通过球阀调整器的控制，可保持饮水器内的

图 8-9　羊自动饮水装置

盛水始终处在一定的水位，羊通过饮水器饮水，球阀则不断进行补充，使饮水器中的水质始终保持新鲜清洁。其优点是羊只饮水方便，减少水资源的浪费，可保持圈舍干燥卫生，减少各种疾病的发生。

（三）饲喂设施

包括饲槽及草架等。

1. 饲槽　通常有固定式、移动式和悬挂式三种。

（1）固定式长条形饲槽　适用于舍饲为主的羊舍。一般将饲槽固定在舍内或运动场内，用砖头、水泥砌成长条形。可平行排列或紧靠四周墙壁设置。双列对头羊舍内的饲槽应建于中间走道两侧，而双列对尾羊舍的饲槽则设在靠窗户走道一侧。单列式羊舍的饲槽应建在靠北墙的走道一侧，或建在沿北墙和东西墙根处。设计要求上宽下窄，槽底呈半圆形，大致规格为上宽 50 cm，深 20～25 cm，槽底距地高 40～50 cm。槽长依羊只数量而定，一般可按每只大羊 30 cm，每只羔羊 20 cm 计。

另外，可在饲槽的一边（站羊的一边）砌成可使羊头进入的带孔砖墙，用木头或金属做成带孔的栅栏。孔的大小依据羊有角与无角可安装活动的栏孔，大小可以调节。防止羊只践踏饲槽，确保饲槽饲料的卫生。

（2）固定式圆形饲槽　适合于去角的山羊。食槽中央砌成圆锥形体，饲槽围圆锥体绕一周，在槽外沿砌一带有采食孔、高 50～70 cm 的砖墙，可使羊分散在槽外四周采食。

（3）移动式长条形饲槽（图 8 - 10）　主要用于冬春舍饲期妊娠母羊、泌乳母羊、羔羊、育成羊和病弱羊的补饲。常用厚木板钉成或镀锌铁皮制成，制作简单，搬动方便，尺寸可大可小，视补饲羊只的多少而定。为防羊只践踏或踏翻饲槽，可在饲槽两端安装临时性的能随时装拆的固定架。

（4）悬挂式饲槽　适于断奶前羔羊补饲用。制作时可将长方形饲槽两端的木板改为高出槽缘约 30 cm 的长方形木板，在上面各开一个圆孔，从两孔中插入一根圆木棍，用绳索拴牢于圆木棍两端后，将饲槽悬挂于羊舍补饲栏上方，离地高度以羔羊采食方便为准。

（5）羔羊哺乳饲槽　这种饲槽是做成一个圆形铁架，用钢筋焊接成圆孔架，每个饲槽一般有 10 个圆形孔，每个孔放置搪瓷碗 1 个，适宜于哺乳期羔羊的哺乳。

图 8 - 10　不同形状的移动式饲槽

2. 草架　大足黑山羊爱清洁，喜吃干净饲草，利用草架喂羊，可防止羊践踏饲草，减少浪费。还可减少羊只感染寄生虫病的机会。草架的形式有靠墙固定的单面草架和安放在饲喂场的双面草架，其形状有三角形、U 形、长方形等。草架隔栅间距为 9～10 cm，有时为了让羊头伸入栅内采食，可放宽至15～20 cm。草架的长度，按成年羊每只 30～50 cm、羔羊 20～30 cm 计算。制作材料为木材、钢筋。舍饲时可在运动场内用砖石、水泥砌槽，钢筋作栅栏，兼作饲草、饲料两用槽。

（四）通风换气设施

羊舍通风换气的目的有两个，一是在气温高时加大气流量使羊体感到舒适，从而缓解高温对羊的不良影响；二是在羊舍封闭的情况下，通风可排出舍内的污浊空气，引进舍外的新鲜空气，从而改善舍内的空气质量。通风是羊舍环境调控的重要方式之一，恰当的通风设计应该是在夏季能够提供足量的最大通风率，而在冬季能够提供适量的最小通风率。

另外，通风可以降低舍内湿度，避免病原微生物滋生，排出舍内有害气体，保持舍内空气新鲜，有利于羊只健康，从而提高生产成绩。羊舍内有害气体浓度高时，羊只增重减慢，饲料利用率降低。研究表明，日增重随着羊舍内 NH_3 浓度的升高而下降，料肉比则随着羊舍内的 NH_3 浓度的升高而升高，同时高浓度的 NH_3 还可诱发结膜炎等其他疾病。

但通风换气又是一柄双刃剑，处理得好对羊群有利，处理得不好则对羊群有害。俗话说："不怕狂风一片，只怕贼风一线"，通风换气把握不好，往往会形成局部贼风。

1. 通风方式　当前大部分羊场采用的通风方式可分为屋顶通风、横向通风和纵向通风三种。

（1）屋顶通风　指不需要机械设备而借不同气体之间的密度差异，使羊舍内空气上下流动，从而使羊舍内废气能够及时从屋顶上方排出舍外。屋顶通风可大大降低舍内的废气浓度，确保羊舍内空气新鲜，减少呼吸道疾病等的发生率；对于采用了地脚通风窗和漏粪地板的羊舍，屋顶通风使外界新鲜凉爽空气从羊舍地脚通风窗进入直吹至羊体，带走羊散发的热量和排出的废气，可起到明显的降温作用，特别是在夏季效果尤为明显。屋顶通风可以选择在屋顶开窗、安装屋顶无动力风扇或安装屋顶风机等方式。

（2）横向通风　一般为自然通风或在墙壁上安装风扇，主要用于开放式和半开放式羊舍的通风。为保证羊舍顺利通风，必须从场地选择、羊舍布局和方向，以及羊舍设计方面加以充分考虑，最好使羊舍朝向与当地主风向垂直，这样才能最大限度地利用横向通风。横向通风的进风口一般由玻璃窗和卷帘组成，安装卷帘时要使卷帘与边墙有 8 cm 左右的重叠，这样在冬天能防止贼风进入；同时还要在卷帘内侧安装防蝇网，防止苍蝇、老鼠等进入，以保证生物安全；卷帘最好能从上往下打开，在秋冬季节时，可以让废气从卷帘顶端排出，平衡换气和保温。

（3）纵向通风　通常采用机械通风，分正压纵向通风和负压纵向通风两种。一般来说，正压纵向通风主要用于密闭性较差的羊舍；负压纵向通风则用于密闭性好的羊舍，通过风扇将舍内空气强行抽出，形成负压，使舍外空气在大气压的作用下通过进气口进入舍内。通风时风扇与羊只之间要预留一定距离（一般 1.5 m 左右），避免临近进风口风速过大对羊只造成不利影响。纵向通风羊舍长度不宜超过 60 m，否则通风效果会变差。

2. 羊舍内通风换气量计算　一般用二氧化碳或水汽或热量计算换气量。现代羊舍设计应考虑用通风换气参数确定换气量。换气参数：冬季 0.6～0.7 m^3/(min·只)，夏季 1.1～1.4 m^3/(min·只)；冬季肥育羔羊 0.3 m^3/(min·只)，夏季 0.65 m^3/(min·只)。

（五）牧草贮藏设施

目前，羊场牧草贮藏设施有青贮窖和干草棚等。

干草棚主要以通风防潮为主，保证储存的干草不发生霉变。羊场青贮设施的种类有很多，主要有青贮窖、塔、池、袋、箱、壕及平地青贮。按照建设用材分有：土窖、砖砌、钢筋混凝土，也有塑料制品、木制品或钢材制作的青贮设施。但是不管建设成什么类型，用什么材质建设，都要遵循一定的设置原则，以免青贮窖效果差，饲料霉变或被污染，造成饲料浪费和经济损失。

1. 青贮设施建设的原则

（1）不透空气　青贮窖（壕、塔）壁最好是用石灰、水泥等防水材料填充、涂抹，如能在壁裱衬一层塑料薄膜更好。

（2）不透水　青贮设备不要靠近水塘、粪池，以免污染水渗入。地下式或半地下式青贮设备的底面要高出历年最高地下水位以上 0.5 m，且四周要挖排水沟。

（3）内壁平直　内壁要求平滑，墙壁的角要圆滑，窖壁应有一定倾斜度，上宽下窄，长形青贮窖窖底应有一定的坡度，以利于青贮料的下沉和压实。

（4）有一定的深度　青贮设备的宽度或直径一般应小于深度，宽深比为 1:(1.5～2) 为好，便于青贮料能借助自身的重量压实。

（5）防冻　地上式的青贮塔，在寒冷地区要有防冻设施，防止青贮料冻结。

2. 青贮设施建设类型　青贮设施应建于地势干燥、土质坚硬、地下水位低、排水良好、靠近羊舍、远离水源和粪坑的地方，要坚固牢实，不透气，不漏水，规模大的羊场可建青贮塔、地上青贮壕等，规模小的场可建青贮窖或用塑料袋青贮，青贮建筑物的类型一般有以下几种。

（1）青贮窖　一般分为地下式和半地下式两种。目前以地下式窖应用较广，地下水位高的地方采用半地下式为宜。青贮窖以圆形或长方形为好。窖四周用砖砌成，三合土或水泥盖面。这种窖坚固耐用，内壁平滑，不透气，不漏水，青贮易成功，养分损失小。一般圆形窖直径 2 m，深 3 m，直径与窖深之比以（1:1.5）～（1:2）为宜。

（2）青贮壕　通常挖在山坡一边，底部应向一端倾斜以便排水。修建青贮壕，可以距羊舍较近处，在地势高、地下水位低的地区，一般采用地下式，地下水位高的地区一般采用地上式，建筑材料一般采用砖混结构或钢筋水泥结构。开口宽度和深度根据羊群饲养量计算，每天取料的掘进深度不少于 20 cm（一般每立方米窖可以青贮玉米秸 500～600 kg，甘薯秧等 700～750 kg），其长度可根据青贮数量的多少来决定，把长宽交接处切成弧形，底面及四周加一层无毒的聚乙烯塑料膜。薄膜用量计算：（窖长＋1.5 m）×2。装填时高于地面 50～100 cm，仔细用塑料薄膜将料顶部密封好，上面用粗质草或秸秆盖上再加 20 cm 厚的泥土封严，窖的四周挖好排水沟，顶部最好搭建防雨棚。

（3）青贮塔　用砖和水泥等制成的永久性塔形建筑。搭成圆形，上部有顶，防止雨水淋入。在塔身一侧每隔 2 m 高开一个约 0.6 m×0.6 m 的窗口，装时关闭，取空时敞开。青贮塔高 12～14 m，直径 3.5～9 m，原料由顶部装入，顶部装一个呼吸袋。此法青贮料品质高，但成本也高。国外多采用钢制的圆筒立式青贮塔，一般附有抽真空设备，此种结构密闭性能好，厌氧条件理想。用这种密闭式青贮塔调制低水分青贮料，其干物质的损失仅为 5%，是当前世界上保存青贮饲料最好的一种设备，国外已有定型的产品出售。

（4）青贮塑料袋　塑料袋要求厚实，每袋装贮 30～40 kg，堆放时，每隔一定高度放一块 30～40 cm 的隔离板，最上层加盖，用重物镇压。

（六）辅助设施

1. 兽医室　建在羊舍附件，便于发现病情并及时治疗。需要配备必要的消毒、干燥设备，医疗器械、手术室、药品柜和疫苗存放柜等。

2. 人工授精室　包括采精室、精液处理室及洗涤消毒室。

（1）采精室　应宽敞、清洁、防风、安静、光线充足，其面积为 30～40 m²。温度控制在 20～25 ℃，最好安装空调，以使公羊性欲表现和精液品质不受影响。采精室最好与处理精液的实验室只有一墙之隔，隔墙上安装两侧都能开启的壁橱，以便从实验室将采精用品传递到采精室，以及采集的精液能尽快传递到实验室进行处理。采精室要配备假台畜，地面要略有坡度，以便进行冲刷，水泥地面不要提浆打光，以保持地面粗糙，防止公羊摔倒。采精室还应配备水槽、防滑垫、水管、扫把、毛刷等用品，用以清扫冲刷地面。

（2）精液处理室　室内装备精液检查、稀释和保存所需要的器材，以及各项纪录档案，一般占地 15～20 m²，相当于 GMP 清洁室的标准。室内温度控制在 22～24 ℃，湿度控制在 65% 左右。地板、墙壁、天花板、工作台面等必须是易清洁的瓷砖、玻璃等材料,真正达到无尘环境。实验室的位置很重要,应直接同采精室相连,以便最快地处理精液。也可用一窗口来连接人工授精实验室和采精室以便于减少污染。窗口正中间置一紫外线灯,可消毒灭菌,以使精液处理室内保持无菌状态。人工授精实验室不允许其他人员出入,以避免将其鞋子和衣服上的病原带入人工授精实验室。室内也禁止吸烟,窗户应装不透光的窗帘,以防止日光中紫外线照射对精子造成伤害。

（3）洗涤消毒室　是处理人工授精所用器材和药品的地方,占地面积10～15 m²。装配不锈钢水槽、冷热水龙头;器械消毒盒干燥设备、普通冰箱等。

3. 栅栏　种类有母仔栏、羔羊补饲栏、分群栏、活动围栏等。可用木条、木板、钢筋、铁丝网等材料制成,一般高 1.0 m,长 1.2 m、1.5 m、2.0 m、3.0 m 不等。栏的两侧或四角装有挂钩和插销,折叠式围栏,中间以铰链相连。

（1）母仔栏　为便于母羊产羔和羔羊吃奶,应在羊舍一角用栅栏将母仔围在一起。可用几块各长 1.2 m 或 1.5 m、高 1 m 的栅栏或栅板做成折叠式围栏。一个羊舍内可隔出若干小栏,每栏供一只母羊及其羔羊使用。

（2）羔羊补饲栏　用于羔羊的补饲。将栅栏、栅板或网栏在羊舍、补饲场内靠墙围成小栏,栏上设有小门,羔羊能自由进出,而母羊不能进入。

（3）分群栏　由许多栅栏连接而成,用于规模肉羊场进行羊只鉴定、分群、称重、防疫、驱虫等事项,可大大提高工作效率。在分群时,用栅栏在羊群入口处围成一个喇叭口,中部为一条比羊体稍宽的狭长通道,通道的一侧或两侧可设置3～4个带活动门的羊圈,这样就可以顺利分群,进行有关操作。

（4）活动围栏　用若干活动围栏可围成圆形、方形或长方形活动羊圈,适用于放牧羊群的管理。

（5）磅秤及羊笼　羊场为了解饲养管理情况,掌握羊只生长发育动态,需要经常地定期称测羊只体重。因此,羊场应设置小型地磅秤或普通杆秤(大型羊场应设置大地磅秤)。磅秤上安置长 1.4 m、宽 0.6 m、高 1.2 m 的长方形竹、木或钢筋制羊笼,羊笼两端安置进、出活动门,这样,再利用多用途栅栏围成连接到羊舍的分群栏,把安置羊笼的地秤置于分群栏的通道入口处,可减少抓羊时的劳动强度,方便称量羊只体重。

4. 其他设备　包括生长发育性能测定设备(小型称、卷尺、测杖等),运输车辆等。

二、羊场机械设备

（一）饲草收获机械

1. 通用型青饲收获机　舍饲圈养大足黑山羊必须准备足够的饲草料，青贮饲料是必不可少的。制作青贮可使用联合收割机，在作业时用拖拉机牵引，后方挂接拖车，能一次性完成作物的收割、切碎及抛送作业，拖车装满后用拖拉机运往贮存地点进行青贮。如采用单一的收割机，收割后运至青贮窖再进行铡切和入窖。如收割的牧草用于晒制干草，则使用与四轮拖拉机配套的割草机、搂草机、压捆机等，可满足羊场饲草收获的需求，大大提高青贮等饲料制作的效率和质量。

2. 玉米收获机　能一次完成玉米摘穗、剥皮、果穗收集、茎叶切碎及装车作业，拖车装满后运往青贮地点贮存。

3. 割草机　收割牧草的专用设备，分为往复式割草机和旋转式割草机两种。割下的牧草应连续而均匀地铺放，尽量减少机器对其碾压、翻动和打击。

4. 搂草机　按搂成的草条方向分成横向和侧向两种类型。横向搂草机操作简便，但搂成的草条不整齐，损失较大；侧向搂草机结构较复杂，搂成的草整齐，损失小，并能与捡拾作业相配套。

5. 压捆机　分为固定式和捡拾捆机两种类型。按压成的草捆密度也可分为高密度（200～300 kg/m³）、中密度（100～200 kg/m³）、低密度（100 kg/m³以下）压捆机。其作用是将散乱的牧草和秸秆压成捆，方便贮存和运输。

（二）饲草料加工机械

1. 铡草机　铡草机又称切草机。其作用是将牧草、秸秆等切短，便于青贮和利用。大、中型机一般采用圆盘式，小型多为滚筒式。小型铡草机适宜小规模养殖户使用，主要用来铡切干秸秆，也可铡切青贮料；中型铡草机可铡干秸秆与青贮料两用，故又称为秸秆青贮饲料切碎机。

2. 粉碎机　主要有锤片式、劲锤式、爪片式和对辊式四种类型。粉碎饲料的含水量不宜超过15%。

3. 揉碎机　揉碎是介于铡切与粉碎之间的一种新型加工方式。秸秆尤其是玉米秸秆，经揉搓后被加工成丝状，完全破坏了其结节的结构，并被切成

$8\sim10$ cm 的碎段，使适口性改进。

4. 压块机　秸秆和干草经粉碎后送至缓冲仓，由螺旋输送机送至定量输送机，再由定量输送机、化学添加剂装置、精饲料添加装置完成配料作业，通过各自的输送装置送到连续混合机。同时加入适量的水和蒸汽，混匀后进入压块机成形。压制后的草块堆集密度可达 $300\sim400$ kg/m^3，可使山羊采食速度提高 30％以上。

5. 制粒设备　秸秆经粉碎后，通过制粒设备，加入精饲料和添加剂，可制成全价颗粒料。这种颗粒料营养全价，适口性好，采食时间短，浪费少，但加工成本高。全套制粒设备包括粉碎机、附加物添加装置、搅拌机、蒸汽锅炉、压粒机、冷却装置、碎粒去除和筛粉装置。

6. 烟化机　多用于淀粉尿素烟化。把经混合后的原料送到挤压烟化机内，加工成烟化颗粒，然后干燥粉碎。成套设备包括粉碎机、混合机、挤压烟化机、干燥设备、输送设备等。

7. TMR 饲料搅拌机　把切断的粗饲料和精饲料以及微量元素添加剂等，按羊群不同饲养阶段的营养需要混合的新型设备。带有高精度的电子称重系统，可以准确地计算饲料，并有效地管理饲料库。不仅要显示饲料搅拌机中的总重，还要对一些微量成分准确称量（如氮元素添加剂、人造添加剂和糖浆等），从而生产出高品质饲料，保证羊只采食的每一口日粮都是精粗比例稳定、营养浓度一致的全价日粮。

8. 青贮装填机　将切碎机与装填机组合在一起，操作灵活方便，适用于牧草、饲料作物、作物秸秆等青饲料的青贮和半干青贮，青贮袋为无毒塑料制成，重复使用率为 70％。这种装填机尤其适用于潮湿多雨地区。

（三）消防设备

对于具有一定规模的羊场，应加强防火意识。必须备足消防器材和完善消防设施，如灭火器、消防水龙头或水池、大水缸等。

（四）环保设备

羊场建设中还应重点考虑避免粪尿、垃圾、动物尸体及医用废弃物对周围环境的污染，特别是避免对水源的污染，以免威胁人类健康。场内应设有粪尿、污水、动物尸体和医用废弃物处理设施，如沼气池及焚烧炉等。

三、羊场附属建筑

（一）兽医室

规模较大的肉羊场应建立兽医室。兽医室应建在行政办公区附近，离羊舍较远的地方。配备常用的消毒、诊断、手术、注射、喷雾器械和药品，室外装有保定架。

（二）人工授精室

包括采精室、精液处理室、输精室，其面积分别为 30～40 m²、15～20 m²、20～25 m²，室内光线好，空气新鲜，水泥防滑地面，配齐所需的药品和器械。

（三）饲料仓库

用于贮存精饲料原料、混合精饲料、预混料和添加剂，要求仓内通风性能好，防鼠防雀，保持清洁干燥。

（四）草棚

应建于高燥之地，远离居民区，并设有排水道。可建成简易羊舍式，三面有围墙，前面为半截墙敞口，以达到防潮湿、防雨雪、防火的目的。

第四节　羊场环境控制

近年来，随着养羊业的快速发展，越来越多的羊场采取规模化的养殖。由此大量的羊粪尿也就成了亟待解决的有机垃圾资源之一。羊粪污中含有病原微生物、寄生虫、某些化学药物、有毒金属和激素等，若不及时科学地处理，不仅会恶化羊场的卫生环境，使羊感染疾病的概率增大，同时任意排放这些粪污也会造成农业环境的污染，传播疾病，从而严重危害到人类的健康。因此，羊场粪污的排放要符合《畜禽养殖业污染物排放标准》（GB 18596—2001）、《畜禽规模养殖污染防治条例》（2013 年国务院令第 643 号）和《中共中央国务院关于加快推进生态文明建设的意见》（中发〔2015〕12 号）等文件的规定，要做到及时处理、科学利用，走可持续发展路线。与其他畜禽不同，羊粪尿比较容易完成干稀分流，特别是在高床漏缝地面的养殖场内，这将有利于对羊粪尿进行分类处理。

一、羊粪便的特性

羊粪与其他粪污不同，新鲜羊粪外表层呈黑褐色黏稠状，羊粪内芯呈绿色的细小碎末，臭味较浓，并具有保持完整颗粒的特性。羊粪中有机质含量较高，可达 24%～27%，适合好氧堆肥处理，氮、钾含量可达 1% 以上，作为有机肥料可提高土壤肥力，改良土壤。

二、羊粪便对环境的污染与危害

（一）对土壤的污染与危害

土壤的基本功能是它具有肥力，能提供植物生长发育所必需的水分、养分、空气和热能等条件，即可以供作物生长；另一个基本功能是可以分解有机物质。这两方面构成了土壤自然循环的重要环节。

羊粪便对土壤既有有利面也有不利面，在一定条件下两个方面可能相互转化。羊粪便的有利面在于：能够施用于农田作为肥料培肥土壤；粪浆也为土壤提供必要的水分；经常施用羊粪也能提高土壤抗风化和抗水侵蚀的能力，改变土壤的空气和耕作条件，增加土壤有机质和作物有益微生物的生长。不利面在于：使用羊粪过度会危害农作物、土壤、表面水和地下水水质。在某些情况下（通常是新鲜的羊粪）含有高浓度的氮能烧坏作物；大量使用羊粪也能引起土壤中溶解盐的积累，使土壤盐分增高，植物生长受影响。

磷是作物生长的必要元素，磷在土壤中以溶解态、微粒态等形式存在，自然条件下在土壤中含量为 0.01%～0.02%。羊粪便中的磷能以颗粒态和溶解态两种形式损失，大多数磷易于被侵蚀的土壤所吸附。磷通常存在于土壤上表层几厘米的地方（特别是少耕条件的土壤），在与地表径流作用最为强烈的土壤上表面几厘米处可溶解态的磷的含量也十分高。当按作物对氮需求的标准施用羊粪时，土壤中磷的含量会迅速上升，磷的含量超出作物所需，土壤中的磷发生积累。这种情况引发的后果是：一方面打破了在区域内土壤养分的平衡，影响作物生长，且通过复杂的生物链增加了区域内动、植物产品磷的含量；另一方面，土壤中累积的磷会通过土壤的侵蚀和渗透作用进入水体，使水体富营养化。

此外，高密度的羊粪便使用也能导致土壤盐渍化，高的含盐量在土壤中能减少生物的活性，限制或危害作物的生长，特别是在干燥气候下危害更明显。羊粪便也能传播一些野草种子，影响土壤中正常作物的生长。羊粪便常包含一些重金属元素如砷、钴、铜和铁等，这些元素主要存在于粪便固液分离后的固体中。过多施用羊粪便在土壤中可能导致这些元素在土壤中的积累，对植物生长产生潜在危害作用。羊粪便也含有大量的细菌，细菌随羊粪便进入土壤后，在土壤中一般能存活几个月。

（二）对大气的污染与危害

羊粪尿中所含有机物大体可分成碳水化合物和含氮化合物，它们在有氧或无氧条件下分解出不同的物质。碳水化合物在有氧条件下分解释放热能，大部分分解成二氧化碳和水；而在无氧条件下，化学反应不完全，可分解成甲烷、有机酸和各种醇类，这些物质略带臭味和酸味，使人产生不愉快的感觉。而含氮化合物主要是蛋白质，其在酶的作用下可分解成氨基酸，氨基酸在有氧条件下可继续分解，最终产物为硝酸盐类；在无氧条件下可分解成氨、硫酸、乙烯醇、二甲基硫醚、硫化氢、甲胺和三甲胺等恶臭气体，这些气体不但危害羊群的生长发育，也危害人类健康，加剧空气污染。

一般散发的臭气浓度和粪便的磷酸盐及氮的含量成正比的，家禽粪便中磷酸盐含量比较高，羊粪便比其他动物粪便含量低，因此羊场有害气味比其他动物养殖场少，尤其比鸡场少。挥发性气体及其他污染物质有风时可传播很远，但随距离加大，污染物的浓度和数量会明显降低。在恶臭物质中，对人畜健康影响最大的是氨气和硫化氢。硫化氢含量高时，会引起头晕、恶心和慢性中毒症状；人长期在氨气含量高的环境中，可引起目涩流泪，严重时双目失明。由于甲烷与氨对全球气候变暖和酸雨贡献较大，因而近年来畜禽粪便中的这两种气体研究较多。甲烷、二氧化碳和二氧化氮都是地球温室效应的主要气体，据研究甲烷对全球气候变暖的增温贡献大约为15％，在这15％的贡献率中，养殖业对甲烷的排放量最大。畜禽废物是最大的氨气源，氨挥发到大气中，增加了大气中的氮含量，严重时构成酸雨，危害农作物。

（三）对水体的污染及危害

在某些地区，当作物不需要额外养分时，高密度羊粪便成为一个严重问题。羊粪便中除养分外，还含有生物需氧量、化学需氧量、团体悬浮物、氨态氮、磷及大肠菌群等多种污染指标。羊粪便主要用于土壤，土壤通常有好的吸收、贮存、缓慢释放养分的能力。然而，持续的运用过量养分，土壤的贮存能力迅速减弱，养分寻找新的途径进入河流、湖泊。另外，羊粪便还可通过渗透或直接排放废水进入水体，并逐渐渗入地下污染地表水和地下水。当排入水体中的粪便总量超过水体自然净化的能力时，就会改变水体的物理、化学性质和生物群落组成，使水质变坏，并使原有用途受到影响，不仅污染河水水质，而且殃及井水，给人和动物的健康造成危害。地下水污染后极难恢复，自然情况下需 300 年才能恢复，造成较持久污染。

羊粪中的氮主要以氨态氮和有机氮形式存在，这些形式很容易流失或侵蚀表面水。自然情况下，大多数表面水中总的氨态氮超过 0.5 mg/L 将会毒害鱼类，氨态氮的毒性随水的 pH 和水温而变化，在高温碱性水条件下，鱼类毒性条件是 0.1 mg/L。如果有充足的氧，氨态氮能转变成硝态氮，进而溶解在水中，并通过土壤渗透到地下水。同时，水体中过多的氮会引起水体富营养化，促使藻类疯长，争夺阳光、空间和氧气，威胁鱼类、贝类的生存，限制水生生物和微生物活动中氧的供给，危害水产业；影响沿岸的生态环境，也影响水的利用和消耗。人若长期或大量饮用硝态氮超标的水体，可能诱发癌症。

羊粪便中磷通常随雨水流失或通过土壤侵蚀而转移到表面水区域，磷是导致水体富营养化的重要元素。磷进入水体使藻类和水生杂草不正常生长，水中溶解氧下降，引起鱼类污染或死亡，过量的磷在大多数内河或水库是富营养化的限制因子。

羊粪便中含有机质达到 24%～27%，比其他畜禽粪便含量高。有机质主要通过雨水流失到水体，有机质进入水体，使水体变色、发黑，加速底泥积累，有机质分解的养分可能引起大量的藻类和杂草疯长；有机质的氧化能迅速消耗水中的氧，引起部分水生生物死亡，如在水产养殖环境中，经常因氧的迅速耗尽引起鱼死亡。此外，由于羊粪便含有机质较高，用羊粪水灌溉稻田，易使禾苗陡长、倒伏，稻谷晚熟或绝收；用于鱼塘或注入江河，会导致低等植物（如藻类）大量繁殖，威胁鱼类生长。

羊粪便中还含有大量源自动物肠道中的病原微生物和寄生虫卵，这些病原微生物和寄生虫卵进入水体，会使水体中病原种类增多、菌种和菌量加大，且出现病原菌和寄生虫的大量繁殖和污染，导致介水传染病的传播和流行。特别是在人畜共患病时，会引发疫情，给人、畜带来灾难性危害。另外，羊粪便中激素和药物残留对水体的潜在污染也不容忽视。

三、粪便的处理与利用

虽然羊粪对人体健康、空气、水源和土壤环境等容易造成污染并产生危害，但羊粪是家畜粪肥中养分最浓，氮、磷、钾含量最高的优质有机肥，如能采用农牧结合，互相促进的处理办法，因地制宜进行无害化处理利用，做到既处理了羊粪，又保护生态环境，对维持农业生态系统平衡起到重要作用。

（一）腐熟堆肥处理

羊粪中富含粗纤维、粗蛋白质、无氮浸出物等有机成分，这些物质与垫料、秸秆、杂草等有机物混合、堆积，将相对湿度控制在 65%～75%，创造适宜的发酵环境，微生物就会大量繁殖，此时有机物会被分解、转化为无臭、完全腐熟的活性有机肥。高温堆肥能提高羊粪的质量，在堆肥结束时，全氮、全磷、全钾含量均有所增加，堆肥过程中形成的特殊高温理化环境能杀灭羊粪中的有害病菌、寄生虫卵及杂草种子，达到无害化、减量化和资源化，从而有效解决羊场因粪便所产生的环境污染问题。堆肥处理时，发酵温度 45 ℃以上的时间不少于 14 d，或保持发酵温度 50 ℃以上时间不少于 7 d。堆肥的优点是技术和设施较简单，使用方便，无臭味，而且腐熟的堆肥属迟效肥料，牧草及作物使用安全有效。

堆积发酵方法：

（1）条形堆腐处理在敞开的棚内或者露天将羊粪堆积成长条状，高度 1.5～2 m，宽 1.5～3 m，长度视场地大小和粪便多少而定，进行自然发酵，根据堆内温度人工或者机械翻堆，堆制时间需 3～6 个月，堆制过程中用泥浆或塑料薄膜密封，特别是在多雨地区，堆肥覆盖塑料薄膜可防止粪水渗入地下污染环境。

（2）大棚发酵槽处理。修筑宽 8～10 m，长 60～80 m，高 1.5～2 m 的水泥槽，将羊粪置入槽内并覆盖塑料薄膜，利用机械翻堆，堆腐时间 20～30 d 即可启用。

（3）密闭发酵塔堆腐处理。修筑圆柱形密闭发酵塔，直径一般 3～6 m，高度 10～15 m。

堆肥处理后羊粪应达到的标准为有机物降解率≥50%，蛔虫卵死亡率≥95%，粪大肠菌值≥0.01。

（二）羊粪尿生产沼气

在一定的温度、湿度、酸碱度和碳氮比等条件下，羊粪有机物质在厌氧环境中，通过微生物发酵作用可产生沼气，参与沼气发酵的微生物的数量和质量与产生沼气的关系极大。一般在原料、发酵温度等条件一致时，参与沼气发酵的微生物越多，质量越好，产生的沼气越多，沼气中的甲烷含量越高，沼气的品质也越好。利用羊粪有机物经微生物降解产生沼气，同时可杀灭粪水中的大肠杆菌、蠕虫卵等。处理后羊粪沼渣应达到的标准为有机物降解率≥50%、蛔虫卵死亡率≥95%、粪大肠菌值≥0.01。沼气可用来供热、发电，发酵的残渣可作农作物的肥料，因而生产沼气既能合理利用羊粪，又能防止环境污染，是规模化羊场综合利用粪污的一种最好形式。但在发酵过程中，羊粪蛋不易下沉，容易漂浮在发酵液上面，不能分解，在生产实际中应注意解决这一技术问题。

（三）制成有机肥

利用羊粪中的有机质和营养元素，使其转化成性质稳定、无害的有机肥料。还可根据不同农作物的吸肥特性，添加不同比例的无机营养成分，制成不同种类的复合肥或混合肥，为羊粪资源的开发利用开辟更加广阔的市场空间。制成有机肥能够突破农田施用有机肥的季节性，克服羊粪运输、使用、储存不便的缺点，并能消除其恶臭的卫生状况。在制作有机肥时应控制粪便含水率、调节粪便的碳氮值和 pH。

（四）作为其他能源

将羊粪的水分调整到 65% 左右，再进行通气堆积发酵，这样可得到高达 70 ℃ 以上的温度，然后在堆粪中放置金属水管，通过水的吸收作用来回收粪便发酵产生的热量，用于畜舍取暖保温。还可以将羊粪中的有机物在缺氧高温条件下加热分解，从而产生以一氧化碳为主的可燃性气体。

（五）生物学处理羊粪

羊粪是生产生物腐殖质的基本原料。将羊粪与垫草混合堆成高度为 50 cm 左右的粪堆，浇水，堆藏 3～4 个月，直至 pH 达到 6.5～8.2，粪内温度 28 ℃ 时，引入蚯蚓进行繁殖。蚯蚓具有很强的分解有机物的能力，在其新陈代谢过程中能吞食大量有机物，消除有机废物的同时可以产生出多种副产品，不仅具有环保价值，而且具有经济价值。

四、羊场废水处理

羊场废水的主要成分是尿、部分残余的粪便、饲料残渣和冲洗水。衡量羊场废水污染主要以排水量和单位产品基准排水量，所谓排水量是指畜禽养殖场、养殖小区向法定边界以外排放的废水的量，包括与畜禽养殖有直接或间接关系的各种外排废水（含生活污水、冷却废水、锅炉和电站废水等）；单位产品基准排水量是指用于核定水污染物排放浓度而规定的单位畜禽的废水排放量上限值。对于所有绵羊和山羊养殖场或养殖小区，环保部门对水污染物排放浓度限值和单位产品基准排水量做了明确规定（表8-1），所有养殖场或养殖小区要遵照执行。对于在国土开发密度已经较高、环境承载能力开始减弱，或环境容量较小、生态环境脆弱，容易发生严重环境污染问题而需要采取特别保护措施的地区，应严格控制养殖场的污染物排放行为，在上述地区的养殖场执行表8-2规定的水污染物特别排放限值。执行水污染物特别排放限值的地域范围、时间，由国务院环境保护行政主管部门或省级人民政府规定。

表8-1 一般地区羊场、养殖小区水污染物排放浓度限值及单位产品基准排水量

序号	污染物项目	排放限值	污染物排放监控位置
1	pH	6～9	
2	悬浮物（SS）（mg/L）	150	
3	五日生化需氧量（BOD_5）（mg/L）	40	
4	化学需氧量（COD_{Cr}）（mg/L）	150	
5	氨氮（mg/L）	40	畜禽养殖场、养殖小区
6	总氮（mg/L）	70	废水总排放口
7	总磷（mg/L）	5.0	
8	粪大肠菌群数（个，以100 mL计）	1 000	
9	蛔虫卵（个/L）	2.0	
10	总铜（mg/L）	1.0	
11	总锌（mg/L）	2.0	
单位产品基准排水量 [m³/(百头·d)]		0.24	排水量计量位置与污染物排放监控位置一致

表 8 - 2　特别保护区羊场、养殖小区水污染物排放浓度限值及单位产品基准排水量

序号	污染物项目	排放限值	污染物排放监控位置
1	pH	6～9	
2	悬浮物（SS）（mg/L）	70	
3	五日生化需氧量（BOD_5）（mg/L）	30	
4	化学需氧量（COD_{Cr}）（mg/L）	100	
5	氨氮（mg/L）	25	畜禽养殖场、养殖小区
6	总氮（mg/L）	40	废水总排放口
7	总磷（mg/L）	3.0	
8	粪大肠菌群数（个，以 100 mL 计）	400	
9	蛔虫卵（个/L）	1.0	
10	总铜（mg/L）	1.0	
11	总锌（mg/L）	2.0	
单位产品基准排水量　[m³/（百头·d）]		0.24	排水量计量位置与污染物排放监控位置一致

目前，对废水处理方法主要有 3 种，即物理处理法、化学处理法和生物处理法。

（一）物理处理法

通过物理作用，分离间收水中不溶解的悬浮状污染物质，主要包括重力沉淀、离心沉淀和过滤等方法。

1. 重力沉淀法　可利用污水在沉淀池中静置时，其不溶性较大颗粒的重力作用，将粪水中的固形物沉淀而除去。

2. 离心沉淀法　含有悬浮物质的污水在高速旋转时，由于悬浮物和水的质量不同，离心力大小亦不同，而实现固液分离。

3. 过滤法　利用过滤介质的筛除作用使颗粒较大的悬浮物被截留在介质的表面，来分离污水中悬浮颗粒性污染物的一种方法。

（二）化学处理法

通过向污水中加入某些化学物质，利用化学反应来分离、回收污水中的污染物质，或将其转化为无害的物质。其处理的对象主要是污水中的溶解性或胶体性污染物的除去。常用的方法有混凝法、化学沉淀法、中和法、氧化还原法等。

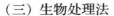
（三）生物处理法

主要靠微生物的作用来实现。参与污水生物处理的微生物种类很多，包括细菌、真菌、藻类、原生动物，多细胞动物如轮虫、线虫、甲壳虫等。其中，细菌起主要作用，它们繁殖力强、数量多、分解有机物的能力强，很容易将污水中溶解性、悬浮状、胶体状的有机物逐步降解为稳定性好的无机物。

根据处理过程中氧气的需求与否，可把微生物分为好氧微生物和厌氧微生物两类。主要依赖好氧微生物和兼性厌氧微生物的生化作用来完成处理过程的工艺，称为好氧生物处理法。

好氧生物处理时，微生物吸收有机物氧化分解成性质稳定的简单无机物，同时使微生物自身得到生长与繁殖，微生物数量得到增加。

好氧生物处理方法又有天然好氧生物处理法和人工好氧生物处理法两类。天然条件下，好氧处理法一般不设人工曝气装置，主要利用自然生态系统的自净能力进行污水的净化，如河流、水库、湖泊等天然水体和土地处理等。人工条件下的好氧生物处理方法采取人工强化措施来净化污水，在生产上常用的有活性污泥法和生物膜法。

1. 活性污泥法　又称为生物曝气法，是指在污水中加入活性污泥，经均匀混合并曝气，使污水的有机物质被活性污泥吸附和氧化的一种废水处理方法。含有机物的污水经连续通入空气后，其中，好氧微生物大量繁殖所形成充满微生物的絮状物，出这种絮状物形似污泥具有吸附和氧化分解污水中有机物的能力，故称活性污泥。许多细菌及其所分泌的胶体物质和悬浮物质黏附在一起，形成菌胶团，菌胶团是活性污泥的核心，它们能大量分解有机物而不被其他生物所吞噬，且易于沉淀。活性污泥法的关键在于有良好的活性污泥和充足的溶解氧，所以曝气是活性污泥法中一个必不可少的重要步骤，曝气池是利用活性污泥法处理污水的主要构筑物。

2. 生物膜法　又称为生物过滤法，是使污水通过一层表面充满生物膜的滤料，依靠生物膜上的大量微生物，在氧气充足的条件下，氧化污水中的有机物。生物膜是污水中各种微生物在过滤材料表面大量繁殖所形成的一种胶状膜。利用生物膜来处理污水的设备主要有生物滤池和生物转盘等。生物滤池分普通生物滤池和塔式生物滤物。与普通生物滤池相比，塔式生物滤池具有占地面积小、负荷能力高等特点，仅其对污水预处理对要求较高。

在生物滤池中，由微生物黏附的转盘表面之生物膜转动，一半浸于污水，一半在液面以上曝气，故称生物转盘。生物膜交替通过空气及污水，保持好氧微生物的正常生长与繁殖，实现了微生物对有机物的好氧分解，使污水得到净化。据测定，BOD_5 为 310 mg/L 的污水经生物滤池后，流出的污水其 BOD_5 降为 33 mg/L，BOD_5 的去除率高达 90%。

生物处理后之污水，再经过台阶式水帘在阳光下曝气处理，恢复水中之溶解氧，则可实现进一步净化，可直接排放或用于牧场冲洗等辅助用水。

总之，山羊养殖场特别是经常使用高床漏缝地板的大足黑山羊养殖场，由于羊粪污比较容易做到固液分离和干稀分流，所以，相对于其他动物养殖场，对羊场粪污的处理显得容易。但为了实现生态环境保护和可持续发展，羊场粪便和污水的排放必须要达到国家规定的排放标准。

第九章
大足黑山羊屠宰及羊肉加工

羊产品有羊毛、羊绒、羊肉、羊奶、羊皮、骨、血、粪、肠衣以及利用现代生物技术制成的生物制品等，并且以毛、绒、皮、肉为主。而乳、骨、血、内脏作为食品工业原料和生物制品原料进行深加工的却很少。羊肉属于高蛋白质、低脂肪、低胆固醇食品，具有味鲜细嫩、易消化的特点。羊奶含有 200 多种营养素和生物活性物质，其中乳酸 64 种、氨基酸 20 种、维生素 20 种、矿物质 25 种，是世界上公认的最接近人奶的食品。近年来，随着养羊业以及食品工业和生物技术的快速发展，羊产品的深加工产品种类越来越多。事实表明，对羊产品进行科学的储藏保鲜和深加工不仅能获得良好的经济效益，而且其市场潜力巨大，前景广阔。

随着我国法制建设的快速发展，国家和有关部门颁布和修订了一系列有关畜禽屠宰和安全卫生的法律、法规、规程和标准，如《食品安全法》《动物防疫法》《肉品卫生检验试行规程》《畜类屠宰加工通用技术条件》等；另外，我国早在 1983 年就颁发了肉、乳、蛋、鱼的卫生标准 45 项，1998 年制定了包括抗生素残留量等 20 项检测方法标准，1985 年颁布了解冻猪、羊、牛、禽类和分割冻猪肉等产品标准，2002 年农业部颁布了无公害羊肉生产的系列标准，近年来对许多标准法规进行了修订补充和完善，特别是《食品安全法》的实施以及各地检验和执法系统的加强，现已形成了我国畜禽屠宰加工安全管理体系，为肉类食品的质量提供了保障。

大足黑山羊肉质细嫩、品质好，其肉用特性详见本书第二章第三节。本章主要介绍大足黑山羊羊肉加工方面的内容。

第一节　产地环境要求

一、养殖场基本要求

场址用地应符合当地土地利用规划的要求，羊场应建立在生态环境条件良好，不易受工业"三废"及农业、城镇生产、生活、医疗废弃物污染的区域，避开风景名胜区、人口密集区和水源防护区等环境敏感区，交通方便、水源充足、地势高燥、无污染、排水良好、通风好，易于组织防疫，并充分考虑饲草、饲料条件。羊场周围 3 km 内无大型工厂、采石场、采矿场、皮革厂、肉品加工厂，屠宰场或畜牧场等污染源。羊场距离交通主干道、居民生活区和公共场所 500 m 以上。羊场周围有围墙或防疫设施，并建立绿化隔离带。羊场产地应树立标示牌，标明范围、产品品种和责任人。

羊场符合环境保护、兽医防疫要求，场区布局合理，依主导风向和污水排向，依次安排生活区、管理区、生产区、病羊处理区和废弃物处理区。按性别、年龄、生长阶段设计羊舍，实行分阶段饲养、集中育肥的饲养工艺。场区内净道和污道分开，互不交叉。场区周围应该设绿化隔离带。饲养区内不应饲养其他经济用途动物。

生产区和生活区应该严格分开。生产区应位于管理区主风向的下风向或侧风向，设有与生产相适应的病羊隔离区、消毒设施、兽医室及化验室，并配有工作所需的仪器设备。

羊舍应布置在生产区的上风向，隔离羊舍、污水、粪便处理设施，病羊死羊处理区应设在生产区主风向的下风或侧风向。羊舍应通风、采光良好，空气有毒有害气体含量应符合《畜禽场环境质量标准》（NY/T 388—1999）的规定。

饲料供应和办公区设在与风向平行的一侧，生活区应设在场外，兽医室、废弃物处理区设在下风口或地势较低的地方，各区间要做防疫隔离。饲养和加工场地应设有适宜的消毒设施、更衣室、兽医室等，并配备工作所需的仪器设备；肉类加工厂卫生应符合《食品安全国家标准　畜禽屠宰加工卫生规范》（GB 12694—2016）的有关规定。

二、产地环境质量要求

（一）空气质量

羊场、养羊企业的空气环境质量应符合《农产品安全质量 无公害畜禽肉产地环境要求》（GB/T 18407.3—2001）规定的空气质量要求。

（二）水质要求

羊场、养羊企业应具有清洁、无污染的水源，羊只饮用水必须符合《无公害食品 畜禽饮用水水质》（NY 5027—2008）规定的要求。

（三）养殖废弃物的处理

为了防止养殖废弃物（羊粪、尿、尸体及相关组织、垫料、过期兽药、残余疫苗、一次性使用的畜牧兽医器械及包装物和污水等）的污染，羊场和养羊企业必须设置废弃物处理设施和设备。养殖污染防治应遵循《畜禽养殖污染防治管理办法》和《畜禽养殖业污染防治技术规范》等有关规定。废弃物处理应该遵循无害化、资源化的原则，污染物及恶臭物质的排放应符合《粪便无害化卫生标准》（GB 7959—1987）、《恶臭污染物排放标准》（GB 14554—93）、《畜禽养殖业污染物排放标准》《污水综合排放标准》（GB 8978—1996）的规定要求。病羊、死羊尸体及其产品的无害化处理按《畜禽病害肉尸及其产品无害化处理规程》（GB 16548—1996）的规定执行，防止污染环境。

三、建筑设施

羊屠宰场的建设设施主要包括：饲养圈、候宰圈、屠宰加工车间、胴体晾晒间、副产品加工车间、冷藏库、无害化处理间等。

屠宰加工企业的总体设计必须做到符合卫生要求和科学管理的原则。各个车间和建筑物的配置，既要互相连贯，又要合理布局，做到病疫隔离、病检分宰、原料、成品、副产品和废弃物的运转可以顺利进行。另外，应设立与门同宽，长度超过大型载重汽车车轮周长的消毒池。建筑物要有充分的自然光照。

第二节　大足黑山羊的屠宰

一、肉羊的屠宰

（一）宰前准备

准备屠宰的肉羊，宰前必须进行健康检查，凡发现口、鼻、眼有过多的分泌物，呼吸困难，行为异常等，一般暂不能作为商品肉羊屠宰。另外，注射炭疽芽孢菌疫苗的羊，在 14 d 内也不得屠宰产肉及出售，只有经过临床检查健康的羊，才能屠宰，并产生商品羊肉。一般羊在屠宰前 24 h，应停止放牧或补饲，宰前 2 h 停止饮水。

（二）屠宰

羊的屠宰方法分为机械化屠宰和简易屠宰。在大型羊产品加工企业，多采用机械化屠宰，通过引进屠宰加工线，采用电麻击昏。击昏是使羊暂时失去知觉，避免屠宰时因挣扎痛苦等刺激造成血管收缩，放血不净而降低肉的品质。羊的电麻器前端形如镰刀状为鼻电极，后端为脑电极，电麻器和电麻时间及电压各国不同。电击晕时要依据羊的大小、年龄，注意掌握电流、电压和电麻时间。电压、电流强度过大、时间过长，引起血压急剧增高，造成皮肤、肉和内脏出血。我国多采用低电压，通常情况下采用电压 90 V，电流 0.2 A，时间 3～6 s。对电麻击昏的羊要尽快进行放血和剥皮处理。

在大足黑山羊产区，常采用颈部放血法进行肉羊的屠宰。将羊保定后，在羊的颈部纵向切开皮肤，切口 8～12 cm，然后用刀伸入切口内向右偏，挑断气管和血管进行放血，但应避免刺破食管。放血时应注意把羊固定好，防止血液污染毛皮。刺杀后经 3～5 min，即可进入下一道工序。

放血完全或充分的肉品特征为肉的色泽鲜艳、有光泽，肉的味道纯正、含水量少、不沾手，质地坚实、弹性强，能长时间保藏。放血不全的肉品外表色泽晦暗，缺乏光泽，有血腥味，含水量多，手摸湿润，容易发生腐败变质，不耐久储。

（三）去毛

屠宰后羊可采用剥皮和烫皮两种方式进行去毛处理。剥皮通常分为手工剥皮和机械剥皮。

1. 羊的手工剥皮　将羊四肢朝上放在清洁平整的地面上，用尖刀沿腹中线挑开皮层，向前沿胸部中线挑至嘴角，向后经过肛门挑至尾尖，再从两前肢和两后肢内侧，垂直于腹中线向前、后肢各挑开两条横线，前肢到腕部，后肢到飞节。剥皮时，先用刀沿挑开的皮层向内剥开 5～10 cm，然后用拳揣法将整个羊皮剥下。剥下的羊皮，要求毛皮形状完整，不可缺少任何一部分，特别是羔皮，要求保持全头、全耳、全腿，并去掉耳骨、腿骨及尾骨。剥皮时，要防止人为伤残毛皮，避免刀伤，甚至撕破，否则将降低毛皮的使用价值。

2. 羊的机械剥皮　羊被屠宰放血后，先手工割去头、蹄、尾及预剥下颌区、腹皮、大腿部及前肢飞节部的皮层，然后用机械将整张皮革剥除。

在西南地区，民间喜欢食烫皮羊，即采用开水将羊皮上的羊毛烫去，保留羊皮，羊皮和羊肉一起食用。

二、肉羊的屠宰检验

为了确保消费者吃上"放心肉"，在整个肉羊屠宰加工过程中，要进行屠宰检验。屠宰检验分宰前检验和宰后检验。

（一）宰前检验与管理

宰前检验是对肉羊在放血解体之前实施的健康检查、卫生评定及处理。肉羊由产地运到屠宰区后，对其所实施的宰前检验包括入场验收、待宰检验和送宰检验。目的在于剔除病羊，防止新产品污染及疫病传播。

1. 检验方法　宰前检验采用群体检查与个体检查相结合的临床检查方法，必要时辅以实验室检验方法。

（1）群体检查指对来自同一地区或同一批次的羊，或对一圈羊所进行的检查。采用的方法有静态观察、动态观察和饮食状态观察。凡发现有异常者，应标上记号，以便隔离和进一步做个体检查。

（2）个体检查指对群体检查时发现的异常个体或在正常羊群中随机抽取的5％～20％个体，逐只进行的详细检查。常用视诊、触诊、叩诊、听诊等方法，可归纳为"看、听、摸、检"四大要领。

2. 检验要点

（1）检疫对象　重点检查的疫病有炭疽、布鲁氏菌病、巴氏杆菌病、羊快疫、羊肠毒血症、恶性水肿、羊链球菌病、羊痘、口蹄疫、蓝舌病、痒病等。

（2）检验要点

① 群体检查：注意观察羊的站立或卧地姿势，呼吸状态，有无跛行或转圈运动。对不合群以及外界刺激反应迟钝、呼吸困难、咳喘严重、跛行或转圈、拒食不饮、反刍困难以及腹泻的羊，应剔除做进一步检查。

② 个体检查：视检羊的精神外貌、被毛和皮肤，可见黏膜的色泽、分泌物和排泄物的色泽与性状等，触检体表淋巴结，检测体温、呼吸及脉搏，必要

时应进行听诊和叩诊。

3. 宰前检验后的处理

（1）准宰　对来自非疫区的健康羊，经宰前检验合格后，准予屠宰。活羊在送宰之前应由检验人员出具"宰前检验合格证书"或"准宰通知书"。

（2）病羊的处理　经宰前检验发现病羊或可疑病羊时，应根据疾病的性质、发病程度、有无隔离条件等，采用禁宰、急宰或缓宰等方法处理。

① 禁宰：经宰前检验确诊为口蹄疫、痒病、小反刍兽疫、羊痘等传染病的羊，一律禁止屠宰，必须采取不放血方法扑杀后销毁。对患有或疑为恶性传染病死亡的羊，不得屠宰食用，应予以销毁。发现布鲁氏菌病、结核病、弓形虫病及疑似病羊时，禁止屠宰，用不放血方法扑杀后销毁。同群羊应急宰，其内脏和胴体高温处理后出厂。对病羊存放处、屠宰场和所有用具实行严格消毒，并采取防疫措施，立即向当地畜牧兽医行政管理部门报告疫情。

② 急宰：对患有除禁宰的其他疫病、普通病和其他病损的以及长途运输中出现异常的羊，为了防止疫病传播或免于死亡而需强制进行紧急屠宰。经检验，对患有除上述所列疫病外的活羊，应进行急宰，剔除病变部分销毁，其余部分高温处理后出厂。

（二）宰后检验与处理

宰后检验与处理检验是应用兽医病理学、兽医传染病学、寄生虫学、基本理论知识和试验技术，对屠宰解体羊的胴体和内脏实施卫生质量检验与评定。

1. 检验方法　宰后检验以视检、触检、嗅检和剖检为主，必要时进行细菌学、血清学、寄生虫学、病理组织学和理化检验。在检验中应实施同步检验，即在屠宰加工过程中，将胴体和头、蹄、内脏等各种脏器的检验控制在同一个生产进度上实施，便于检验人员发现问题时及时交换情况，进行综合判定与处理。

2. 检验程序

（1）头部检验　视检头部皮肤、唇、口腔黏膜及齿龈，注意有无羊痘、口蹄疫、羊传染性脓疱等传染病时出现的痘疮或溃疡；观察眼结膜、咽喉黏膜和血液凝固状态，注意检查有无炭疽及其他传染病的病变。山羊头部刮毛后应观察有无蠕形螨形成的坏死结节。

（2）内脏检验　开膛后视检脾脏有无异常，肝脏有无寄生虫和肝硬化等；检验胃肠时应特别注意肠系膜和肠系膜淋巴结，重点检查假结核病和细颈尾蚴。

（3）胴体检验　通常羊胴体不劈半，故一般不剖检胴体淋巴结，而以视检为主，主要检验胴体表面及胸、腹腔。当发现可疑病变时，再进行详细剖检。

（4）终末检验　对胴体进行复检、评定与盖章。

3. 检验后的处理

（1）适于食用　经检验，凡来自非疫区的健康活羊，其胴体和内脏品质良好，符合国家卫生标准，可不受任何限制新鲜出厂或进行分割、冷加工。

（2）有条件食用　凡有一般传染病、轻症寄生虫病和病理损伤的胴体和脏器，根据病损性质和程度，经高温或炼制食用油等无害化处理，使其传染性消失或寄生虫全部死亡后，即可安全食用。

（3）化制　将不可食用的屠体或其病损组织与器官等，经过干化法或湿化法化制，达到对人、畜无害的处理方法。化制不仅能完全消除废弃物各尸体的毒害，而且能够获得许多有价值的工业用油脂、骨粉、肉粉以及饲料和肥料等。因此，它是处理废弃物和尸体的最好方法。

（4）销毁　对危害特别严重的有传染病、寄生虫病、恶性肿瘤、多发性肿瘤和病腐的羊尸体或胴体与内脏，及其他具有严重危害性的废弃物，采取湿化、焚烧等完全消灭其病原体的处理方法。

经过全面复检，无论胴体和脏器属于上述哪一种情况，都必须在胴体、副产品上加盖与判定结果一致的统一检验印章，以防止混乱、漏检和不合格的肉品出厂或上市。凡符合卫生标准的胴体可以食用，盖"兽医验讫"印章。对病羊的屠体或胴体、内脏以及其他副产品，应根据国家有关标准和规定，按疾病性质不同，盖高温、食用油、化制或销毁印戳，并在动物防疫检验部门监督下，在厂内或指定地点处理。发现疫病后应立即采取防疫措施，彻底消毒，上报疫情。

第三节　无公害羊肉加工技术

由于羊肉自身所具有的优点、人们膳食结构的调整以及对营养和安全食品的追求，人们对羊肉的需求量不断增加。因此，养殖业的生产重点也必须由多数量温饱型生产向质量效益型生产转变，为此，我们要求进入市场的大足黑山羊羊肉产品必须达到国家规定的最低要求，即要达到无公害水平。如何实现大足黑山羊羊肉无公害化，除了养殖过程中注重生产管理、合理使用饲料、兽药外，在羊肉加工过程中也要注重无公害加工。

一、工厂卫生

生产无公害羊肉的屠宰场和肉类加工企业应遵循《食品安全国家标准 食品生产通用卫生规范》（GB 14881—2013）和《畜类屠宰加工通用技术条件》（GB/T 17237—2008）的有关规定。加工厂要远离垃圾场、畜牧场、医院及其他公共场所和排放"三废"的工业企业，并离交通主干道 20 m 以外。工厂的设计与设施、卫生管理、加工工艺、成品储藏和运输的卫生要求，应符合《食品安全国家标准 畜禽屠宰加工卫生规范》（GB 12694—2016）的规定要求。

二、原料

屠宰前的活羊必须来自非疫区的肉羊无公害生产基地，其饲养规程符合肉羊无公害饲养系列标准《无公害食品 肉羊饲养兽药使用准则》（NY 5148—2002）、《无公害食品 肉羊饲养兽医防疫准则》（NY 5149—2019）、《无公害食品 肉羊饲养饲料使用准则》（NY 5150—2002）和《无公害食品 肉羊饲养管理准则》（NY/T 5151—2002）的要求，健康良好，并有产地检疫与宰前检验合格证，经当地动物监督检疫机构检验和宰前检验合格后方能屠宰。

三、生产用水

（一）屠宰加工用水水质

在屠宰车间内将肉羊屠宰加工成胴体和分割过程中需要的生产性用水应符合《无公害食品 畜禽产品加工用水水质》（NY 5028—2008）的规定。

（二）羊肉产品深加工用水

在羊肉初级产品、分割产品或羊肉制品加工过程中需要的生产性用水（包括添加水和原料洗涤水），应符合《生活饮用水标准检验方法》（GB/T 5750—2006）的要求。

（三）其他用水

屠宰厂、羊肉制品加工厂的循环冷却水、设备冲洗用水，应符合《生活饮用水水质标准》（DB 31/T 1091—2018）的规定。

四、屠宰加工

肉羊屠宰加工的基本程序为：活羊卸载→称重→兽医检疫→候宰（疑似病畜隔离→急宰）→淋浴→击昏→宰杀→放血→剥皮、去头蹄→开膛→分离内脏→修整→同步检疫→盖章→冷却→分割→入库。屠宰加工应符合《鲜、冻胴体羊肉》（GB/T 9961—2008）的规定，严格实施卫生监督与卫生检验，修整后的胴体不得有病变、外伤、血污、毛和其他污物。屠宰供应少数民族食用的无公害羊肉产品的屠宰厂，应尊重民族风俗习惯，进行屠宰加工。

操作人员必须对原料进行严格把关，发现不符合要求的羊只要坚决剔除，保证不合格原料不流入下一道工序。选择体型丰满、无毛、无伤残、无瘀血、无激素残留的胴体冷藏。

五、羊肉分割

羊肉经检验应符合《无公害食品　羊肉》（NY 5147—2002）的规定方可进行分割与剔骨或进一步深加工。分割方法有冷分割和热分割，冷分割与剔骨是将羊胴体冷却后再进行分割和剔骨，要求分割期间的温度不得高于 15 ℃；热分割与剔骨是屠宰、分割连续进行，从活羊放血到分割完毕进入冷却间，应控制在 1.5～2 h，分割间温度不得超过 20 ℃。

分割后的无公害羊肉的感官要求：肌肉呈红色，有光泽，脂肪呈白色或淡黄色；肌纤维致密，有韧性，富有弹性；外表微干或有风干膜，切面湿润、不粘手；具有羊肉固有气味，无异味；煮沸后肉汤要澄清透明，脂肪积聚于表面，具有羊肉固有的香味。

六、包装

无公害羊肉的包装应该采用无污染、易降解的包装材料，并应符合《食品包装用聚乙烯成型品卫生标准》（GB 9685—2008）和《食品包装用原纸卫生标准》（GB 11680—1989）的规定。包装印刷油墨必须无毒、无味，不应向内容物渗漏。包装物不应重复使用。

七、标志

在每只羊胴体的臀部盖兽医验讫和等级印戳，字迹必须清晰整齐。获得批准使用"无公害农产品"标志的羊肉，允许使用无公害农产品标志。标签上应标明产品名称、产地、生产日期、生产单位或经销单位。

八、储存

无公害食品羊肉及其产品的储存场所应清洁卫生，不得与有毒、有害、有异味、易挥发、易腐蚀的物品混存混放。冷却羊肉应吊挂在温度 $-1\sim0$ ℃、相对湿度 $75\%\sim84\%$ 的冷却车间，胴体之间的距离保持在 $3\sim5$ cm。冻羊肉应储存在 -18 ℃以下、相对湿度 $95\%\sim100\%$ 的冷藏间，库温每昼夜升降幅度不得超过 1 ℃，产品保质期为 $8\sim10$ 个月。

运输必须采用无污染的交通工具，不得与其他有毒有害物品混装混运。

供应市场鲜销无公害羊肉及制品加工中，不得使用任何化学合成防腐剂和人工合成着色剂。在符合无公害畜禽肉产地环境评价要求的条件下生产的，其有毒有害物质含量应在国家法律、法规及有关强制标准规定的安全允许范围内，并符合《农产品安全质量　无公害畜禽肉安全要求》（GB 18406.3—2001）。

第四节　羊肉加工新技术

在肉类食品工业中，最重要的也是最费时间的加工工序是肉的腌制、干燥成熟和肉食品的杀菌处理。目前研究水平已经得到提高，可以用于工业化生产，能够改善肉品安全性、肉食品的感官和提高肉食品加工企业生产效率的新技术，包括以下几个方面。

一、快速腌制技术

肉类食品加工中，腌制的目的是通过腌制处理，使腌制材料在食品中均匀分布，从而改善产品的颜色和风味。

腌制材料的扩散速度与腌制温度有关。因此，可以采用高于传统腌制温度的高温腌制法来提高腌制材料的扩散速度。然而，盐溶性蛋白质的萃取、产品的卫生安全性和颜色稳定性则需要较低的温度环境。快速腌制技术的发展就是基于上述两个相互矛盾的事实而设计和发展的。

多针头盐水注射机的应用是加快腌制材料扩散速度的有效方法之一，但影响腌制材料在注射过程中均匀分布的因素是原料肉的不均一性，而不是工艺方面的问题。利用针头或软化机对肉进行嫩化处理，使肉的表面积增大，加速了肌原纤维蛋白质的萃取速度，进一步缩短了腌制时间。由于摩擦力压力或剪切力等机械能作用，改善了腌制材料的扩散速度和盐溶性蛋白质的萃取速度，可在一定程度上弥补低温下扩散速度慢的缺陷。

目前工厂内广泛采用的多针头注射、机械嫩化滚揉和按摩新熏煮火腿加工工艺，已经将腌制时间降低到大约 24 h。但是人们更感兴趣的是是否有可能将熏煮火腿总的加工时间缩短到 7 h 之内，即在一班内完成肉的腌制、填充、烟熏、热加工和冷却等熏煮火腿的全部加工过程。当然，为了实现这一目的仅仅依靠缩短腌制时间是不够的，还必须同时缩短熟制冷却过程。或是采用连续的腌制加工，并与后续的加工工序合并，使整个熏煮火腿的加工过程成为一个不间断的连续生产过程。

（一）预按摩处理

在 60～100 kPa 的压力下，对原料肉进行预按摩处理的研究结果发现，采用此方法处理原料肉，将使肌肉中的肌纤维彼此分离，并增加了肌原纤维的距离，使肉变得松软，从而加快腌制材料的吸收和扩散速度，缩短了总的滚揉时间。

（二）无针头盐水注射

采用高压液体发生器，将腌制液直接注射到原材料中，然后进行嫩化和滚揉处理，这使得肉制品的连续生产成为可能。

（三）高压处理

由于高压处理使分子间距增大和极性区域的暴露，使得肉的保水性提高，从而改善肉的出品率和肉的嫩度。Nestle 公司的研究结果显示，在盐水注射之前，用 202.65 MPa 高压处理腿肉，可将肉的出品率提高 0.7%～1.2%。

（四）超声波

超声波处理作为滚揉的辅助手段，促进盐溶液蛋白质的萃取，超声波处理能加快干燥速度。有人认为，超声波处理引起的压力变化是加速水分和溶质转移的主要原因，在超声波处理的干燥过程中，肉制品表面的水分快速蒸发，因而加速了水分由肉制品的中心向表面的扩散速度。然而，必须严格地控制超声波处理的操作过程，以免干燥环的产生。

超声波处理的可能副作用是声能向热的转移，导致肉温度的升高，不过适当的温度升高可以加快腌制的速率。

二、成熟、干燥和熟化技术

传统发酵香肠的生产工艺中，发酵、干燥和成熟工序的时间非常长（由于水分的扩散速度较慢，为避免干燥环的产生，长时间的干燥成熟过程是必需的），从半干香肠的几周，到干香肠的几个月使得发酵香肠的生产效率很低。

为了提高生产效率，如何在不降低产品感官特性的条件下，尽可能地缩短发酵香肠的生产周期，是肉类工业非常感兴趣的课题之一。目前有关的研究主要集中在下述两个方面，一是将传统的加工工艺和生物技术的结合，如添加加快成熟的酶类；二是加快传统干燥过程的方法或原料肉的预干燥处理。

（一）酶法成熟

在干酪生产中添加蛋白分解酶以加快成熟过程的研究，已经获得了可喜的结果，蛋白分解酶降解蛋白促进了发酵剂微生物的生长，从而加快了产酶速度，并促进了风味物质的形成。

挪威的 MATFORSK 在发酵香肠的生产工艺中，添加由 Lactobacillusparacasei 产生并经修饰的丝氨酸蛋白分解酶，在不降低产品品质的前提下，将发酵香肠的干燥和成熟时间减少了 30%（由原来的 3 周减少到 2 周）。

对木瓜蛋白酶和菠萝蛋白酶的研究结果显示，它们对加快发酵香肠成熟过程的作用较小。因此，蛋白酶种类的选择，或是具有适宜的蛋白分解能力的发酵剂菌种的选择，是缩短发酵香肠干燥、成熟时间的关键因素。同时，所选用的分解酶或是发酵剂必须能够工业化生产，必须经有关机构认可，允许在食品生产中使用的酶类或发酵剂。

（二）干燥新技术

1. 冷冻干燥 在发酵香肠的原料中添加部分经冷冻干燥除去一定数量水分的原料也是加快干燥成熟过程的方法之一。德国的研究结果显示，添加 2%

的经冷冻干燥的原料肉，可将发酵香肠的干燥成熟时间缩短 20％，同时不降低产品的品质，但产品的生产成本提高 1.5％。

应用冷冻干燥原料肉的要点包括：

（1）在干燥开始时或干燥成熟的大部分时间内，肉的水分活性将更低。

（2）改善了产品的安全性，并降低了次品发生的比率。

（3）缩短了干燥时间，相应增加了生产能力。

2. 真空干燥　对发酵香肠实施温度高于 0 ℃的真空干燥，或是对部分原料肉进行真空干燥，在理论上是加快发酵香肠干燥成熟速度的方法之一。美国的研究结果显示，可以将产品的干燥时间缩短 30％，实际的效果与产品的组成和产品的加工参数有关。制约这一技术在实际生产中应用的因素是真空设备的生产和大量的资金投入。对部分原料肉进行真空干燥比冷冻干燥更节省能量，或许真空干燥和冷冻干燥相结合，是缩短干燥成熟时间的切实可行的方法。

3. 渗透压干燥　渗透压干燥就是将发酵香肠浸入含有食盐、糖、甘油或山梨糖醇的浓缩溶液中进行的干燥方法。由于没有改变产品的化学状态，因而比冷冻干燥或空气干燥更节省能量，或许真空干燥更节省能量。遗憾的是由于仍然依赖于产品中的水分扩散速度，所以这种方法并不节省时间。

4. 高压和超声波处理　日本 Fujichiku 公司将火腿切片真空包装后，在 20 ℃、253.31 MPa 气压的条件下，高压处理 3 h。结果显示，火腿的成熟程度与传统工艺成熟两周相同，且产品更多汁、更嫩，并降低了产品的细胞总数。

（三）熟制新技术

羊肉制品熟制的主要目的是改善肉制品的包藏性，并通过熟制过程中肉制品物理化学性质的变化获得人们所需要的食品质量、风味和颜色。目前常用的熟制方法主要以热空气、热蒸汽或热水为加热介质，将热能从产品的表面向产品的中心传导，完成产品的熟制过程。这些加热方法的一个缺陷就是很容易造成产品的外周部分被过度热处理，而产品的中心部位则没有达到所要求的热加工程度。

在产品热处理中的某些新工艺是基于所谓的 Volumetric heating 为基础发展起来的。就是说热能在食品的内部产生，并且快速、均匀地传导到整个产品。这种加热方式使得产品在很短时间内完成热制过程，并对产品的感官品质影响较小，从而使产品获得更好的风味、颜色等。

大部分 Volumetric heating 方法是利用不同波长的电磁辐射进行的。根据波长的不同，人们可将电磁波分为下述两种：

1. 无线电波加热　无线电波波长为 30 cm 或 10 cm，频率为 915 MHz 或 2 450 MHz。微波加热是一种被大众熟知的加热方式，但是到目前为止，该种加热方法尚未在生产中广泛使用，原因有二：第一，在能用于和产品的脂肪、水分和盐的含量对微波的均匀分布是一个很大的难题，而不同的产品，上述各项的差异很大；第二，微波的穿透深度较小，2 450 MPa 的微波，其穿透深度约为 1.5 cm。

2. 红外线加热　红外线波长为 $1\sim1\,000\ \mu m$，频率为 10^8 MHz。红外线波的穿透深度也仅有几个毫米，因此不能单独用于肉制品的热加工处理，但红外线可以用于产品表面的杀菌处理，该方法可以和其他的热处理方法结合使用。

（四）新含气调理技术

新含气调理技术是加工肉品原料经过清洗、整理等初加工后，结合调味烹饪进行合理的减菌化处理。处理后的肉品原料与调味汁一同充填到高阻隔性（防氧化）的包装容器中。先去除空气，再注入不活泼气体然后密封。最后，将包装后的物料送入新含气烹饪锅中进行多阶段加热的温和式调理灭菌。

1. 加工步骤

（1）初加工　对生鲜肉进行清洗、去内脏、切块、切丝等初加工。

（2）预处理　这是新含气调理技术的关键所在。在预处理过程中，结合蒸、煮、炸、烤、煎、炒等必要的调味烹饪，同时进行减菌化处理。一般来说，肉类等每克原料中有 $10^5\sim10^6$ 个细菌，经减菌化处理之后，可降至 $10\sim10^2$ 个，通过这样的减菌化处理，可以大大降低和缩短最后灭菌的温度和时间，减轻最后杀菌的负担，从而使肉品承受的热损伤控制在最小限度。

（3）气体置换包装　预处理后将肉品原料及调味汁装入高阻隔性的包装盒中，进行气体置换包装，然后密封。气体置换的方法有三种：一是先抽真空，再注入氮气，置换率一般可达 99% 以上；二是通过向容器内注入氮气，同时将空气排出，置换率一般为 95%～98%；三是直接在氮气的环境中包装，置换率在 97%～98.5%。通常采用第一种方式。

2. 主要设备

（1）万能自动烹饪锅　万能自动烹饪锅采用空气热源方式，根据需要喷射热水、蒸汽或调味汁，进行无搅拌的蒸煮煎烤的多功能烹饪。同时装备有加压和减压的功能，通过调节压力，有效地进行加热和冷却处理以缩短冷却时间，此外，整个烹饪过程中可在无氧全氮的条件下进行，以免食物在烹饪的过程中发生氧化作用。该设备通过高性能电脑平台全自动控制，锅内的温度和压力、食物的中心温度、调味汁的糖度、盐度等数据随时在电脑的画面上显示，以便进行连续的监控烹饪。

（2）新含气制氮机　新含气制氮机是专用于食品包装的氮气分离设备，与新含气包装机连接。通过无油压缩机将压缩空气送入吸附柱内，空气中的氧气、二氧化碳和水分等杂质被选择性吸收而将氮气分离出来。所分离的氮气纯度可达 99% 以上。制氮气的运转通过程序装置自动控制。

（3）新含气包装机　半自动包装机需人工填料，但抽真空、充氮、封口自动进行，包装袋适用范围较宽；全自动式配套自动填料机，其填料、送盒、抽真空、充氮和封口全部自动化进行。

（4）其他设备　除了上述主要设备外，还需要配备车间消毒设备、供热设备、空压机、供水、冷却水塔、储气罐等辅助生产设施。

由于新含气调理技术生产的产品可在常温下运输、贮存和销售，货架期长，使流通领域的成本大大降低，适合于中式、西式食品的多品种加工，可为宾馆、饭店、酒店快餐店、超市、医院、居民小区及家庭提供美味可口的即食食品或半成品。相信新含气调理技术的广泛应用，将对我国肉品加工业的发展起到积极的促进作用。

第十章
大足黑山羊产业化发展

对大足黑山羊的保护，除了建立保种体系和恰当的保种方法外，合理的产业化开发是有效保护的最佳途径。大足黑山羊属于肉用山羊，且肉质细嫩，营养丰富，加之在南方地区流行"逢黑必补"的养生说法，黑山羊羊肉一直受到广大消费者的青睐，具有广阔的市场前景。所以，实施大足黑山羊产业化开发利用既能将大足黑山羊群体扩大，达到有效保护，又能满足市场需求，为人们提供优质的羊肉产品。

第一节　山羊产业发展现状

一、我国山羊产业概况

20 世纪初，随着人类社会工业化、城市化兴起，合成纤维工业的迅猛发展，世界养羊业的发展由毛用转向肉毛兼用。20 世纪 50 年代以来，世界主要养羊国家如法国、英国、新西兰、美国等，将养羊业的重点完全转向肉用羊生产，舍毛取肉。由于羔羊肉具有精肉多、脂肪少、鲜嫩多汁、易消化、膻味轻等优点，4～6 月龄的肥羔胴体重可达 15～20 kg。近年来，国外羔羊肉的生产发展迅猛，产肉量与日俱增。在美国、英国上市羊肉中，90% 以上是羔羊肉。

在我国，养羊大致分为南方和北方两个区域，北方为绵羊主产区，南方为山羊主产区。山羊主要分布在中南、西南和华东区，这些地区历史上农民已有养羊习惯，饲养方式多为圈养。据统计，年存栏山羊 400 万只以上的有山东、河南、江苏、安徽、四川等 12 个省份，累计存栏羊约占全国山羊存栏数的 85%，为山羊生产的集中产区。

2014 年年末全国羊存栏总数为 3.03 亿只，出栏总数为 2.87 亿只，山羊约占羊只总数的一半。2014 年全国羊肉产量为 428.2 万 t，占全国肉类总产量的 4.9%。

据统计，2014 年全国羊肉进口总量为 28.3 万 t（进口价格约为 2.48 万元/t），相比 2013 年进口量 25.9 万 t 同比增长了 9.3%。羊肉产品进口国主要来源为澳大利亚、新西兰等国家。2014 年我国出口羊肉总计 0.44 万 t，相比 2013 年 0.32 万 t 同比增加 37.5%，主要出口地区为亚洲和中东地区等。

2014 年我国表观人均羊肉消费量为 3.33 kg/（人·年），较 2013 年 3.19 kg/（人·年）增长了 4.4%，比 2000 年 2.08 kg/（人·年）增长了 60.1%。自 2000 年起，全国羊肉人均表观消费量呈持续增长态势。

随着国家对草食畜牧业发展相关政策的出台和实施，国家对羊产业扶持政策力度进一步加强，同时随着人民生活水平的提高和肉类消费结构的不断调整，养羊业将呈现快速发展态势。

二、重庆市山羊产业发展现状

重庆市是全国肉羊生产优势区域，山羊养殖是全市农业和农村产业结构调整的方向和重点，是两翼地区农民脱贫致富和社会经济发展的新支柱。重庆市发展肉羊产业具有明显的资源优势：一是拥有丰富的饲草资源，草山草坡面积 215.87 万 hm²，可利用草地 191.6 万 hm²，年产秸秆 1 000 余万 t。二是拥有丰富的山羊品种资源，包括酉州乌羊、大足黑山羊、渝东黑山羊、板角山羊、川东白山羊和合川白山羊等地方优良遗传资源，还引进有波尔山羊、南江黄羊和简州大耳羊等国内外优良肉用品种。

近年来，重庆市各级政府十分重视草食牲畜发展，结合三峡工程、西部开发工程、国家现代畜牧业示范区建设、秦巴山区和武陵山区扶贫开发工程、重庆渝东北生态涵养发展区和渝东南生态保护发展区建设，大力调整畜牧业内部结构，实施了一系列重大项目，出台了一系列扶持政策，使以山羊为主体的肉羊产业得到快速发展，成效十分显著，主要表现在：

（1）形成了一个特色产业　在重庆市的酉阳、涪陵、大足、城口、云阳、巫溪、巫山、奉节和武隆 9 个区县，山羊产业已成其为特色优势产业。

（2）保持了两个总体增长　2013 年，重庆市山羊饲养量达 412.6 万只，其中出栏山羊 227.4 万只，较 2008 年增长 51.6%，年均增长 10.3%；生产羊肉 2.79 万 t，较 2008 年增长 68.0%，年均增长 13.6%；出栏率 122.8%，高于全国平均水平。

（3）实现了五项良性转变　在产业布局上，由分散养殖向优势区域产业化生产转变，初步形成了秦巴山区和武陵山区两个山羊养殖产业带；在生产方式上，由散混养殖向标准化规模养殖转变，山羊养殖规模化率达到45％，高于全国平均水平；在管理方式上，由粗放管理向精细化管理转变；在经营方式上，由单纯注重生产环节向注重提高产业化经营水平转变；在产品质量上，由生产低质消费产品为主向生产高端产品转变。

在重庆地区，山羊长期以来供不应求，价格稳中有升，尤其是黑山羊更具有价格优势。2015年重庆活羊价格在28～36元/kg，用于烤羊的价格已突破50元/kg。山羊以草食为主，产业比较效益较高。散养山羊出栏一只的利润在300元以上，规模饲养情况下，出栏一只山羊获利也在200元左右。饲养20只能繁母羊的专业户年收益可达万元以上。发展山羊产业是重庆市农户增收致富的一个主要途径，山羊产业的发展还能带动饲料、兽药、畜产品加工、食品、餐饮和畜牧机械等相关产业的发展。

实践证明，重庆市山羊产业是顺应产业结构调整和农户致富增收的一条有效途径，在推进农业和农村经济发展中发挥了积极作用。

三、重庆市山羊产业发展趋势

山羊业仍会保持平稳的发展势头。第一，"十三五"期间国家和重庆市将继续支持养羊业的发展，投入了较大资金重点解决养羊业发展的技术瓶颈问题；第二，随着人民生活水平的改善，对羊肉产品的需求旺盛，羊肉，特别是优质羔羊肉的供应远远不能满足市场需求，使得活羊及羊产品价格持续攀升。基于羊的繁殖特点，预计未来几年内，羊肉生产仍难以满足市场需求，羊肉价格仍将持续攀升；第三，随着规模化养殖关键技术的逐渐突破和草地生态的恢复，规模化养殖的推进和非常规饲料的开发利用将有效增加山羊的饲养量。

人均羊肉占有量呈明显上升趋势。中国是世界上最大的羊肉生产国，也是最大的消费国，但人均羊肉占有量只有3.57kg，不足猪肉消费量的1/10，与发达国家相比差距悬殊。随着社会的进步和肉食消费结构的不断优化，对羊肉的需求量必将增加，羊肉的人均占有量会逐步提高。

种质创新研究与山羊育种工作面临重要突破。重庆市山羊品种资源丰富，与引进品种相比，地方品种具有繁殖率高、抗逆性好、肉质好、风味独特等特点，因此，地方品种在我市养羊生产中的地位与作用、选育、保护和开发利用必将得到重视；其次是将利用引进国内外优良肉羊品种资源进行新种质、新品种（系）和配套系的选育。

山羊产业化经营水平会进一步提高。一是由于国内市场拉动和政策扶持，良种繁育场的规模将适度扩大，并增大优势品种的饲养量。二是山羊养殖合作社的组建，使产、加、销一体化，提高养羊经济效益，推进产业化组织程度。三是龙头企业更加重视塑造品牌和培植羊源基地，大力发展生态养羊成为趋势。

养羊业科技进步将会更加显著。山羊良种化、标准化示范场建设及规模化生产将会推进养殖技术的研发，各级产业技术体系的建设效应将不断显现。

四、重庆市山羊产业发展存在的问题

良种基础规模小，种羊供不应求，良种覆盖面窄，良种羊引入后利用无序，良种在生产中的贡献率不高。对地方品种羊的保护和利用缺乏连续性措施，造成山羊的品种退化、品质下降；优质的地方肉羊品种出栏个体小、胴体产肉率低，不能适应人们生活水平提高和入世后的市场格局的需要，市场竞争力不强。分散养殖所占比重大，规模化养羊程度不高，生产水平差，组织化程度低，不利于新品种和新技术的推广应用。加工流通体系尚未健全。山羊加工龙头企业发展数量少、规模小、辐射带动能力弱。商品羊主要依靠个体贩运户运往广东、福建、海南等沿海地区销售，就地加工量小且多是初级加工产品，没有创立具有特色的羊肉产品品牌，加工增值少。发展规模养羊面临土地使用和流转的政策扶持和大规模舍饲养羊比较经济效益不明显等问题。近几年国家进行土地宏观调控，规模养殖与土地占用之间存在着比较突出的矛盾，投入严重不足。尽管每年重庆市有一定科技项目和产业发展项目支撑，区县也拿出了一定资金进行扶持，但由于饲养量大、分布面广，根本无法满足生产发展急需的资金投入，全市的山羊资源优势未能很好地转化为经济优势。发展山羊产业的政策配套力度不够。如新条件下建圈用地问题、扩大规模融资问题、粪便处理沼气配套问题等，急需市委、市政府根据产业发展需要，出台奖励扶持配套政策。

随着山羊养殖规模的扩大和集约化发展，山羊频繁引种和舍饲条件的限制，山羊生物安全形势越发严峻，山羊传染性胸膜肺炎和羊痘等重大传染性疾病发病率有扩大、上升趋势，给生产造成了极大的危害。

第二节　山羊产业化经营

一、山羊产业化经营的基本特征

（一）产业一体化

产业一体化就是从经营方式上把山羊生产的产前、产中、产后诸环节有机地结合起来，实行产品生产、产品加工和商品贸易的一体化经营。这样，既能把千千万万的"小养殖户""小生产"和复杂纷繁的"大市场""大需求"联系起来，又能把城市和乡村、现代工业和落后农业联结起来，从而促进区域化布局、专业化生产、企业化管理、社会化服务、规模化经营等一系列变革，使山羊产品的生产、加工、运输、销售等相互衔接，相互促进，协调发展，实现山羊业再生产诸方面、产业链中各环节之间的良性循环。

（二）生产专业化

实施山羊产业化经营，只有走专业化道路，专业到一个产品（如肉山羊）、一个要素（如种羊）上来，才能投入全部精力围绕某种商品生产，形成集种养加、产供销、服务网络为一体的专业化生产系列，做到每个环节的专业化与产业一体化相结合，使每一种产品都将原料、初级产品、中间产品制作成为最终产品，以商品形式进入市场，从而有利于提高产业链的整体效率和经济效益。

（三）产品商品化

山羊产业化要求商品生产率在 90％ 以上，这是产业一体化经营与非产业化的自给性、半自给性的基本区别。

（四）管理企业化

管理企业化就是以市场为导向，根据市场需求安排生产经营计划，用管理工业企业的办法经营和管理山羊产业，使各养殖户分散的生产及其产品逐步走向规范化和标准化，提高产品质量和档次，扩大增加值和销售，从而实现高产、优质、高效的目标，从根本上促进山羊产业增长方式从粗放型向集约型转变。

（五）服务社会化

服务社会化是通过一体化组织或各种中介组织，利用有关科技机构，对共同体内各个组成部分提供产前、产中、产后的信息、技术、经营、管理等全方位服务，促进各种生产要素直接、紧密、有效地结合。

二、山羊产业化经营的运作模式

（一）科技推动模式

通过发挥政府的政策引导和科研院校的技术推广优势，实行乡镇畜牧技术人员片区负责制，帮助指导农户进行规模化生产和养殖，并联系、协调和落实产品的销路，从而推动了山羊的产业化发展。

农户在该模式的位置是：农户只负责养羊，待卖羊时通知当地畜牧技术人员联系买家，再出售商品山羊，销售风险由农户自己承担。该模式仅适合产业发展初级阶段，行业部门仅起引导作用。

（二）公司＋基地＋农户的运作模式

山羊生产采用公司＋基地＋农户的运作模式，着力于发挥人力和自然资源两种资源优势，破解缺资金、缺良种、缺技术、缺市场四大难题，是山区农民探索山羊产业化发展、科技致富的新途径。

在生产上，养殖户投资、投劳，就地取材建设高床羊舍，人工种植优质牧草和改良现有草场，为山羊提供优质饲料，建立农作物秸秆青（微）贮池，充分利用现有的农作物秸秆，建粪污处理设施，对养殖粪污进行无害化处理，完善基础设施，发展山羊产业。公司（企业）建设核心种山羊场，在养殖基地建立山羊配种站（点），免费为养殖农户提供杂交改良所需的父本和配种服务；编发科学养殖技术资料，派驻技术员，免费为养殖基地和养殖小区的养殖户开展技术培训和建圈、种草、配种、配料、饲养及管理等方面的技术服务；协调金融机构和扶贫开发公司，为养殖农户提供小额信用贷款，解决发展所需资金；企业以订单形式（保护价）与养殖户签订产销合同，订购基地养殖户生产的商品肉羊，当市场价高于保护价时公司随行就市收购，统一组织向外销售，从而实现山羊生产产业化。

农户在该模式中的位置是：公司起主导作用并确定养殖基地，农户只负责养殖山羊，销售的风险由公司承担，农户只承担养殖中的风险。该模式使公司和农户风险共担，适合产业化生产。

（三）协会＋基地＋农户的运作模式

在山羊生产发展好的区县成立羊业养殖协会，基地乡镇建立分会。基地养殖户加入协会，成为会员。协会（含分会）的经营服务形式：协会主要采取补偿服务、无偿服务和有偿服务三种形式。

补偿服务，即协会积极争取政府部门给予政策倾斜，在购置种羊或草种、修建圈舍、建粪污处理设施和青贮池等环节给予适当补助。

无偿服务，即协会对会员无偿进行技术培训、技术指导、发放技术资料，力争使每个会员都成为养殖能手。

有偿服务，即公司向无力购买种畜的贫困农户实行"借羊还羊、借一还一"，帮助会员发展生产，达到脱贫致富的目标。协会与经营企业衔接，实行保护价订单预购养殖户养殖的商品肉羊，当市场价高于保护价时，随行就市全部收购，确保会员利益。

农户在该模式中的位置是：农户入会并负责养殖山羊，协会指导农户养殖技术，联系山羊销售或收购山羊，确保会员利益。该模式可降低农户的养殖风险，使协会和农户形成利益共同体，相互承担养殖风险。该模式也适合产业化生产（图10-1）。

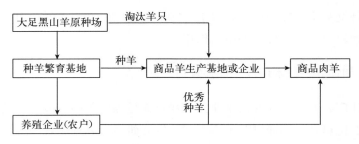

图 10-1　大足黑山羊商品肉羊产业化发展模式

第三节　大足黑山羊产业化发展经验

一、政府高度重视，积极引导

大足黑山羊产业化发展得到了重庆市政府及市级各部门在政策和资金上的大力支持，重庆市大足区政府将大足黑山羊产业发展作为本区特色效益农业和农业产业化发展的支柱产业，从政策、资金、培训和宣传等方面提供了全方位支持。

（一）成立大足黑山羊产业发展领导小组

成立以区委副书记和县长（区长）任组长，分管副县长（副区长）任副组长，畜牧、科委、财政、计划等部门和相关镇街政府（办事处）主要负责同志为成员的大足黑山羊产业发展领导小组，并设办公室和黑山羊研究所于畜牧部门，加强对大足黑山羊保护及产业化发展工作的领导。同时，将大足黑山羊发展目标任务分解落实到镇街，与镇街政府（办事处）签订目标责任书，明确任务和职责。

（二）出台大足黑山羊产业发展政策，提供产业发展的资金保障

先后出台了《关于大足黑山羊种质资源保护及产业化发展的实施意见》（足府发〔2007〕53 号）、《关于进一步加强大足黑山羊保种选育及产业化发展的实施意见》（足府发〔2010〕20 号）等文件对大足黑山羊产业化发展制定了一系列扶持政策，积极鼓励本区内企业和农户养殖大足黑山羊，依据养殖规模、标准化水平以及品种的纯合度对养殖企业和农户进行补贴，让养殖企业和农户养殖大足黑山羊有明显的经济效益。2008 年以来每年财政用于大足黑山羊产业的补助资金均在 100 万元以上，2013 年达到 1 656 万元，对大足黑山羊保护和产业发展起到了极大的引导作用。

（三）加强养殖技术培训，加强宣传

为了让广大养殖户和养殖企业具有养殖大足黑山羊的积极性，政府除了给予政策上的优惠外，还通过赛羊会、产业发展研讨会和现场观摩等形式，让农户增强养殖大足黑山羊的积极性。

为了让广大养殖户和养殖企业能够正确掌握大足黑山羊养殖技术，政府邀请国内知名养羊专家采取形式多样的技术培训，既培训基层畜牧兽医人员又培训养殖户，既有课堂培训也有现场实践培训，让广大养殖户快速地掌握大足黑山羊养殖常规的技术。

大足黑山羊发现较晚，为了让国内广大养殖户和同行认识和了解这一珍贵的遗传资源，政府、职能部门和大足黑山羊课题组通过各类媒体、展览会和博览会、学术会议等形式宣传介绍大足黑山羊，经过长期的宣传，从市外来咨询和购买大足黑山羊的企业或养殖户越来越多。

二、企业自主创新，发展规模化和标准化养殖

为了促进大足黑山羊产业化发展，政府通过招商引资方式引进了专门从事大足黑山羊生产的国有企业和民营企业，给予他们土地租用优惠政策，做好"三通"（通路、通水和通电），简化行政审批手续，并根据养殖规模进行适当补贴，企业积极投入到大足黑山羊产业发展中，在西南大学大足黑山羊课题组和大足区畜牧兽医系统的技术指导下，企业快速掌握大足黑山羊养殖技术，并发挥自主创新，在圈舍设施建设、发展模式和经营模式上大胆创新，采用标准化养殖技术实行规模化养殖。形成了"大足黑山羊养殖协会＋大足黑山羊繁育基地＋核心养殖大户"的产业发展模式和"种羊生产＋商品羊生产＋屠宰加工＋餐饮"的经营模式，取得了良好的经济效益。获得了国家山羊标准养殖示范场、重庆市科技专家大院、重庆市和大足区农业产业化发展龙头企业等荣誉和称号。

三、农户养殖经验丰富，养殖效益高

大足区山羊养殖户历来就有养殖大足黑山羊的习惯，熟悉大足黑山羊生活习性和传统的养殖方式，习惯公母羊分开饲养、公羊拴系放养、定期交换公羊、只养大足黑山羊的养殖方式，很大程度上避免了乱交滥配和早配偷配现象的发生，助推了大足黑山羊资源的形成和资源的纯正性。广大养殖户养殖数量一般控制在 50～100 只，采用放牧为主、归牧后补饲精料的饲养方式，羊只膘情好、生长速度快，加之政府对羊只的补贴，养殖户的经济效益明显，养殖积极性高。

四、科研院校积极参与，助推大足黑山羊产业化发展

西南大学大足黑山羊课题组从发现大足黑山羊起，就主动参与大足黑山羊

的保护和产业化发展，专门成立了西南大学黑山羊研究所，组织专家团队带项目带课题专门从事大足黑山羊保护、遗传育种、营养需求、饲养管理、疾病防控、牧草均衡供给、圈舍建设等方面的基础研究和应用研究，将研究成果通过技术培训和现场示范等方式及时传授给区、镇（街）畜牧兽医技术人员、养殖企业和养殖户，及时转化为生产实践，促进大足黑山羊标准化养殖和大足黑山羊产业化发展。课题组还通过学术会议、交流访问等各种机会向广大同行和养殖企业宣传介绍大足黑山羊的优良特性和研究成果，并邀请专家学者、养殖同行到大足黑山羊产区进行实地考察，提高了大足黑山羊的认知面和影响力。

参 考 文 献

陈尧天，陈典，2008.民国重修大足县志·点校（民国34年）[M].北京：大众文艺出版社：213，294.

陈永军，赵中权，张家骅，等，2008.1周岁大足黑山羊体重与体尺的相关性研究 [J].四川畜牧兽医（12）：36-38.

陈永军，赵中权，张家骅，等，2008.成年大足黑山羊体重与体尺通径分析及最优回归模型的建立 [J].草食家畜（3）：71-74.

陈永军，赵中权，张家骅，等，2008.影响6月龄大足黑山羊体质量的体尺指标筛选 [J].西南师范大学学报：自然科学版（5）：86-90.

大足县县志编修委员会，1996.大足县志 [M].北京：方志出版社：293.

董贤文，2013.过瘤胃赖氨酸、过瘤胃蛋氨酸的研发 [D].重庆：西南大学.

葛燕，赵中权，王鲜忠，等，2009.4个南方山羊品种BMP15和GDF9基因的RFLP分析 [J].黑龙江畜牧兽医（3）：31-33.

葛燕，2007.山羊多胎候选基因的研究 [D].重庆：西南大学.

郝静，2009.麻竹笋加工剩余物饲用价值研究 [D].重庆：西南大学.

贾会图，2014.大足黑山羊消化系统发育特征研究 [D].重庆：西南大学.

金慧慧，储明星，潘章源，等，2015.16种山羊和6种绵羊GDF9基因G7和FecG～V突变检测 [J].安徽农业大学学报（1）：104-109.

李佩健，2009.断奶日龄及蛋白质来源对羔羊增重和消化生理的影响 [D].重庆：西南大学.

刘灵丽，陈璐，唐天强，等，2016.不同营养水平对大足黑山羊血浆中FSH与LH水平的影响 [J].黑龙江畜牧兽医（13）：114-116.

刘一江，2006.应用B超监测大足黑山羊卵泡波和排卵数 [D].重庆：西南大学.

罗南剑，管代禄，李黄琨，等，2015.大足黑山羊胎盘子叶性状和结构及其与繁殖性能的相关性 [J].中国兽医学报（8）：1339-1344.

罗艳梅，于明举，赵永聚，等，2010.夏季山羊精液不同保存方法研究 [J].西南大学学报：自然科学版（4）：17-21.

罗艳梅，张超，赵中权，等，2011.大足黑山羊卵泡抑素cDNA的克隆、序列分析及组织表达 [J].中国农业科学（22）：4700-4705.

罗艳梅，2011. 山羊卵泡抑素（Follistatin）基因 cDNA 克隆、序列分析及组织表达研究 [D]. 重庆：西南大学.

毛建文，2013. 山羊 OPN 基因多态性及其与胎盘效率、产羔数的关联分析 [D]. 重庆：西南大学.

娜日苏，刘广，向阳，等，2013. 山羊卵巢富集 chi‐miR‐100f‐5p 的鉴定与表达分析 [J]. 中国农业科学（22）：4784‐4790.

沈彦花，2016. 山羊 CD320 和 RanBP9 分子遗传分析及功能鉴定 [D]. 重庆：西南大学.

石利香，2008. 西南地区 9 个山羊品种（类群）MHC‐DRB_3 第二外显子多态性研究 [D]. 重庆：西南大学.

宋代军，贾会图，杨游，等，2015. 周岁大足黑山羊消化器官发育特点研究 [J]. 中国畜牧杂志（11）：78‐81.

宋艳画，宋善道，孙燕，等，2007. 应用微卫星对大足黑山羊进行亲缘关系鉴定 [J]. 西南大学学报：自然科学版（7）：121‐125.

宋艳画，2006. 用微卫星技术对大足黑山羊进行亲权鉴定的研究 [D]. 重庆：西南大学.

苏鲁方，彭学强，蒋曹德，2015. 大足黑山羊 PHLDA2 基因的克隆、组织表达与印记状况分析 [J]. 中国农业科学（2）：343‐351.

苏鲁方，2014. 大足黑山羊 PHLDA2 基因克隆、定位、组织表达、印记状况和甲基化分析 [D]. 重庆：西南大学.

孙晓卫，黄选洋，李凡，等，2014. 大足黑山羊泌乳早期乳成分动态变化分析 [J]. 黑龙江畜牧兽医（5）：73‐75.

汪水平，王文娟，汪学荣，等，2010. 舍饲大足黑山羊羔羊肉品理化性状及食用品质的研究 [J]. 安徽农业科学（33）：18874‐18876.

汪水平，王文娟，吴梅，等，2012. 中药复方对山羊的影响：Ⅲ·瘤胃纤维降解酶及血清酶活性 [J]. 中国畜牧杂志（21）：56‐60.

汪水平，王文娟，左福元，等，2010. 常用饲料原料干物质及蛋白质在大足黑山羊瘤胃内降解规律的研究 [J]. 中国畜牧杂志（21）：47‐52.

汪水平，王文娟，左福元，等，2012. 中药复方对山羊的影响：Ⅱ·血清激素水平和血气指标 [J]. 中国畜牧杂志（19）：63‐67.

汪水平，王文娟，左福元，等，2013. 中药复方对山羊的影响：Ⅴ·血清代谢产物浓度及免疫和抗氧化功能参数 [J]. 中国畜牧杂志（1）：44‐49.

汪水平，王文娟，左福元，等，2013. 中药复方对山羊的影响：Ⅵ·日粮营养物质瘤胃降解特性 [J]. 中国畜牧杂志（5）：47‐52.

王莉娟，2014. 山羊产羔性能相关基因的筛选 [D]. 重庆：西南大学.

王文娟，汪水平，张家骅，2011. 舍饲大足黑山羊羔羊生长发育及产肉性能的研究 [J]. 黑龙江畜牧兽医（5）：72-74.

王文娟，汪水平，左福元，等，2012. 中药复方对山羊的影响：Ⅰ·养分表观消化率与血液常规参数 [J]. 中国畜牧杂志（5）：59-62.

王晓君，王晓香，林静，等，2015. 大足黑山羊宰后成熟过程中肌原纤维蛋白功能性质的变化 [J]. 食品科学（21）：79-84.

王亚娜，王晓香，王振华，等，2015. 大足黑山羊宰后成熟过程中挥发性风味物质的变化 [J]. 食品科学（22）：107-112.

王子苑，2015. 日粮精粗比对大足黑山羊生产性能及肉质的影响 [D]. 重庆：西南大学.

向阳，2013. 山羊卵巢 miRNAs 的克隆、测序及表达鉴定 [D]. 重庆：西南大学.

杨国锋，孙娟，张家骅，等，2008. 川渝部分山羊品种（类群）遗传多样性微卫星标记研究 [J]. 中国畜牧杂志（5）：1-4.

杨国锋，孙娟，张家骅，2010. AFLP 标记检测大足黑山羊地方类群遗传多样性的研究 [J]. 四川畜牧兽医（2）：28-29.

杨国锋，2009. 大足黑山羊地方类群多胎性 AFLP 标记研究 [J]. 中国畜牧杂志（15）：1-4.

杨国锋，2006. 大足黑山羊地方类群多胎性及与周边山羊品种亲缘进化关系分子标记研究 [D]. 兰州：甘肃农业大学.

杨孟伯，杨莉，王鲜忠，等，2009. 大足黑山羊卵泡发育波研究 [J]. 黑龙江畜牧兽医（21）：34-36.

杨孟伯，杨莉，王鲜忠，等，2009. 大足黑山羊卵泡发育与内分泌激素分析 [J]. 中国草食动物（2）：8-11.

杨孟伯，郑双艳，杨莉，等，2010. 大足黑山羊左、右卵巢卵泡发育差异的研究 [J]. 黑龙江畜牧兽医（5）：60-61.

杨孟伯，2009. 大足黑山羊卵泡发育规律及发情周期中 FSH、INH 水平的变化 [D]. 重庆：西南大学.

张超，2011. 山羊激活素 A 型受体基因 cDNA 的克隆及定量表达研究 [D]. 重庆：西南大学.

张聪聪，王晓香，王亚娜，等，2015. 大足黑山羊宰后成熟过程中感官与理化性质的变化 [J]. 食品科学（19）：89-95.

张家骅，2006. 高繁殖率大足黑山羊亟待保护和培育 [J]. 科学咨询（决策管理）（2）：22-23.

张旭刚，李周权，赵中权，等，2012. 大足黑山羊与周边黑山羊品种（群体）mtDNAD-loop 序列多态性研究 [J]. 中国畜牧杂志（11）：11-14.

张旭刚，2008. 大足黑山羊与周边黑山羊品种（群体）mtDNAD-loop 序列多态性研究 [D]. 重庆：西南大学.

赵博渊，2014. 山羊 RanBP9 和 CD320 基因克隆、组织表达与多态性分析 [D]. 重庆：西南大学.

赵中权，何晶晶，李周权，等，2011. 大足黑山羊生理生化指标测定 [J]. 畜牧与兽医 (2)：60－62.

赵中权，何晶晶，李周权，等，2011. 大足黑山羊与其他山羊品种血液生理生化指标的比较分析 [J]. 黑龙江畜牧兽医 (3)：8－10.

赵中权，李周权，张家骅，2012. INHα 亚基因的多态性与山羊产羔数的相关性分析 [J]. 中国畜牧杂志 (5)：11－13，42.

赵中权，刘小艳，张旭刚，等，2011. 西南地区 5 个山羊遗传新资源的遗传多样性和亲缘关系分析 [J]. 中国畜牧杂志 (13)：14－17.

赵中权，刘小艳，张旭刚，等，2011. 新批准的西南地区 5 个山羊遗传资源 mtDNAD－loop 遗传多样性与亲缘关系研究 [J]. 黑龙江畜牧兽医 (19)：9－12.

赵中权，张家骅，李周权，等，2008. 大足黑山羊种质特性 [J]. 中国畜牧杂志 (15)：9－10.

赵中权，2011. 抑制素对山羊繁殖力的影响 [D]. 重庆：西南大学.

E GX，Huang YF，He JN，et al，2016. A963G single nucleotide variant of BMP15 is not common bio－marker for fecundity in goat [J]. Indian J. Anim. Res，50 (3)：366－369.

E GX，Huang YF，Na RS，et al，2015. A complete mitochondrial genome of Dazu Black goat [J]. Mitochondrial DNA，DOI：10.3109/19401736.2015.1007320.

E GX，Huang YF，Zhao YJ，et al，2015. Variability with altitude of major histocompatibility complex－related microsatellite loci in goats from Southwest China [J]. Genet Mol Res，14 (4)：14629－14636. DOI：10.4238/2015. November.18－26.

Li H，Zhao YJ，Mao J，et al，2014. Comparison of placental traits and histological structure among different litter size in Dazu Black goat (Capra Hircus) [J]. Reproduction in Domestic Animals，49：80.

Wang L，Fan J，Yu M，et al，2011. Association of goat (Capra hircus) CD4gene exon 6 polymorphisms with ability of sperm internalizing exogenous DNA [J]. Molecular Biology Reports，38：1621－1628. DOI：10.1007/s11033－010－0272－2.

Wang LJ，Sun XW，Guo FY，et al，2016. Transcriptome analysis of the uniparous and multiparous goats ovaries [J]. Reproduction in Domestic Animals，DOI：10.1111/rda.12750.

Zhao YJ，Wei H，Wang Y，et al，2011. Production of Transgenic Goats by Sperm－mediated Exogenous DNA Transfer Method [J]. Asian－Australasian Journal of Animal Sciences，23：33－40.

Zhao YJ，Xu HZ，Shi L，et al，2011. Polymorphisms in Exon 2 of MHC Class II DRB3 Gene of 10 Domestic Goats in Southwest China [J]. Asian－Australasian Journal of Animal Sciences，24：752－756.

Zhao YJ，Xu HZ，Zhao ZQ，et al，2015. Polymorphisms of osteopontin gene and their association with, placental efficiency and prolificacyingoats [J]. Journal ofApplied Animal Research, 43: 272 - 278. DOI: 10. 1080/09712119. 2014. 963098.

Zhao YJ, Yu M, Wang L, et al, 2011. Spontaneous uptake of exogenous DNA by goat spermatozoa and selection of donor bucks for sperm - mediated gene transfer [J]. Molecular Biology Reports, DOI: 10. 1007/s11033 - 010 - 0272 - 2.

Zhao YJ, Yu M, Wang L, 2011. CD4: stage - specific expression patterns during spermatogenesis in goats and its function in sperm internalizing exogenous DNA [J]. Reproduction in Domestic Animals, 46: 64.

Zhao YJ, Yu M, 2014. Spontaneous uptake of exogenous DNA by goat spermatozoa and selection of donor bucks for sperm - mediated gene transfer [J]. Molecular Biology Reports, 39 (3): 2659 - 2664.

Zhao YJ, Zhang J, Wei H, et al, 2010. Efficiency of methods applied for goat estrous synchronization in subtropical monsoonal climate zone of Southwest China [J]. Tropical Animal Health and Production, 42: 1257 - 1262. DOI: 10. 1007/s11250 - 010 - 9558 - 6.

Zhao YJ, Zhang J, Zhao E, et al, 2011. Mitochondrial DNA diversity and origins of domestic goats in Southwest China (excluding Tibet) [J]. Small Ruminant Research, 95: 40 - 47. DOI: 10. 1016/j. smallrumres. 2010. 09. 004.

Zhao YJ, Zhang N, 2015. Construction beta - lactoglobulin gene knock - out ear fibroblasts in goat (Capra Hircus) [J]. Reproduction in Domestic Animals, 50: 83.

Zhao YJ, Zhao E, Zhang N, et al, 2011. Mitochondrial DNA diversity, origin, and phylogenic relationships of three Chinese large - fat - tailed sheep breeds [J]. Tropical Animal Health and Production, 43: 1405 - 1410.

Zhao YJ, Zhao R, Zhao ZQ, et al, 2014. Genetic diversity and molecular phylogeography of Chinese domestic goats by large - scale mitochondrial DNA analysis [J]. Molecular Biology Reports, 41: 3695 - 3704. DOI: 10. 1007/s11033 - 014 - 3234 - 2.

Zhao YJ, 2014. Genetic diversity and molecular phylogeography of Chinese domestic goats by large - scale mitochondrial DNA analysis [J]. Molecular BiologyReports, DOI: 10. 1007/ s11033 - 11014 - 13234 - 11032.

附　　录

附录一　大足黑山羊大事记

1. 2003 年

西南农业大学副校长张家骅教授在执行农业部优势农产品重大技术示范推广专项《西南地区肉羊养殖技术配套及示范推广》时与大足县分管农业副县长颜三林联系，将大足县列入项目实施基地县。

8 月，开始考察大足县养羊情况，在铁山镇发现相对集中饲养的黑山羊群体。铁山镇地处大足、安岳和荣昌三县交界处，地理位置相对封闭，当时交通不便，从县城到镇上需要 2～3 h。当地黑山羊个体较大，被毛黑色，胎产羔率高，农户采用拴系和放牧的方式饲养。尤其是农户将公羊和母羊分开饲养，自觉地在一定程度上进行了选种选配。但是也有一些农户盲目引进了南江黄羊和波尔山羊，群体中已出现杂交个体。有意思的是当地黑山羊母羊与南江黄羊或波尔山羊公羊杂交后仍呈现一胎多羔的特点。考察人员初步觉得这是一个不可多得的优良遗传资源群体，亟需进行有效保护和利用。

10 月，张家骅教授撰写了《大足（铁山）黑山羊优良种质资源亟待保护》建议，及时向市教委、市科委和市农委请示报告希望能支持开展工作。

11 月，市教委下达"大足（铁山）黑山羊种质资源普查"科研项目。从2003 年到 2004 年，历时一年时间完成了大足黑山羊种质资源普查。普查面覆盖 37 个行政村，420 多个农户。普查结果表明，大足黑山羊在铁山镇等六个乡镇现存种群数量约 4 000 只，其中：能繁母羊在 2 200 只，占种群总量的55％，成年公羊 40 只，青年公羊 50 只。普查结果统计，胎产羔率初产羊为226％，经产羊为 272％，表现明显的高繁殖率特性。

西南农业大学成立了"黑山羊研究所"，并拨付了工作经费。

2. 2004 年

2 月，邀请赵有璋、赵兴绪等国内专家、学者到大足县铁山镇现场考察。

赵有璋教授认为：山东的济宁青山羊繁殖率高，但个体小；大足的黑山羊繁殖率高、个体也大，是个很好的遗传资源；目前黑山羊群体小，要加快扩群，能否在 3～5 年内发展到 5 万～10 万只。当群体基本母羊达到 3 000 只以上时，可以考虑先进行地品种认定，再不断进行选育提高。希望迅速收集、整理、积累育种资料，开展相关科学研究。

6 月，市科委张文副主任、市农委王健副主任和原西南农业大学书记华鹏同志等也先后到现场进行了调研。

7 月，市科委安排"十一五"重大科研计划项目"高繁殖率大足黑山羊品种保护及选育"课题支持研究，课题组在前期工作的基础上开始系统地对大足黑山羊资源保护、高繁殖性能和产业化利用开展研究。

11 月，西南农业大学黑山羊研究所制订了"大足黑山羊遗传资源保护及地方品种选育方案"。

"大足县黑山羊标准化示范区项目"获国家标准委（国家标准委农轻〔2004〕101 号文件）批准实施。

3. 2005 年

2 月，大足县政府召开了"大足黑山羊种质资源保护与开发利用专题会"，公布了《大足县黑山羊遗传资源保护及地方品种选育实施方案》。方案分四章、十二条，对目标任务、方法、保障措施和其他相关事宜做出了明确具体的规定。

3 月，重庆市三峡牧业（集团）有限公司（以下简称"三牧集团"）在大足县铁山镇西北村建设的种羊场开始集中事先在农户家选择的种羊，第一批集中了 113 只。

6 月，大足县邀请西南农业大学张家骅教授等举办大足黑山羊保种、繁育及产业化专题报告会。

10 月，由市科技顾问团、大足县政府主办，西南大学（由西南农业大学和西南师范大学合并组建）、大足县科委、大足县畜牧局承办的"重庆市草食畜牧业暨大足黑山羊研讨会"在大足宾馆召开。市科委副主任张文、市农业局副局长王健出席会议。

11 月，大足县畜牧局协同有关单位向国家商标局申报注册大足黑山羊地理标志商标。

11月，刘志华接手三牧集团在铁山镇的种羊场，成立大足联诚黑山羊生物技术有限公司。

4. 2006 年

3月，国家商标局以 ZC5027575SL 号文正式受理"大足黑山羊"地理标志商标注册。

12月，由西南大学动物科技学院承担，大足县畜牧局、大足县科委、三牧集团等单位参与实施的重庆市科技攻关项目"高繁殖率大足黑山羊品种保护及培育"课题通过重庆市科委验收。

5. 2007 年

3月，由于新的业主参股并控股，重庆市唯美生物技术有限公司更名为重庆市联诚生物技术有限公司。公司在城南征地 2.67 hm² （40 亩），新建了种羊场。

大足黑山羊通过重庆市第一批无公害农产品产地认定（重庆市农业局 渝农发〔2007〕84 号公布）。

5月，张家骅教授直接写信给重庆市分管农业工作的常委、副市长马正其同志，希望政府关注和支持大足黑山羊的资源保护和开发利用工作，获批复。之后，市农委下达了项目，从经费上给予了支持。

6月，大足县人民政府出台《关于大足黑山羊种质资源保护及产业化发展的实施意见》（足府发〔2007〕53 号），明确了大足黑山羊发展的"指导思想和目标任务、基地布局、产业发展路线、产业发展体系、产业服务体系、产业扶持机制、组织保障体系"，为大足黑山羊资源保护与利用提供良好的发展条件，加快了大足黑山羊的发展进程。

12月，大足黑山羊获农业部农产品质量安全中心无公害农产品证书，编号：WGH－08－02556。

6. 2008 年

3月，"大足黑山羊"商标获准国家商标局注册，成为当年全市五大地理标志商标之一。

"大足黑山羊保种繁育标准化技术推广"项目获大足县 2006—2007 年度科

技进步三等奖。

4月，西南大学建成大足黑山羊种羊场，并开始引进种羊。

7月，大足县黑山羊标准化示范区项目通过验收。大足黑山羊通过"重庆市无公害农产品"产地认定和"国家无公害农产品"产品认证。

9月，中共重庆市市委常委、副市长马正其视察大足黑山羊产业发展状况时指出，地方要与科研院所积极合作，联合攻关，将成果转化为生产力，并要求市级有关部门积极配合，大力扶持，加快选育及产业化进程，壮大当地黑山羊产业，为新农村建设服好务。

西南大学会同大足县畜牧兽医局编写大足黑山羊遗传资源调查报告、大足黑山羊遗传资源申报书、大足黑山羊遗传资源保护与利用画册及 DVD、大足黑山羊饲养管理技术规范。进行大足黑山羊杂交试验、研究西南地区黑山羊品种的遗传距离。

7. 2009 年

继续进行各级种羊场建设、加快大足黑山羊种群扩繁速度、完善种羊个体登记；同时开展杂交利用试验、羔羊代乳料研究和西南地区山羊主要饲料瘤胃降解率研究。

5月，大足黑山羊通过国家畜禽遗传资源委员会专家组现场鉴定。

10月，农业部发布 1278 号公告，审定大足黑山羊为国家畜禽遗传资源，同时正式将这一资源群体命名为"大足黑山羊"。

制作了"大足黑山羊列入国家畜禽遗传资源名录"纪念品。

12月，在大足县召开"大足黑山羊成功列入国家畜禽遗传资源名录座谈会"，市农委副巡视员曾代勤，西南大学校长助理、动物科技学院院长鲁成，及市农委畜牧处领导、市畜牧总站站长等领导到会祝贺，以张家骅教授为首的黑山羊课题组专家和大足县人大领导，相关街镇乡、部门负责人，龙头企业、养殖业主等近 100 人参加了座谈。

8. 2010 年

1月，大足县县委书记江涛到西南大学慰问并赠匾"校地携手　共谱辉煌"。

2月，大足县人民政府出台《关于进一步加强大足黑山羊保种选育及产业化发展的实施意见》(足府发〔2010〕20号),进一步对大足黑山羊的发展做出了具体政策规定,扩大了财政资金支持范围。

3月,"大足黑山羊遗传资源保护与利用"项目获大足县2008—2009年度科技进步一等奖。

5月,中共重庆市市委常委、副市长马正其视察调研大足区农业发展,并特地了解了黑山羊产业发展状况。

由西南大学和大足县畜牧兽医局联合申报的"大足黑山羊遗传资源保护与利用"获重庆市人民政府科技进步一等奖(渝府发〔2011〕41号)。

10月,大足黑山羊在重庆国际会展中心参展"中国(重庆)国际食品安全博览会",国家工商总局副局长钟攸平莅临展位参观,对大足黑山羊产业发展给予了高度评价。

12月,农业部畜牧业司王智才司长视察调研大足畜牧业,了解大足黑山羊发展。

大足黑山羊商标获评"重庆市著名商标"(渝工商〔2010〕179号)。

9. 2011 年

1月,《大足黑山羊》《大足黑山羊 种公羊饲养管理技术规范》《大足黑山羊 疫病防制技术规范》3个地方标准通过专家组审定。

3月,大足黑山羊在重庆国际会展中心参展"2011年重庆'中国驰名商标'企业·重庆地理标志产品博览会"。国家工商总局副局长付双建莅临展位参观,并希望大足县加强商标利用和知识产权保护,将大足黑山羊产业做大做强。同日,大足黑山羊在重庆市商标战略实施推进大会上获授"重庆市著名商标"牌匾。

国家标准化管理委员会发布《中华人民共和国地方标准备案公告》(2011年第3号、总第135号),《大足黑山羊》(DB 50/T 385—2011),《大足黑山羊 疫病防制技术规范》(DB 50/T 384—2011)、《大足黑山羊 种公羊饲养管理技术规范》(DB 50/T 386—2011)获准备案,从2011年5月1日起施行。

7月,西南大学黑山羊研究所从科研大楼搬至资源与环境学院一楼。

11月,"大足黑山羊保护场建设"项目可行性研究报告获农业部批复(农计函〔2011〕201号),项目资金180万元。制定大足黑山羊核心群种羊认定与管理实施方案，同时开始实施大足黑山羊种羊选育信息管理系统建设。

在中国农产品品牌价值评估中价值为 0.68 亿元。

12 月，大足联诚黑山羊生物技术有限公司将大足黑山羊选育场转让至重庆腾达牧业有限公司。

10. 2012 年

2 月，中央农业广播电视学校、农业部农民科技教育培训中心制作的《大足黑山羊养殖技术》专题片在中央电视台 7 套《农广天地》栏目播出。

西南大学获市科委批准和经费资助开始建设"重庆市草食动物遗传资源保护与利用工程技术研究中心"（建设期两年）。

3 月，通过实施商标发展和品牌打造战略，获准大足黑山羊 29 类地理标志商标注册（国家工商总局商标局 1305 号公告，31 类同时转为证明商标），实现了大足黑山羊及产品的商标保护全覆盖。

在中国农产品品牌价值评估中大足黑山羊品牌价值为 1 亿元。

5 月，"大足黑山羊保护场建设项目"初设获批（渝农发〔2012〕174 号），重庆腾达牧业有限公司资源保护场开工建设。

8 月，由重庆腾达牧业有限公司申报的国家成果转化基金项目"高繁殖率大足黑山羊繁育体系建设与健康养殖示范"（国科发农〔2012〕821 号）获得批复，项目资金 100 万元。

大足黑山羊种羊鉴定与免疫工作同步实施，对鉴定合格的种羊以免疫标识副标上免疫耳标号兼作种羊个体编号，佩戴附有大足黑山羊商标的免疫主标，并记录商标编码，填写种羊系谱卡；鉴定不合格的佩戴普通免疫标识，该举措实现了"一标三信息"（免疫、种羊和商标）的有机统一。

11. 2013 年

1 月，《大足黑山羊繁殖技术规范》《大足黑山羊种母羊饲养管理技术规范》和《大足黑山羊圈舍建设技术规范》3 个地方标准通过专家组评审。

3 月，大足区瑞丰现代农业发展有限公司成功创建"国家级肉羊标准化示范场"（渝农发〔2012〕373 号）。

6 月，大足黑山羊列入全市特色效益农业切块区县资金项目，财政补助资金 626 万元（渝农发〔2013〕178 号）。

9 月，重庆鲞特黑山羊养殖股份合作社建设的大足黑山羊屠宰分割配送中心建设获市级特色效益农业产业链项目支持，补助资金 30 万元（渝农发〔2013〕282 号）。

10 月，重庆日报、重庆晨报、重庆时报、重庆晚报、重庆商报、华龙网、重庆电视台（重庆卫视）、重庆广播电台 8 家新闻媒体相继集中对大足黑山羊产业进行了现场采访和相关报道。

11 月，大足黑山羊列入全市特色效益农业市级重点补助项目，财政补助 1 000 万元（渝农发〔2013〕346 号）。

以"展畜禽遗传资源，促特色产业发展"为主题的"大足黑山羊赛羊会及产业发展研讨会"成功举办，整个活动包括赛羊、种羊现场拍卖和产业发展研讨。邀请了赵有璋、张家骅、章孝荣、吕祖德、黄勇富和李周权等组成评审专家组。从初选出的 60 余只种羊中评选出公、母羊特等奖各 1 只、一等奖各 3 只、二等奖各 3 只，并当场发放奖金。重庆市农委、重庆市科委、大足区和西南大学有关领导出席了开幕式。

大足区政府在"大足黑山羊赛羊会及产业发展研讨会"开幕式上向西南大学大足黑山羊科研团队授牌"校地合作典范"（大足府发〔2013〕84 号文件）。

大足黑山羊在中国农产品品牌价值评估中价值为 1.07 亿元。

刘后黎在重庆北碚区开设"大足黑山羊专卖店"，并生产分割肉包装产品。

12. 2014 年

1 月，大足黑山羊种羊选育信息管理系统投入使用，实现了大足黑山羊选育信息管理的网络数据化，选育技术指导远程化。

"大足黑山羊"商标通过重庆市著名商标评审委员会评审，被续展认定为"重庆市著名商标"，有效期至 2016 年 12 月 16 日。

2 月，大足黑山羊列入《国家级畜禽遗传资源保护名录》（农业部 2601 号公告），成为重庆市唯一进入国家畜禽保护名录的山羊遗传资源。

3 月，重庆市畜牧技术推广总站站长范首君陪同全国畜牧总站品种资源处处长杨红杰、农业部种畜中心常务副主任刘丑生、种畜中心高级畜牧师孟飞、国家畜禽遗传资源委员会羊专业委员会委员傅昌秀等考察调研大足黑山羊的保护和利用工作。

重庆市畜牧技术推广总站、西南大学和大足区畜牧兽医局在西南大学讨论拟定"大足黑山羊遗传资源保护方案"。

国家标准化管理委员会发布中华人民共和国地方标准备案公告（2014 年第 3 号，总第 171 号），《大足黑山羊 圈舍建设技术规范》（DB 50/T 502—2013），《大足黑山羊 繁殖技术规范》（DB 50/T 509—2013），《大足黑山羊种母羊饲养管理技术规范》（DB 50/T 510—2013）共 3 个地方标准获准备案，从 2014 年 1 月 1 日起实施。至此，大足黑山羊系列地方标准达到 6 个，涵盖了大足黑山羊选种选育、饲养管理、圈舍建设和疫病防治等生产全程，成为制定标准最多和标准涵盖范围最广的畜禽品种之一。

5 月，大足黑山羊继续纳入市特色效益农业切块区县项目支持，项目资金 526 万元；并纳入中央现代农业山羊专项项目支持，项目资金 300 万元。

12 月，大足区秸秆养羊联户示范项目获得批复（渝农发〔2014〕332 号），财政资金 160 万元。

大足黑山羊在中国农产品品牌价值评估中价值为 1.11 亿元。

13. 2015 年

2 月，西南大学从内蒙古阿拉善引进 25 只绒山羊（其中公羊 5 只），开展遗传性能比较研究。

5 月，大足黑山羊参展在重庆国际博览中心举办的第十三届（2015）中国畜牧业博览会暨 2015 中国国际畜牧业博览会。

7 月，大足黑山羊保护场项目通过市级验收。

8 月，重庆市畜牧业协会羊业分会成立暨第一届羊业发展大会在重庆市酉阳县召开。大足区瑞丰现代农业公司当选为副会长单位，区畜牧站、腾达牧业公司和五铁黑山羊合作社当选为常务理事单位。

11 月，重庆市山羊产业体系负责人王华平、西南大学张家骅教授到大足产业体系试验站讨论和督导工作。

大足黑山羊在中国农产品品牌价值评估中价值为 1.32 亿。

12 月，中国农业出版社"中国特色畜禽遗传资源保护与利用丛书"将《大足黑山羊》列入第一批出版书目。开始组织《大足黑山羊》一书编写。

14. 2016 年

3 月，重庆市山羊产业技术体系工作推进会在大足区召开，山羊产业体系各研究室科技人员、试验站正副站长，大足区、武隆县、酉阳县、开县、巫山县、合川区等畜牧技术部门负责人共 40 余人参加了会议。会议由市山羊产业技术体系创新团队带头人、市畜牧总站书记王华平主持。

4 月，大足黑山羊继续纳入特色效益农业切块区县项目和中央现代农业山羊专项项目支持。

4 月，引进四川农业大学荣廷昭院士科研团队培育的薏苡 1401 和玉淇淋草种，分别栽种在重庆市大足区瑞丰现代农业发展有限公司和重庆腾达牧业有限公司（总面积 0.13~0.2 hm²）。

7—8 月，与大足区畜牧局商讨举办第二届大足黑山羊赛羊会；到乡镇组织考察参赛羊只。8 月 9 日，在雅美佳湿地停车场举行第二届大足黑山羊赛羊会。在各乡镇海选出的近百只羊中，确定了 10 只公羊和 22 只母羊依次在红地毯上"走秀"参赛，评委（张家骅、王华平、李周权、王豪举、徐恢仲、王建国）当场打分、公布名次，评选出一等公羊 1 只、二等公羊 2 只、三等公羊 3 只；一等母羊 1 只、二等母羊 3 只、三等母羊 5 只；奖金分别为每只 5 000 元、3 000 元和 1 000 元；入围者每只奖 500 元。会后举行了大足黑山羊产业发展研讨会和黑山羊股份合作社选举大会。

15. 2017 年

1 月，大足黑山羊在重庆南坪国际会议展览中心参展"第十六届中国西部（重庆）国际农产品交易会"。

2 月，西南大学大足黑山羊种羊扩繁场迁建。

6 月，大足黑山羊申报"中国重要农业文化遗产"工作，获市财政局项目支持（渝财农〔2017〕64 号）。

9 月，大足黑山羊参展"第二届（2017）中国中西部畜牧业博览会暨畜牧产品交易会"，瑞丰现代农业有限公司和腾达牧业有限公司种羊场获评"重庆市重点种畜禽场"。

12 月，活动主题为"保护利用资源、展示美食文化、推动产业融合"的"第三届中国重庆大足黑山羊节"在大足区柏林广场举办。活动内容有中国重要农业文化遗产申报工作启动仪式、大足黑山羊赛羊会、产学研三方合作签字仪式、千羊宴等内容，区领导胡国强、钱虎、李德芬，重庆市商务委员会王顺彬副巡视员、中国重要农业文化遗产专家委员会副主任曹幸穗以及市财政局、市农委、西南大学等领导、专家出席开幕式。西南大学、区畜牧渔业发展中心、鑫发集团签订了《大足黑山羊资源保护与开发利用工作产学研战略合作协议书》，强化了产学研结合。重庆腾达牧业有限公司大足黑山羊资源保护场被认定为国家级畜禽养殖标准化示范场（农办牧〔2017〕64 号）。全区种羊达到 17 万只。大足黑山羊在中国农产品品牌价值评估中价值为 2.03亿元。

附录二　大足黑山羊相关的地方标准

（一）《大足黑山羊》（DB 50/T 385—2011）

（二）《大足黑山羊圈舍建设技术规范》（DB 50/T 502—2013）

（三）《大足黑山羊繁殖技术规范》（DB 50/T 509—2013）

（四）《大足黑山羊种公羊饲养管理技术规范》（DB 50/T 386—2011）

（五）《大足黑山羊种母羊饲养管理技术规范》（DB 50/T 510—2013）

（六）《大足黑山羊疫病防制技术规范》（DB 50/T 384—2011）